立人天地

ALONG THE ROAD

追随本心

剑桥大学本森教授的哲思随笔集

[英] 亚瑟·克里斯托弗·本森 著
Arthur Christopher Benson
佘卓桓 译 / 孔 宁 校

黑龙江出版集团
黑龙江教育出版社

图书在版编目（CIP）数据

追随本心 /（英）亚瑟·克里斯托弗·本森著；佘卓桓译. — 哈尔滨：黑龙江教育出版社，2017.2
ISBN 978-7-5316-9146-4

Ⅰ.①追… Ⅱ.①亚… ②佘… Ⅲ.①随笔—作品集—英国—现代 Ⅳ.①I561.65

中国版本图书馆 CIP 数据核字（2017）第 047462 号

追随本心

ZHUISUI BENXIN

作　　者	［英］亚瑟·克里斯托弗·本森 著
译　　者	佘卓桓 译　孔 宁 校
选题策划	宋舒白
责任编辑	王海燕
装帧设计	Lily
责任校对	张爱华

出版发行	黑龙江教育出版社（哈尔滨市南岗区花园街158号）
印　　刷	北京鹏润伟业印刷有限公司
新浪微博	http://weibo.com/longjiaoshe
公众微信	heilongjiangjiaoyu
天 猫 店	https://hljjycbsts.tmall.com
E－mail	heilongjiangjiaoyu@126.com
电　　话	010-64187564

开　　本	700×1000　1/16
印　　张	18.75
字　　数	280 千
版　　次	2017 年 5 月第 1 版　2017 年 5 月第 1 次印刷
书　　号	ISBN 978-7-5316-9146-4
定　　价	39.80 元

追随本心
目录

前言 / 1

英格兰心不设防 / 1

秋天归家的路 / 6

隐士的救赎 / 11

废墟 / 15

岁月的胜利 / 19

乐极生悲 / 22

怀念父亲 / 27

布伦特圆丘 / 32

首相，首先是一个人 / 36

他，只是一个世界公民 / 41

被人曲解的时候 / 46

凡人不能永恒吗 / 52

诗人的意义 / 57

小狗罗迪 / 62

死亡的模样 / 66

冬虫夏草 / 71

我家的老保姆 / 75

牧师的救赎 / 81

其实，英语很简单 / 86

赌，是一种态度 / 90

赞美诗 / 94

牧师的布道 / 100

艺术与生活 / 104

怜悯的尺度 / 110

论嫉妒 / 114

忠言就要逆耳吗 / 119

迷信就是封建吗 / 123

写信 / 128

论庸俗 / 133

论真诚 / 138

论决心 / 143

论传记 / 147

闲言碎语 / 152

圆滑不易 / 155

真我的风采 / 158

内在的人生 / 162

朋友，你为何缄默了 / 168

平凡之美 / 173

浅谈灵感 / 178

爱的宽恕 / 182

自怜有用吗 / 187

夜半钟声 / 192

八哥只是一只鸟吗 / 196

格言的真谛 / 201

外面的世界 / 205

民主好简单 / 209

心不在焉怎么了 / 213

平和的心 / 218

谈话的艺术 / 222

工作与娱乐 / 226

论活力 / 230

骄傲的罪与罚 / 234

寓言的泪水 / 238

公开与隐私 / 242

人生的体验 / 247

心碎的解析 / 252

像风一样自由 / 257

诗意的栖息 / 261

论战争 / 266

总有你陪伴 / 272

年轻就是好 / 276

论阅读 / 282

前　言

我经常会有这样的感想，即收集或再版之前已经发表过的文稿，是一件让人很遗憾的事情。作者的心中往往会怀着一股柔情，以慈父般的目光审视着自己心智所结出的这些小小"果实"。诚然，为杂志所写的文稿一般都是有关时事或一些重大问题的，而且通常是按照题目的要求，迅速完成杂志所要求的稿子。所以，这些文稿有点即席创作的意味，往往堆积一些临时的材料，作者根本没有时间就所写议题进行深入的了解。

但这也并不适用于所有类似的写作，我可以坦诚地说，本人每周为《教会家庭日报》的专栏《人生如逆旅》所撰的稿子，绝大多数都并非上述所说的那样。长久以来，我自己写了很多文章，甚至还校过稿，因此我并不需要以写作来养家糊口。这些稿子绝大多数都是一些简单的小论文，在下笔之前已经长时间占据了我的脑海，在写作的时候也是经过深思熟虑。我收到众多读者的来信，内容几乎都是关于这些文稿的，一些读者希望能出版一本选集，让这些文稿以更为固定的方式保存下来。我删除了所有自己不得不写的关于当代的一些话题的文章，以及所有引起争议的文章，因为这些文章都不是我愿意去写的。删除的这些文章不论多么缺乏主观意图，都会引起读者的猜疑。

我开始在这个专栏写作的时候，因为刚从长期的疾病中复原，内心极度忧郁。当时，我生怕自己无法完成定期按时交稿的任务，虽然我很努力地以乐观的心态去写作，但刚开始所写的一些文稿还是弥漫着一些不良的情绪——所有这些文稿在结稿成集时也一律被删略了。

我想简略地谈一下整个系列文稿的写作目的。在我看来，我们英国人通常所犯的毛病，就是对思想缺乏兴趣。我以为，作为一个民族，我们有很多优秀的品质——首先，就是坚定与友善的常识，让我们能从公正客观的角度去审视事物，免于过度兴奋或沉浸在难以自拔的忧郁之中。我相信，我们的人民是爱好和平、遵守秩序与勤劳奋斗的。我们具有真正的谦逊，不会过分沉浸在所取得的成就与功绩之中，也不会过分关注谁获得更多别人关注的目光。我还觉得，我们接受着原则的束缚，而非随性而为。

而另一方面，我们又是保守与志趣不高的民族，过分看重财富与地位，厌恶分析、猜测与试验。我们将一些很值得怀疑的事情视为理所当然的，鄙视原创与热情。据我观察，我们似乎并不怎么关心日常的生活，也不问自己为什么会去相信一些事情，或是自己是否真的相信它们；而在道德层面上，我们则是彻头彻尾的宿命主义者，相信直觉胜于理智；而且没有充分认识到，在一定范畴内，我们有改变自己的能力。我们通常在人生早年就固定自己对很多事情的看法，然后还为自己能够坚持己见而愚蠢地感到骄傲——而这种所谓的"坚持"，亦不过是一种排斥所有反对我们固有看法的证据及话语的习惯罢了。事实上，我们的心智很僵化，缺乏灵活性。再者，我觉得，我们时常漠视这片长时间不受侵扰的土地所积累起来的古老而美好的"珍宝"，因此，我们能不受阻滞地发展属于自己的制度。当我漫游英国的时候，常为村村落落都有一座精美的小教堂、古老的庄园以及许多优雅的住宅而感到无比惊诧。显然，要是以前能够有所记载，每个地方必然都有一段属于自身美好与细腻的历史！但是，所有这些都被我们视为理所当然的东西，我们只是漠然视之，似乎这些事物根本不值得注意似的。

所以，在写作的时候，我内心有两个比较明确的目的——首先，就是要激起读者对于生活及性格中一些小问题关注的兴趣，了解人性的冲突以及叠加，有一股清新之风拂面的感觉，仿佛这一切是如此难以理解，却又有趣得如此不可思议——这一切都根源于日常生活中人与人的关系。我活得越久，就越觉得每一天都充满着人性交往的无限复杂与美感，感觉到一些很庞大却又高尚的问题正被逐渐分解，在漫长的延宕中获得自然的解决。文明就具有这种巨大的能量，让人类远离孤立与敌对的状态，感觉到自己不能远离别人，只是自私地循着自己的路线来走；相反，我们是互相依赖的，彼此都应该给予鼓励与帮助。我们最不起眼的动作或是一闪而过的思想都会影响别人；善与恶都会播下种子，生根发芽，直到我们在耐心与爱意中渐臻完美。当我更加深入了解人性之后，我惊讶地发现，人其实通常都意识到一些高尚与美好的理想，虽然是以很微茫与不确定的方式表现出来，但他们却似乎因为在生活中无法实现这些理想而感到悲哀，忧郁地意识到，自己没有在生活中做到最好，发挥自身最大的力量。所有那些充满活力、不断奋斗、满怀希望及有感而悲的人们——不只地球上的一切生物，而是超脱于永恒的帷幕——增强了我对人类拥有一个美好的未来的信心。我真心相信，这是一个充满欢乐的未来，因为欢乐是精神中最原始的天性，是不可能屈服于悲伤与痛苦的。若这些悲伤与痛苦的存在只是为了让我们最终获得欢乐与平和的话，那也是可以暂时容忍的。当我们愈加深入地了解自己与他人，就会发现人类的可能性愈加丰富与复杂；若能让心灵去追求永恒与精神的话，将目前的一些事情或物质放在正确的位置，对我们来说会更好一些。人们常常觉得，这个世界充斥着许多被误导的情感、悲伤与失望，让我们为一些根本不值得为之烦心的事情感到郁闷，为一些小事而恶言相向，固执的成见难以撼动。而在所有严苛的理念中，最为恶劣的，当属某些人觉得，要是人们不以自己认为正确的方式来获得快乐的话，那他们也最好一点都不要快乐。我觉得，这就是英国人性情中最大的一个缺陷——对自身幻想与观念固执的坚持，极度缺乏怜悯之心与相互理解。所以，我在这些文章中尽自己最大的努力，向我的读者解释自己的观点，希望他们能够了解互相谅解、欣赏、宽容以及兄弟间友爱的极端重要性。若是可以的话，我想说，自己真的希望有生之年能见到这成为现实！我绝没有鼓吹任何人轻易放弃自己一直所珍视的信念。但是，在不去蔑视或怀疑他人真诚信念的前提下，我们也依然可以坚强与勇敢地秉承自己的信条。

其次，我试着去唤醒读者对普通事物的兴趣——诸如我们所见的地方、所听到的言语、所读的书籍抑或日常简单的生活体验等——只要我们愿意去找寻与发掘。精神与心智最为可怕的敌人，就是潜入勤奋之人脑海中的沉闷思想——面对日常生活的肮脏污秽，他们内心难有波澜，泰然处之；看到人生漂亮的灯火渐次熄灭，表情冷漠，从没泛起再次点亮的念头；他们闷闷地看着，毫无表情地听着。若是人们能扪心自问："这到底意味着什么？背后隐藏着什么？为什么这些东西会存在，成为现在这副模样？"我们就可发现很多让人震惊与美好的纽带，源头可追溯到过往，莫不与现在的我们有着千丝万缕的关系。

思想与纽带，这就是生活中仅次于人类关系本身最为美好与亲切的东西了，而这些都在我们能力范围之内。很多人所需的，只是如何去开始，学会去问自己什么样的问题，在思想或情感中做什么样的小试验罢了——这是我从一开始写这些文稿时所面临的一个简单任务。在完成这个任务的时候，没有人能比我感到更加高兴。因为，正如我之前所说的，我每天都为生活中那些美好且难以言喻的兴趣、美感以及其所蕴藏的秘密，乃至存在的问题而倍感惊讶与兴奋——其中有些让人伤心不已——但仍存在着一个巨大的希望，因为万能的上帝在我们背后。在朝圣之旅中，我们所居住的"生命之屋"只有涤尽所有烦忧，方能变成真正宏伟与大气的地方。正如古时睿智的作家所说的："一房之立，始于智慧；坚如磐石，成于理解；富丽堂皇，需凭知识！"

亚瑟·克里斯托弗·本森
写于古老的乡间小舍
剑桥大学莫德林学院
1912年8月5日

英格兰心不设防

现在，人们讨论最多的是大英帝国，而且一般都会以睿智且英勇的口吻去谈。我们自称会伸出兄弟般友爱的双手，让仁爱之心延伸至大洋彼岸素昧平生的朋友以及人类同胞，为我们英国充满活力的生活、谈话以及思想能够影响世界而感到无比骄傲。诚然，英国可以好好地躺在赞歌里那些古老的祝福中，沉醉一番，感觉自己就像一个带着一群小孩的欢乐母亲。虽然，有时候我觉得要是在这个过程中，能够少点武力的话，这个快乐的大家庭就不会想着排挤或让其他原本也有自己玩耍地方的孩子滚到一边的角落里，而且还声称这样做是以上帝深沉的愿景之名。

当我们沉浸在为大英帝国的足迹遍布世界，破旧立新，生生不息感到不胜自喜、意犹未尽之时，最好偶尔也要明智地将思绪转回自己的国家。倘徉在茫茫历史与传统的河流之中，感受岛国民族以及让我们传承至今的内涵。我们很多的城市居住者，容易漠视隐藏在这片岛国中那些古老而美丽的无与伦比的珍宝——深藏在村村落落，在森林空地、遥远的峡谷与山川的褶皱。倘若人们愿意探幽一下英格兰的安静之处，从废墟的城堡及修道院里找寻休闲，拜访古老的房屋与鸟儿筑巢的教堂，就会意识到，过往的人们在这里过着多么恬淡安静的生活，世世代代，百年不变；那时，铁路还没有连接每个城镇；那时，最卑微的劳动者还不识字，不像现在这样能够阅读报刊；那时，居住在这里的人们过着充盈多彩的生活。

也许，过分缅怀往昔是错误的，因为人的整个思想都沉迷于一种富于浪漫与金黄的烟雾之中，忘怀了人生所有的悲苦与残酷，然后对着人性弱点悲伤得无语，似乎这些是新近冒出且极具伤害的罪恶；仿佛过往的时日洋溢着平和的岁月，人们每年过着平静的生活，进行着有益的劳作。现在大众的生活水平要比往时更为美好、体面、合理与舒适，更多人决心去帮助或拯救那些步入歧途的人，却发现岁月的车轮无情地将他们碾过。

过往的生活有其自身的美感与沉静，至少，那时候没有那么多的喧闹与躁动，也没有那么多无聊的声音与空洞的泡沫；对于如何生活，没有过多的刻意为之，更多的只是一种泰然处之，顺其自然。他们的活动范围更为有限，却更加专注。毋庸置疑，他们对于山川环绕所带来的壮美、庄严以及美感会有更为强烈的感受。若是日复一日地在远方漫游，看到人们建造的房子，即便是小村舍与谷仓，屋顶使用瓷砖，垒砌山形墙，竖起直桷与枕木，也要比用装载稻草的敞篷货车搬来石板与黄色的砖瓦，然后在牛棚一角建造一间铁制的褶形谷仓，更让人深深感觉到，过往的人们强烈地热爱着简朴与庄严的生活。

这是我不久前所看到的景象，那时我正沿着温德拉什①两岸苍翠的峡谷漫步，举头环顾便是科茨沃尔德②群山。温德拉什河就如这个轻快的名字所蕴含的，显得十分柔美，到处是清澈的小溪，迅速流转的弯道，还有长长漂动的水草与泛起泡沫的堰堤，流经平坦的草地，缓缓淌过贫瘠的山腰。

目光越过田野，可见一座很小的钟塔教堂坐落在宽敞的草地上，有一条小

---

① 温德拉什（windrush），英国著名的温德拉什峡谷。——译者注
② 科茨沃尔德（Cotswold），英格兰之心脏地区，珍妮·奥斯丁、温斯顿·丘吉尔、威廉·莫里斯等名人都出生于此。——译者注

路可通向那里。靠近的时候，看见一座体积不大但历史悠久的圣坛，粗糙的石工技术，一览无遗；还有都铎时代①一个小型的信众席被以有趣的角度钉着。教堂则是一座极为温馨的圣堂，乔治王时代的教堂长凳，年代久远的壁画早已斑驳，还有一个韵味犹存的詹姆斯一世的讲坛以及由两根粗糙的橡木组成的罂粟色的装饰。当获知圣坛是由罗马马赛克所铺就的，外缘线紧紧地贴住墙壁，甚至这些墙壁也都是一些古罗马庄园残留下来的，而在被遗弃之后，后世人将之改造成最简朴的诺曼式教堂时，我觉得时空仿佛如一幅全景图浮现在眼前。此处无疑是过去罗马人定居的地方，而且还居住了数代人；也许，这里不曾设防，在这里居住的也是富裕的罗马家庭，这里回廊与柱廊林立，浴室与礼堂，都证明了在这片殖民地上，人们曾过着安静的生活。这一切笼罩着多少神秘啊！无疑，这些美丽的乡村房屋在罗马军团撤离后，慢慢地在树丛与金雀花间坍塌，化成废墟，至今才被一一挖掘出来。接着，就是大英帝国的渐渐崛起，基督信仰的传播，直到树丛中那古老的废墟被重建成一座小型的基督教堂。谁知道当年是谁建造的，而这又该是多少个世纪前的事情！

接着，我们继续往前漫步，来到了一片牧场的泥炭草地，草地下面有一些形状怪异的小池塘，一座小村落，那里有小教堂与山形墙的庄园。教堂里有很多纪念碑、武士与骑士的雕塑，旁边是他们穿着女装的妻子，僵硬地躺着，双手放在头上，脸上的着色显得红润，双眼平静地望着教堂。人行道上还有一些黄铜制的雕塑，接着又是一些更为浮华的纪念碑，雕塑的小天使似在哭泣；碑上还篆刻着许多似在浮动的多音节字母，记载的内容没人会去关注，只是对过往那些美德消逝的感伤总会被视为理所当然。

在这里，一些著名家族的历史显然被掩盖了。其中有一个家族叫菲蒂普莱斯。回家后，我就去找寻关于这个家族的资料，一个颇为有趣的故事被揭开了。菲蒂普莱斯家族历史悠久，通过继承及联姻，慢慢发展成极为富有且

---

① 都铎时代（Tudor period），指1485—1603年，始于亨利七世1485年入主英格兰、威尔士和爱尔兰，结束于1603年伊丽莎白一世的去世。——译者注

具有势力的家族。他们曾在十六个郡都有自己的土地，其中一个家族首领还与布拉干萨——葡萄牙国王的一个女儿——结婚呢。这个家族虽然极富影响力，但没有为英国贡献出哪怕一位政治家、法官、主教、上将或是将军之类的人物。他们没有任何公共服务的记录，有的只是持续繁荣与壮大的记载。盛极必衰，物极必反，这个家族慢慢地走向衰落。从男爵爵位开始消失，家族的姓氏只在母系上流传，然后许多宏伟的建筑都被付之一炬了。关于这个家族，有很多丑陋的故事，讲他们如何愚蠢与守旧，导致整个家族都覆灭了。而我们在农场所见到的那些建筑与圆顶阁，都被推倒了，土地被出售，整个家族的存在变成了一个傲慢、自私与邪恶的记忆，良机被白白抛弃，大把的金钱被无耻地挥霍。

在我看来，这真是一个让人感到伤感且空洞无聊的老故事——一个大家族的兴衰！人们都不想过分纠缠于此，但还是发出了一个强烈且险恶的信号，即最好不要在人生里过分注重排场、财富、房子与影响，这个世界不是为了满足个人私欲而存在的。我们不能肆意浪费自己无法使用的东西，最好还是施与，而不要一味索取，虽然大多数人都是持相反的态度。

有时，我会默然回想起那一天：身处一片装饰着纹章盾牌的纪念碑前，许多人却只是在找寻阴影的一面。生活的珍宝中充满了积极的工作与深沉的情感，是那些让人能够愉悦、专注与提神的简单事情。但是，很多人在经历这些事情时，觉得平淡无奇，内心沉闷；心中泛起的，只是一些愚蠢的欲念，追逐着微不足道的名声，一些肤浅的名望，全然忘记了真正的生活如流水一样倏忽从身边经过，让人不知不觉。

以上这些真的是一个陈旧的人生哲学吗？我也不知道。我只能很谦卑地说，在历经了半个世纪浮沉与有趣的人生后，我终于明白了这些道理。我仿佛从渣滓中淬炼出金子，看着自己之前如何在追逐影子的热望里虚度光阴，时常鄙视那些甜美、简朴、催人振奋与助人心智的东西，就如无视青绿牧场里的雏菊一样。

面对着这些造型僵硬的武士与高雅的女士，它们一一悬挂在拱门与刻有图案的壁龛上,我深深觉得,人类还远未能以正确的心态去面对生活。也许,虽然菲蒂普莱斯家族拥有庞大的家产,享有威望以及让人称道的美德,却在这片土地上过着简朴的生活,喜欢拂过空旷山岚的清新空气,乐见清泉从花园里涌出,快乐的男孩、女孩在这里慢慢成长。人们感觉不到这些美德冒芽的任何痕迹——因为它最近才慢慢展露出来——这完全是因为出于对民主力量日渐壮大的恐惧。所有这些都应该是自然而然地生发的,然后大度地给予让步——但我对此表示怀疑。

诚然,要是还需什么去证明那个安静的小村落的古老生活存在着邪恶与丑陋的话,以下就是明证。一两天前,在离菲蒂普莱斯不到一里的地方,我看到一株孤零零的橡树,一条崎岖的旧路穿过牧场,可到达那里。在大树躯干的位置,向外生长着庞大的树枝,水平蔓延。树枝上深深地刻着几个大写字母,旁边刻着的日期也是一个世纪之前了。这是一棵"绞架树",大写字母指的是两位不幸的人——两个强盗的名字。我想象着他们渐渐腐烂的尸体一定在这树上悬挂了许久吧。当风吹过的时候,尸体必定拍打着树干,场景必然是不堪入目。而尸体腐烂的气味又是那么让人觉得恐怖!联想在这里围观的人,他们内心肯定也是满怀恐惧。那个绝望的强盗,套在脖子上的绳索紧紧系在树干上。旁边是官员、法警、骑着马的治安官、一群围观注视的群众。接着,强盗拼命地挣扎,大口喘气,双眼圆睁,四肢抽搐。当人们梦想着过去诚实、安静与简朴的日子时,很难抹去这些恐怖的联想。

青草丛生的阶梯,古罗马的人行道,那棵孤零零的橡树——该怎样去将这些零散的景象黏合起来呢?脑海里闪过一个念头:评判时,不要严苛;希望时,不要着急;相信时,不要盲目;梦想时,不要天真;要全面地看待生活,直面它的冷酷与恐惧,牢牢专注于宏大的目标,凭着无与伦比的耐心与隐忍,闯出自己的人生。没有什么会虚度,没有什么会模棱两可,一切都在上帝的心智与灵魂之中。

秋天归家的路

  一天，我与一位朋友沿着一条通往剑桥马丁林山丘的小道散步。在很多村落里，这个小山丘的山势起伏根本不值得一谈。但在剑桥郡这边，却算是极为醒目的，让人难以忽视其存在，大有一览众山小的气势。穿过格顿的小树丛，一直往北面走，依稀见到伊利的塔楼，有点像一个巨型的火车头。横跨大沼泽地，满眼一片蓝绿交错的景色，在秋日的雾霭中，融成一股高雅的气质。略显暗淡的休耕地，广阔的牧场缓缓地从脚下延伸出去，周围可见一排排的榆树，还有逐渐发黄的小树林。在树林一端的小门前，我们停下了脚步。朋友对我说："我在想到底是什么让这一切显得如此美丽，这里没有一丝狂野与浪漫的气息，没有什么特别显著的亮点；每一寸土地都有其简单的用处，都曾被开垦与耕作过。很难向任何人解释这其中的美感。我可以臆想一下，倘若我必须要生活在国外，生活在一个如佛罗伦萨这么美丽的地方，抑或是一些热带的风景名胜，内心肯定会怀想之前待过的地方，甚至会对平坦的牧场与整齐的树林怀着一股热切的渴盼，觉得有一股莫名的亲切，让人感到愉悦。"

  "是的，"我说，"我可以理解，这难道不应归结为一种对家乡与寻常熟悉的事物的怀想吗？在小村落居住的人们，他们所说的话语你都能明白，乃至小鸟的习惯以及植物的形态，你都有所了解。这是一种对壮丽及让人震撼事物的抵触情绪。难道这其中没有任何关于过往快乐与感动的联想存在吗？许多事情与地方的美感，取决于我们过去的快乐心情——人们可在树林与城墙上获得内心的乐趣。我肯定自己之所以那么喜欢榆树，是因为伊顿公学的运动场边都栽种着榆树！'榆树'一词就让我回想起参天大树的画面，高耸的簇叶在泰晤士河边夏日的夜晚轻拂；或是在春日清晨透过教室的窗户所见到的景象——那些时光——恰如丁尼生①所说：'我记得，无忧无虑的时光没人会指责我。'我们不能将自己孤立起来，以最公允或心平气和的态度看待所有事物，不论我们怎样努力，但谁会试着这样做呢？"

"哦！当然了，"朋友说，"有一半的美感源于记忆与过往的欢乐，肯定还有一些是超乎于此的。这是否可能根本就不是一种美感，而是某种远古遗传下来的对繁荣与农事的向往——丰收的田野、一望无际的牧场，其中一些可能以面包或牛腰肉的形状展现出来。"

"我不这样认为，"我说，"这种想法的内涵让人觉得很恐怖。过来，让我们细细地欣赏这里的风景，看看能否探寻其中隐藏的秘密。"

所以，我们在门前驻足了一会儿，双眼审视着，就如古罗马人曾经所说的。

"这里的色彩斑斓啊！"我说，"首先就是天空——我们没有让地主与大财团们将它据为己有。天空有种源于骨子里的自由自在，不受拘束；那股湛蓝的绿，隐约飘着一丝金黄色的雾霭，全然不沾任何一丝功利的色彩。那些成块堆积的云层压在那里，就像白雪覆盖的悬崖。我对这些景象没有抱着任何功利的想法，也没想从中获取什么，这却又让人感到莫名的兴奋与高兴；田野间细微的曲线与聚拢的田埂线自有其美感所在，既没显得杂乱无章，又没什么几何式的规划，给人的感觉是，这一切并非故意为之。倘若这个地方是

---

① 丁尼生（Alfred Tennyson，1809—1892），英国诗人，有桂冠诗人称号。——译者注

一片空旷的原野,没有一棵树的影子,田野的分界也规划得有序,那就没有那般吸引力了。这些景物的存在自有其历史,有村落的地方,就意味着有水井与清泉;蜿蜒的旁道代表着古代森林的小径;而那条突然拐弯、现在难以辨认的小路,也许是过去一棵倒下的庞大树木,人们难以移动。还有笔直的罗马大道,这些都散发出某种活力。"

"你又陷入联想之中了。"朋友说,"我对此并不否认,整个画面到底又夹杂着多少原始的味道呢?我真的没看出多少来。"

"哦,"我说,"这里到处可见小峡谷,有些灌木篱丛的面积让人惊叹,榆树生长在本不应扎根的地方,一个边上生长着芦苇的地洞,里面溢满了水,人们在很久之前曾在这里挖掘过沙砾。我承认,下面生长的黑色杨木显得有些笨拙,但看看农庄周围那些粗糙、削减过后的榆树,院子里的那棵巨大的美国梧桐吧,这里有足够的自由去证明这些事物不仅是为功利而存在。我认可你所说的,这其实是无从去确认的。我们不能对斑斓色彩带来的欢乐熟视无睹。而对英国人来说,我们更关注色彩,不论其以何种形式展现出来。

"你说得对。"朋友说,"某天,有人跟我说了一件很有趣的事情。一位年轻的外交官对我说,当他到日本拜访一位身形矮小的农民时,发现此人相当贫穷。在农民房间中央放着一块很大的燧石,这让他百思不得其解,最后他忍不住问这位农民:'这块石头放在这里有什么用吗?我想,这其中肯定有某些故事吧?你为什么要将它放在这里呢?'农民说:'当然了,你也看到这是一块很美丽的石头,对吧?'我的这位朋友注意到房子外面的花园里有一座小假山,那里的石头与那块很类似。他就问:'花园里也有一些石头啊——看起来很类似。''哦,不!'农民说,'那些石头都是极为普通的,虽然也有其用处,其中一些甚至还挺好看的,但是比不上房间里的这一块。过来,'他接着说,'我们将拿出这些石头,仔细地观察一下。'他真的这样做,指出原先那块石头所包含的超乎寻常的气质与精美。这位朋友说这位农民所说的话让他一头雾水,让他觉得自己好像缺乏某种常识一样。农民补充道:'这也是一块很著名的石头，很多人从大老远的地方赶过来，就是为了看它一眼。有人曾想出高价购买，但我舍不得，因为它太可爱了。当我凝视这块石头的时候，会忘记自己的疲倦，陶醉在它的美丽中。'"

"是的，"我说，"这是一个很不错的故事，我也曾听说日本的两位工人会在家里种一些花，在工作间隙去欣赏一下，以此提神；而英国人则会去喝几杯啤酒，让自己重新精神起来。"

朋友说："我觉得，那些在田间劳作的人并没有感受到其中的美感。也许，他们因为这是自己熟悉的地方，所以会不自觉地喜欢这些场景。但在我们站立的地方，我已经见过这些山丘，山顶是一片树林，磨坊也早已废弃，显得阴沉与庄重，傍晚的天空在俯视着一切，万物似乎都在某种难以解释与分析的过程中慢慢蜕变。诚然，这些最为寻常的地方，日出日落之间，若能维持这般安静与简朴，不被现代社会一些所谓聪明的发明所侵扰——就像那里有一座铁制的呈波浪形的牲口棚，或是那一排排可亲的村舍——有种神秘与平和的美感，似乎是从一些古老而纯净的源泉之中流淌出来的。这一恬然的美感也许就是最为真切的"漠漠旷野，寂寂苍穹"了，能够容纳人类不同的思绪，由于没有固定于某种特殊与特别的可爱，所以方能真正获得象征的所有神秘与深度。"

"是的，"我回答说，"我觉得你这样说很有道理，那些总是在风景里过分渲染情感或浪漫气息，并且一味抱怨乡村沉闷景色的人们，对于他们眼中的美感，我总是有所怀疑的。在瑞士那满眼的雪峰与松树丛生的峡谷里，看到一排排榆树与山形墙的农舍，让人的内心生发无限的渴望。要是人们喜爱这些不加修饰的景色，那么，在面对我们英国那些更为美丽与让人陶醉的湖泊时，岂不是沉醉得难以醒来。但是，其中一半的美感源于山川的形状与带褶皱的山脊，甜美与安静的田园生活在峡谷与绿色的山谷间完美地结合。山上漫步的乐趣，在于路过平坦的牧场，汩汩清泉缓缓而流，树林笼罩的圆丘，一直延伸至陡峭的山谷，小溪在那叮咚作响，在灌木丛中一滴一滴地滑落，石头垒砌的城墙沿着牧场急遽下陷,而古色古香的村落似抱紧一团,从四面八方有趣地支撑着,一直簇拥到旷野与绿色的山腰。然后,我们突然回旋,从险峻与黑漆漆的山头下降至风呼呼而过的山谷,直到树丛再次出现在眼前,又走进了人群舒适的怀抱之中,身心感觉到古老世界的往昔仿佛滤过自己一遍,那时的人们过着诗意般的生活,而无须将这些一一记录下来。"

"但我觉得很遗憾,"朋友说,"要是他们能够有所记录,那该多好啊!我时常会想到年老的华兹华斯①,想起他那乡野的气息与结实的大腿,他那坦率而从容的脸,一见到他所深爱的土地,内心就燃起一股神圣感——他的情感源于这片土地,也让他一生有所依靠。土地与人类存在的美感——这只是我们英国人所理解并能表达出来的两种美感而已。"

此时,我们离来时的路已经很远了,但我们还是再一次停下了脚步,在山脊驻足,望着雾霭渐渐披着柔弱的轻纱,笼罩着低矮的田野,一片绿色雾气笼罩的天空,天边燃着黄橙色的光芒;往更远处眺望,剑桥的塔楼与尖顶在雾霭之上自若地露出了脸,烟气顺着微风,往北边飘去,四下静寂,唯有一些夜鸟在树丛深处发出尖刻的声响,马蹄有节奏的蹬步声响,时而高昂,时而低沉,引领我们在暮色的田野与孤寂的山峦之间,循着归家的路,回到熟悉的壁炉旁。

---

① 华兹华斯(William Wordsworth,1770—1850),英国诗人。——译者注

隐士的救赎

狭窄崎岖的小路，两边是满地零散的草根与石块，蔓延至开阔的草地，忽然消失，给人舒畅与不可预测的感觉。两百尺下的地方，就是一望无际的大西洋。大风猛烈，卷着蓝色海浪向陆地袭来，浪花滚滚飞溅。左右环视，岬角突兀，亲吻着大海。青灰色的悬崖有万仞高，急遽下陡，海涛在底下翻滚，左右两边，连绵数里。小水湾、海港或布满沙子的海滩见证着浪花散裂成两块、三块……举目眺望，岩石摇摇欲坠，阻隔了平原，在烈风怒号形成的巨浪下毅然坚挺，岿然不动。

脚下离悬崖只有几步之遥。世间多悬崖，嶙峋依然。小心翼翼，慢慢挪到边上，峡谷中开，直插地心，无可攀爬。簇簇海石竹，挣着根须的草类植物，粘在悬崖突出的狭长罅隙中。在一些土壤稀疏的地方，就是一些青灰色的、由厚板垒砌的粗制楼道，岁月的痕迹了然，但楼道却是结如磐石。往下走了些许路程，可看到一座饱经风雨、淡灰色屋顶的小教堂钟塔，仿佛悬浮于海天之间，在半山腰嵌入了崖间，于两个沟壑陡峭的崖壁间紧紧地揳入，宛如丛林间的鸟巢，看起来很不稳固。大风在上面盘旋，海浪在下面咆哮，有一种诡异的感觉。似乎人的手指轻轻一碰，钟塔就会瞬间跌落悬崖，化为齑粉。往下走，悬崖的坡度在两边渐渐舒缓，可看到一扇低矮拱形、似由石灰岩碎片糊里糊涂堆砌而成的门。诚然，有古物研究者称，这座砖瓦建筑是属于罗马时期的，而其功用显然就是一座用来防范敌军可能登陆的堡垒。后来一个隐士改造了一番，使之褪去了过往剑拔弩张的记忆，充溢着沉静的感觉。钟塔内的拱顶很低，灰浆涂抹得也是很随意，地面铺着软泥砖，红红的，走起路来很泥泞。窗棂与大门上滴落的雨水，顺流到小池塘里。里面只有一个方孔通风，透过此孔，可望到海的那头，倾听风肆意地呼啸而过。有一个粗制的石祭台，两边皆有矮矮的小石座，一眼扫过，教堂几乎被一排排的石座占据了。教堂的西边有个小门，沿着陡峭的山路，就是靠近大海的地方了；在祭台旁边，另一扇门可通往一个类似于石灰岩洞穴的地方，只是顶部半敞着，仰望着苍穹。这里的一切都显得如此粗糙与简朴，特别之处就是，在左边有一个与地面垂直、做工粗糙的壁龛，大小仅可容纳一个普通人。据传，这是一个赎罪苦修的地方，对此种说法似乎也没有更好的反驳理由了。但是，想象着一位苍老的隐士，头发蓬松，胡子很稀，在这个孤僻的半山腰里赤裸着蹲伏，日复一日，年复一年，斩断七情六欲，虔诚地为过往放纵留下的罪孽而忏悔，全身心地将自己奉献给怜悯的上帝的情景；而外面的风仍不休地在溪谷里号叫，雨点从容地自岩石的缝裂中滴答而下；两相比较，煞是壮观！

　　但这里绝非是了无生趣的，数以百计的朝圣者曾到此参观。从朝向大海的路往下走，有一个井，井上盖着做工粗糙的砖石，据说，这井里的水有包治百病的功效。半个世纪前，一些挂着拐杖、贴着膏药、缠着绷带的人，从朝圣之旅回来后，笃信自己的病患就是被这圣水治愈的。这是一个相当让人疑惑与惊讶的谜团，但也不能笼统地视为不科学的传统或迷信而去否认。无论怎样，此地沾染了太多人类的情感，此般苦楚、此般希望、此般感恩，自然有其存在的哀婉之情。此时，风呼呼掠过山崖，飞翔的海鸥微茫的喊声渐起，忧郁不堪；而大海的细浪在遇到岩石之后，又是雪白一片。夏日，曾有一些人在旅行之时，走进了这座小教堂，收拢着身子，挤进那个隐士当年忏悔的小壁龛，放声大笑；品着井水的味道，临着轻轻拍浪的大海。尽管他们认为，当年隐士苦行僧般的赎罪，那些狂热的忏悔者不顾山路崎岖，耐心地走完这段路的努力，并没有付诸东流。也许，他们是更好地利用这个地方。虽然我们宣称，今日的试验方式是更为谨慎与合理的，但我们依然在埋怨自身的错误，忍受自己带来的痛苦，呼吸着希望的空气。

让人疑惑不解的是，时至今日，在这片蓝天白云与海浪滔天之间，那位传说的隐士及其苦修的生活，竟毫无记录。甚至连圣·谷文斯[①]这个名字，也未能带给人神圣的感觉。关于此地的记忆，有的也只是亚瑟王的侄子加韦恩爵士的腐败，他只是圆桌会议中那位最为罪恶与沾满鲜血的武士而已。据说，他后来在这里遭遇海难，尸体被冲到岸边，全身瘀伤，肢体残缺。在诺曼人征服期间，他的坟墓仍在山顶，墓前耸立着一块巨大的毛石。

关于此地的记忆，是如此朦胧与奇怪。驾驭着心智，思绪穿越几个世纪，沿着时光的轨道绝望而无力地穿梭。呜呼，这个与世隔绝、人迹罕至的地方，其真正散发的热力，在人类历史与传统的长河里，该是多么渺茫啊！千百年来，此地的风貌似乎原封未动，无所变化。当以色列人出埃及[②]之时，当希腊人还在为特洛伊苦战之时，当罗慕路斯[③]在罗马苍翠的山丘上筑起堡垒之时，彼时彼地，太阳照常升起，风儿依然吹着，海浪不倦地拍打着长满金雀花的岬角，悬崖深深，冷峻之色不改。生于斯的海鸥与海螺，可谓源远流长，年代追溯的跨度，让一切皇室血脉或帝王矜伐短暂的一世无地自容。最让人不解的，是生在海上或陆地的生物，似乎仍过着盲目的生活，世代轮转，直至今天，每时每刻仍散发着某种激情与情感。它们的存在，难道只是白驹过隙，走向死亡，不留下半点痕迹？赐予它们生气与精神的东西，如今

[①] 圣·谷文斯(Saint Govans)，卒于586年，隐士。圣·谷文斯教堂建于14世纪，今天被称为"圣·谷文斯的头部"。——译者注

[②] 以色列人出埃及，讲述的是摩西(Moses)率众人出埃及，摆脱奴役，奔向自由，最终返回故土以色列。——译者注

[③] 罗慕路斯(Romulus)，传说中罗马城的建立者，由狼哺乳并由牧人抚养长大。——译者注

都飘散何处了？也许，这一切的答案，就如悬崖边的石头、海岸边的卵石一般静寂。人类是最后才将脚印印在这片土地上的动物。而人类不凡之处，就是可以让思想隔着时空不断激荡，想象着生命永无止境的过程，怀想着过往曾世代居住于此的生命。脚下不经意从草地上翻起一块石灰岩，紧紧地挨着一些史前时期的珊瑚化石。生命的符号被如此永恒地记录下来，时代之绵远，思绪不禁脱缰，任由飘远。但这必然预示着上帝宏大心智的某些东西。而很重要的一点，就是人类可以选择与上帝同在，在追求永恒的道路上，无所畏惧，却又心怀敬畏。接着，思绪更趋放肆，越过了大海，与挂在天上的星星为伍了；因为是午时，星星不得一见。每颗星星都会有自己的行星吧，就如地球一般，也应该居住着生物吧，就如这里存在着生命；他们一样充满着智慧、情感、精神，也许他们还有某种优雅与救赎来拯救自身的本能，像我们一样祈祷上帝的仁慈与爱意。

"高处不胜寒"啊，人显然不能在那般高度生存或呼吸。即便如此，这些思想还时不时会冒上心头，带来鼓舞。尽管这些思想让我们意识到，敞开灵魂的心扉，面向世界的阳光时刻是多么短暂，多么容易一掠而过。这是一种可畏与汹涌的思绪，因为这彰显了个体生命的极端渺小；但这也是一种让人鼓舞的思想，因为这说明了，无论人多么渺小，在天父的心中，都能占据一席之地。没有我们，上帝的工作是不完整的，我们将永远沐浴在上帝的恩赐之中。

悬崖与大海似乎在发出这些信息，小教堂似乎成了一个充满愿景的地方，充盈着阳光，回荡着远方渺茫而和谐的神性音乐。人所要做的，只是让这乐音不被稀释，永葆纯真。

日薄西山，天色渐暗，生命熟悉而古老的潮流慢慢涌来，让人去品尝工作、爱、欢乐与苦楚——但心中敬畏的希望，远方渺茫的神秘，却又印证着上帝的愿景。"当我醒来的时候，看得见你的形象，就心满意足了。"

废 墟

　　我时常会思忖一个问题，即人类从对废墟建筑的沉思中所获取的快感，到底根源于何处呢？凡人可能会自然地认为，乐于见到某个建筑——这些给我们带来欢乐或虔诚的地方，一些见证着众多逝去人生、隐去的荣耀或如青烟的奢华——的残骸，这里面必然有某种病态的思绪在作怪。这些残垣断壁承载了许多过往的希冀、情感与欢乐，还有数不尽的恐惧与悲伤！我窃以为，这些地方的魅力之一，就是某种"过往美好却被糟蹋的事物"的那份魅力，感觉到生命的欢乐，勇敢无惧的念头，宏大的向往。而眼前的一切又是那么简单，弥漫着难以言喻的哀伤，往昔这里所遭受的苦难，仿佛滑进了无尽黑暗的渊薮，牢牢紧闭着。也许，这就是那些历经人生风雨或想象丰富之人，站在这些古代废墟之前的感慨吧。当夏日的阳光拂在爬满常青藤的山墙与崩塌的拱门之时，有一种万物皆静与从容之感。此刻，肉身的死亡或是泛滥的洪水，都不能将之湮没。原来，废墟本身也有如此的美感。

　　我以为，这样的情感并非古而有之，最早也只可追溯到一百年前而已。让人诧异的是，我们眼前所见到的这些残垣断壁，在中世纪的建筑者眼中，是没有任何上述的哀婉或沉吟之情的。他们发自内心地希望以新式建筑取代古老的。他们也不会想在一座古老或简朴的教堂前加上一个宏大的前廊之类的东西。他们似乎总是乐于推倒一切,用更有创意的事物加以代替。就废墟本身而言,虽然这是过往国王与特权阶层享受的地方,但他们觉得这只不过是一堆毫无用处与没有存在意义的石头而已,顶多也只是一个露天矿场,方便取石而已。我们还要记得,自文艺复兴时期之后,直到霍勒斯·沃波尔[①]与格雷[②]出现之前,哥特式建筑被人们认为是丑陋与野蛮的,理应被更为经典与结构对称的建筑取代;反之,人们也只能默默地忍受着。所以,这种关于古老废墟建筑的情感,完全是前所未有的。我以为,这是一种很柔和的观点,有助于心灵与智慧;虽然这可能暴露了我们在提升自身能力方面缺乏自信的问题。这种情况出现的原因,就是我们找不到属于当代自身的建筑,不是勇闯新路,而是不断地整合与重建过往的路子。

诚然,对当代人而言,废墟往往与快乐的假日时光、野外探险或是野炊等活动联系在一起。在废墟上,又能体现某种野趣、欢笑、幽默或不同寻常的食物与自身正常身心的休闲状态。回想我童年时期的夏日,在这些地方游玩的情景,试着去解开其中所蕴含的魅力所在。这些破烂的地方当然不会跟风景秀丽一词挂钩,也无法激起什么美好的想象。小时候,我从未在脑海中回想起过往的生活:那些披着盔甲的骑士,穿着严实的女人,在守卫室及厅室里苦中作乐的情景,从来没有在我幼稚的脑海闪过。我所能想到的乐趣,就是沿着破碎的梯子匍匐前进,远眺着让人昏眩的护墙,窥视着黑暗的拱顶,心中始终怀揣着一个愿望,希望能够碰巧发现埋藏的珍宝,在某一个土制的瓷器中找到一大堆古币,或是在一块风化的骨头上找到一枚戒指。这些事情是常发生的,为什么就不会让我碰到呢?我也并不像马修·阿诺德[③]日记中记

---

① 霍勒斯·沃波尔(Horace Walpole, 1717—1797),英国艺术史学家、文学家、辉格党政治家。
② 格雷(John Grey, 1724—1777),英国政治家。——译者注
③ 马修·阿诺德(Matthew Arnold, 1822—1888),英国诗人、评论家。代表作有《评论一集》《评论二集》《文化与无政府状态》等。——译者注

录他八岁大的儿子被带到弗内斯修道院时的那般反应。阿诺德的儿子绰号叫巴奇,当看到古时马车孤零零的残骸,他的内心对这个充满浪漫气息的地方充满了惊叹。也许,这些惊叹只普遍存在于有高教养的圈子里。这位聪明的巴奇静待内心汹涌的审美情趣消散之后,突然孩童般特有的恐惧感涌上心头:"多么肮脏与让人可怖的地方啊!"我想这个天真无邪的念头、冷静的判断,就是一颗自然的心灵在没有被错误的情感、后天的教养蒙尘之前,看到一座巨大建筑化成废墟之时,理应感受到的忧伤,为之痛惜,心中杂乱。

无论巴奇所说的那句话源于哪种思绪,也不可能是一个心智成熟的人思考后的结论。我曾在彭布鲁克郡待过一些时日,这个地方甚是荒凉,北风呼啸,千回百转的小溪奔向大海,悬崖嶙峋,石岛遍布。但这里却是神奇浪漫建筑的聚集地。越过一个个山谷,可见到封建时期的城堡——伊洛·海登、卡鲁、马诺比尔——单是这些名字就给人一种震撼!村村落落,都有常青藤覆盖的石拱据点。现在的人们很难再去想象过去怎样的生存状态,才会造出如此森严、肃穆的居住环境。片片山岚,都有一些矮拱、墙厚的教堂,还有一个望风塔,枕着山脊,开着堞眼,高墙轻微地向最高处靠拢。"混合",这是一个术语——这些建筑在天际边画下了优美的轮廓。

冬日沉寂的午后,阳光惨白地照射下来,我们不经意间来到了一个名叫兰斐的地方。我之前没听过这个名字,这个名字让我有某种极为期待的心情,想要去看个究竟。巴洛主教似乎是教会中对于繁文缛节最为反感的牧师了,他曾与一个被解散了的女修道院院长结婚,她的名字叫阿加莎·维斯本。而他的五个女儿也都嫁给了主教!我不敢妄自对主教的品行加以评论,因为这只是他身旁的人所说的而已。他拆了圣·大卫的宫殿,还将屋顶上的铅金属卖掉了。他是在兰斐这个地方与国王道别的,他喜爱的教子德弗斯是埃塞克斯学院的创办人。事实上,这位时乖运蹇的伯爵,伊丽莎白时代的受害者与宠儿,正是在这个塔楼上度过了自己快乐的青春年华。

沿着峡谷往下走,心情甚为愉悦。峡谷下面,就是一座废弃的房子,周围的小溪水势迅疾，水流潺潺，绕着苍翠的山岚，缓缓荡过莎草丛生的牧场，满溢到灌木森森的峡谷之中。空气柔和，甜美。身形庞大的棕榈树傲然挺立于一大片开阔的废墟边，常青藤爬满了倒塌的护墙，生机盎然。过往的游乐园现在成了高墙环绕下的花园。在花园的中央，矗立着一座巧夺天工的小塔，塔的顶端有一个很漂亮的拱形凉亭，这是14世纪圣·大卫的主教戈武的得意之作，他留下了很多艺术风格独特的宫殿。眼前的这个建筑保存得很完整，小塔、堡垒、山形墙、扶垛，上面都覆盖着常青藤，羊齿植物与藤蔓植物在上面肆无忌惮地生长。牲口被困在拱底之下，花园的工具都储藏在房间里。驻足此处，满眼绿色，溪流在脚下蜿蜒流淌，风儿刮过丛林，随着时间的流逝，这些建筑渐成废墟。

呜呼！这个地方曾经是兰斐著名的建筑。身处这里，不禁感怀起来，想着在这个地方为耶稣基督服务的仆人，那些加利安渔民后代的坎坷人生与命运；与此对比的，是世俗的繁华，封建时代的奢华与排场！圣·大卫的主教身边有一帮随从与骑士，还有属于自己的七个城堡，他几乎没有心思去践行宗教上的责任。即便如此，教会在让世界上这文化荒凉的一角充满了基督的仁慈与教化的功劳，也是不能抹杀的。正因为教会后来趋向于好大喜功、世俗的影响力、财富等诱惑，让堕落与掠夺成为一种旋律。选择是明晰的，劝诫是浅白的。当眼中只有金钱，无论其谦卑得多么高尚，也很难不去为过往纯真的生命与真实的流逝而感到惋惜。但是，这些残碎的高楼，断裂的护墙，都在散发出一种信息——上帝的胜利，非凭力量与气概所得也。

岁月的胜利

不久前，我参观了英格兰北部一座极有特色的教堂，让人觉得非常有趣。教堂的官方名称是卡梅尔高地教堂，但附近的人则有一个更富浪漫色彩的叫法：高地上的圣·安东尼。教堂离肯德尔不远，这一带地势渐趋向海平面下降。教区里可见离离青草，树木繁茂，还有那古老而似梦境的农舍——竖框的窗子，石块覆盖的地板表层抹着粗灰泥，圆圆的烟囱，木制的长廊，一一收入眼帘。峡谷的一边，是石灰岩的断崖，沿途有一些荒凉的梯地，一些碎石堆；而在另一边，峭壁并不壮观，高地上石楠丛生。

教堂坐落的位置极佳，处于地势低矮的灌木丛与牧场往开阔高地延伸地带之间。地势向四周倾斜，望过去，映入眼帘的，是隆起的田埂与突出的岩石，稀疏的灌木环绕其间。在苍翠的峡谷中，泉水从灯芯草间冒出来，气息间仿佛洋溢着滴滴水声的乐音。教堂所处位置的地势很低，几乎有一半隐藏在地面之下。塔楼上的窗户，与造工粗糙、歪斜的石板相得益彰。教堂虽然在形式与设计上美感不足，但像一个从此处土壤中自然生长起来的活物，充满生气。从门廊到教堂耳堂之间，摆放着矮矮的石板长凳。在夏季安息日的早晨，想必有不少人在这里八卦闲谈，还有牧羊人坐在这里用乡野淳朴的粗言谈天说地。教堂散发出古色古香的味道，东边有一扇宽大、多竖框的窗户，玻璃是14世纪遗留下来的，锈迹斑斑，乍看不那么牢固，在拼凑的过程中似乎没有多少艺术上的考量。环视教堂，可见深红、浅蓝的混搭，这儿一块，那儿一块。一个十字架，一两个斜接的圣人像，其中一个是圣·莱昂纳德，他手里拿着锁链；另一个是圣·安东尼，一只爱玩的小猪弯曲着身子，蜷缩在他手中牧杖的底部。还有一些画面似乎只是表示一种坚信礼，还有各种有趣而奇怪的场景，诸如布帘覆盖着祭台，上面放着一些圣酒瓶，而在圣餐杯里则有方形的亚麻制的卡片。在祭具室里，我发现一大堆做工一致的玻璃，尖顶饰物与圣体龛虽然做工粗糙，却也有一种生气。教堂地面铺着形状不规则的石板，顺着山丘下陡的方向缓慢下沉。东墙上悬挂着一幅画工粗糙的十诫图像。综观来看，这个教堂最让人觉得不可思议的，就是里面的长凳了。长凳形状各异，有的高高竖起；有的小凳子是用粗糙的橡木制成，上面还有朴素的尖顶饰物。为了彰显此教堂的与众不同，在近东边的一角，是货真价实的詹姆斯一世时期的长凳，凳子上还有镶板的华盖与壁柱；而在另一边，应该就是被遮挡住的小礼堂。小礼堂的长凳无论在制模与镶板上，都可谓雕刻精美，颜色艳丽。雕刻的圣人头像显然被人用削尖的工具细心打磨掉了，这样只是为了新教徒可以进行更加虔诚的祷告。

　　这是一个小地方，但从关于此地的历史文献来看，由肇始到今世，此处的新奇、有趣、美丽，经过了光阴的流逝，人事的变迁，仍然存在。诚然，这里也需要重修，但时间甚短，这才是真正的难点所在。一方面，为毁掉教堂里面那些不搭调的附属物感到遗憾。再者，要是那样的话，这里也不能被称为真正意义上的圣堂了。其实，真正缺乏的，是细如发丝般的修复工作，将任何有趣与富有特色的事物保留下来，同时让它显得温馨如常，给人家一般的感觉，亦不乏应有的肃穆。当然，最让人担忧的，就是那些热心的捐助者或野心勃勃的建筑师想在此"大展身手"，将之改建成与其他教堂无异的建筑，这才是英国教堂建筑的真正可悲之处。在之后的日子里，我参观了很多教堂。虽然这些教堂很多独特之处以及有趣的细节都得到了细心的保存，但很多教堂实际上都已重建过。人们似乎没有意识到，眼前的这些教堂都是新建的。因为无论模仿得多么逼真，这也只是一份复制品而已，最多也只能算是精美的赝品。其中真正流失的，是岁月流逝之美——原先的半色调，随意的不规则，凹陷的表面，细微的沉降，风雨的痕迹，正是这些让古老的建筑显得和谐、静美，尽管原始的设计是那么简朴与平实。

真是众口难调啊！让教堂成为其所处村落的象征性建筑，兼具实用与舒适的特点，代表某种明确的宗教传统，这是极为自然且值得赞许的。最后一点，也是最让人恐惧的，就是这个并非顺应自然与进步的传统，而是中世纪主义的死灰复燃，只能是一片死水。但当一切尘埃落定之时，人们将乔治王时代甚至詹姆斯一世时代的所有痕迹都从教堂中扫出去的本能，的确显示着这些东西正在走向历史，至少有这个征兆。虽然这有点冒犯且显得不雅，但这正如人类的感恩之情会让哲学家们捶胸顿足，忧伤不已。

也许，修复教堂的正确原则应该是这样的：任何坚固、昂贵或做工精美的东西，无论是纪念碑、窗户或教堂的家具，都应该保留下来，即便这些东西可能与我们现在的鉴赏品位并不搭调。转移一些不搭调的东西的最大限度，也应该是将它们从一个显眼的位置挪至不显眼的角落。即便一些物品做工低劣，或是现在为大众所批判，都应该细心地保存起来，等待人们日后鉴赏品位的变化。

19世纪初，修复斯基普顿教堂时，教堂里壮观的都铎时代屏风被人视为是粗俗的，给人不安的感觉。我的一位远房亲戚居住在教堂附近，去央求将这些拆掉的材料送给他，教堂方面很爽快地答应了，他就将这些材料装在箱子里统一存放在仓库中。多年以后，当基督教会的传统再次占据上风，这座教堂再一次被翻修，此时很多人埋怨当年丢掉了屏风材料，这位亲戚交出了这些材料，宣告了自己的某种胜利，当年都铎时代的审美风格才得以完整地重现。那些狂热的教堂建筑改造者总是昂着自信的头颅，毫无顾虑地说："这些让人恐惧的东西应被清除掉。"对他们来说，这是一记响亮的耳光。

乐极生悲

我曾在诺森伯兰郡①待过一段时间，看过那里晨曦的荣光，徐徐升起的旭日，感受冷风绕过古罗马城墙嗖嗖袭来，这的确摇荡着心绪。古罗马墙沿着山峦、山谷，穿过悬崖旷野，延绵六十里，直到大海，这可算是一道双层的屏障了。北有巨石墙，南有土方工事。而在这两道屏障之间，陆地条状的宽度也是相差各异。每隔三里，就有一座巨大的堡垒营地，上有高塔、守卫室，下有帐篷、军营；每隔一里，就有小堡垒；每隔三百码，就有放风塔。很多这样的建筑现在都已不见了，被用来改造成农场、城墙或用来筑路了。但仍有不少迄今仍存在着，还有一些则是被挖掘出来的。事实上，整个地方以前就是一个巨大的营地，六十多里长，却只有数百码宽。没人知道是谁下令建造的，可能是哈德良②，也可能是塞维拉斯③。此处至少曾被洗劫过一次，后来又重修了一番。这些建筑无疑是为了抵御冷血好战的皮克特人的侵略，使南方一带免于他们的洗劫。

---

① 诺森伯兰郡（Northumberland），英格兰北部的郡。——译者注
② 哈德良（Hadrianus），古罗马皇帝，117—138年在位。——译者注
③ 赛维拉斯（Severus），古罗马皇帝，461—465年在位。——译者注

拂晓，我前往波尔克维库斯，那里有一座营地伫立在旷野上最为荒凉与贫瘠的角落。之前，整个地方都被挖掘了一番。当年用来宣读日常命令的柱廊，长长的通道，大门的枢轴孔，偶尔会被炎热空气温暖的守卫室，为汲水所修的渠道，还有处理污水的排水系统，都已经无法分辨了。最近，这里的监管又挖掘了一些雕塑的碎片，其中一个是尼普顿赤脚躺在海豚后背上休息的雕像。

放眼望去，此处的生活给人繁忙而催迫的感觉。那些曾居住在此的人们每天都提心吊胆，眼中只有生与死这两个严肃的目标。这些城墙是由巨大的石块垒筑而成，当年必然耗费巨大的人力、物力。首先，需要有一个天然石场，工人们在石块、柱形物或飞檐上雕刻，然后沿着旷野，跋涉数里将建材运到此处。这里的建筑曾见证着人类无穷的智慧。但对那些长期在高山驻营的罗马士兵来说，他们的生活该是怎样单调。我不禁想知道他们如何消磨无聊的时光。

在波尔克维库斯，城墙外面的草地上曾有一处被挖空的剧场旧址，有一扇特别的门可进去。我敢说，当年这个剧场必然见证了人性极为丑恶与野蛮的一面。在这里，不时会发生一些小冲突。罗马士兵们曾在灌木苍翠的峡谷中驰马狩猎，极尽探险之能事。人们在废墟里时常发现一些野猪的长牙。当年的生活想必也没有想象中那么惬意吧！冬天，他们大费周折地让房间保持温暖用来取暖，彰显了古罗马人是多么害怕高海拔地区的刺骨寒冷。

接着，我们前往切斯特斯，那里有一座专门收藏挖掘出来的珍品的博物馆。博物馆里陈列着做工精美的青铜器，显然，这些物品是当年从罗马带过来的。本地制作的物品显得相当粗糙，祭台、墓葬用品、圣物雕塑，都是如此。在此处，我的内心升起一股苦乐交集的感觉，无力去穿越数个世纪时光的阻滞。有一个向西凡纳斯①还愿的祭台，是由"班纳的猎人"制造的。祭台上有

---

① 西凡纳斯（Silvanus），罗马宗教中的田野、森林之神。——译者注

一段写给一位重获自由的摩尔人的深情铭文。这位摩尔人只活了二十岁。铭文上方，斜倚着他的雕塑。据说，他生前的主人努梅里亚努斯怀着悲伤的心情送他最后一程。还有一座精美的纪念碑是献给某位年轻军官的英国妻子的。这位军官是巴尔米拉人，他将自己的爱意都倾注在这座纪念碑上。还有一些箭头、剑、矛、造型有趣的皮革鞋、做工复杂的皮带以及日常生活用品的残骸，这些无一不散发出往昔生命与活动的气息。倘若沉醉于此，内心不禁泛起一丝忧郁，对逝去人类未竟事业的嘘唏，对战争与暴力由来已久的恐惧——袭上心头。心中怀着莫名的感伤，我离开了这里。河水泛起涟漪，流过圆石；凉风袭来，树丛婆娑。越过山峦，左右望，可见深深的壁垒，城墙坍塌后残留的碎片，荆棘丛就在那里扎根。一千五百年前战争的影子，残酷的杀戮，都已成过眼云烟。现在，眼前的一切显得那么平静、恬淡。

可能上天不想让我这一天乐极生悲吧，于是就在欢乐的酒杯中滴下苦液，让我感受一下粗野。没有比这更刺激人的神经了，因为这让人懂得适时奉承的价值，以此获得别人的好感。他人不会因为你的衣装（尽管我穿得很普通）或是你口袋里的钱而对你有问必答的。诺森伯兰郡人都非常友好善良，他们会以一种体面的方式来迎接来客，以致来者有时忘记了自己应有的分寸。他们说话的时候一般都表现得很大度，面带微笑，似乎对双方首次见面感到荣幸与欢乐。在他们语气轻柔的说话声中，会有一阵爆破声，似乎有某种丝绸质地的东西轻抚着耳朵。他们没有一味地屈尊，而是在平等与友好的气氛中展开交流。

我却遇到了一个特例，在我经过农场的石门柱时，看到一个牧羊人在附近的田野里驱赶着羊群。前往四石村需要绕过一个小山丘，在我遇到牧羊人的地方，有一条宽阔的道路，通往悬崖边。我手中的地图显示的，却是一条布满青草的小径，显示可以继续往前走。我一直都将牧羊人视为天使的化身。之前，我与许多牧羊人交流时，他们都很友善，声音洪亮，似乎在高山上与烈风进行着斗争。他们表情冷淡，缄默不语，似不多与凡人交流。但他们极富耐心，举止绅士。

眼前的这位牧羊人脸色苍白，貌似凶悍，脸颊上蓄着浓密的胡须，眉毛甚粗，显得很警觉。最让我感到诡异的是，此人的相貌竟与罗斯金[①]有几分相像。因此，了解此人及其思想的过程，我感觉很奇怪。

我问："是不是有一条小路可以越过这个山丘，到达四石村？"

他飞快地从头到脚打量了我一番，似乎觉得我这样唐突地问话是无礼的，他没有回答。于是，我又问了一次。

"我听到了。"他说。

我有点恼火了，又问了一次。

"这就是通往四石村的路。"他说。

"嗯，我知道。"我说，"这里有指示牌，我想知道前方是否还有路，因为地图上标明有一条路，但我不敢确定。"

"我不知道什么地图。"他皱着眉头说。

"没关系，但是否有穿过这个山丘的小路呢？"我问。

"我想是没路了。"他回答。

"嗯，原来你也知道前方没有路啊？"我回应说。

"我告诉过你，没有路去那里的。"他愤怒地提高了嗓音。

"我想你之前也说过这样的话。"我说，"我想跟你说，在诺森伯兰这个地方，你是我遇到的第一个对陌生人粗野的人。"

他凶巴巴地看着我，我想要是他够胆的话，就会用手中的棍杖来打我。努力了一番未果，我也只能继续往前走。在自己的地盘，谁都不想被陌生人说自己是粗野的。那些居住在卡林塞的乡下人，向无家可归的陌生人关闭自己的家门，他们更应获得这样的"辱骂"。走了一大段路，我转身回望，那位牧羊人还站在原处，狠狠地盯着我的背影。我想，此人无疑是皮克特人，身

[①] 罗斯金（John Ruskin，1819—1900），英国政治家、艺术评论家、画家。代表作有《芝麻与百合》《野橄榄花冠》等。——译者注

体里流淌着憎恨被冒犯的血液。我甚至敢断言，一千五百年前，他的祖先曾与装备精良的罗马士兵有过交锋。他不喜欢陌生人问一些涉及地理方位的问题，可能感觉别人动机不纯。我要感谢上帝，他是一个老实之人。

但运气最终还是选择站在我这边，似乎要给诺森伯兰郡人为他们的礼节正名的机会。我来到四石村，这个依傍在泰恩河边的小村落让人感觉很荒凉。工厂高高竖起的烟囱，到处是成堆的火山灰烬。我向一位身形矮小、须发稍白的路人打听前往火车站的路。

"就在附近。"他气喘吁吁地说，"我带你去吧。"于是，我们就一起上路了，聊了一下天气。"是的，我们都祈求下雨，河床的水位已经很低了，土地都快要干涸了。但我们还是要为自己没有身在南方而感到幸运。"他这样说。我说我就是来自南方的，那里牧场上的青草都被烤成了棕色。"真的吗？"他很关切地问，"也是啊，在南方，夏日的确很难熬！"我们边走边聊，离车站越来越近了，他给我指了指火车站的方向。我问他是否很快就有一班前往吉尔斯兰的列车。"是的，"他迅速地瞄了一眼手表，"准确地说，火车还有三十分钟就到站了。""我可以蹚过这条小河，去等火车吗？"我问道。"当然可以，"他说，"无论怎样，跟你一起散步很有趣，我将给你引路，和你一起走到河对面。"他快步上前，引我走到了火车站的栅门处。"你可以从这里过去，"他看了看手表说，"你还有二十分钟，你要注意一下，快车是首先进站的，当它经过时，没必要惊慌。你要等的车是慢车，可能要在第一辆车走后八分钟才到，很高兴为你引路！"

这位充满活力与友好的人士修正了我对这个世界的看法。身处乡间，我感到温暖自在，身心毫无拘束。这位留着白胡子的朋友身上，看来没有流淌着皮克特人的血液！我走到火车站栅门处的时候，他正在那里等着我。"你一路过来还玩得开心吧？"他说，"这里就是火车站了，快车马上就进站，你越线的时候，要注意安全啊！"

怀念父亲

这是发生在三十多年前的事情吧，9月的一个傍晚，天气很热，一辆载着四人的马车疾驰而过。车上的人都已疲倦，其中一人感到莫名的惊慌。马车穿过了乡间小旅舍，渐渐远离了郊外的别墅与一排排砖垒的房子，驶进了一个很大的公园。晚风清凉，松香阵阵，这仿佛是一个世外桃源。马车继续前行，绕过了石楠丛生的山峦，簇簇杜鹃花绽放，让人颇有兴致。接着，马车驶向了湖边，眼前突显一片宽广的草地。橡树、榉树挺拔而起，似乎是在弯下身子俯瞰一幢庞大的石砌房屋，有一种自信满满但略显庄重的感觉。这就是我对阿丁顿的第一印象，这些情景多年之后仍历历在目。

奇妙的是，在马车前行的过程中，一种念头闪过我的脑海——我们将居住在这里。这个念头实现的速度之快，让我意想不到。

这一行人包括我的父亲、母亲、姐姐，还有我。泰特大主教之前身体一直抱恙，但他之前曾从更为严重的疾病中康复过来。所以很少人知道他现在竟然快要不行了。他希望临走之前能见我父亲一面，因为他深信父亲最终会继承他的职位。"我快不行了。"他那时在信中写道，"特鲁罗主教将来这里，相信他会干得很出色。"

那时我还没有见过他，虽然他也写了一些祝福的话送给我和姐姐。我们在那里逗留了数日，现任的主教充当了临时的牧师。这完全就像一次家庭聚会，大家很快就找到了家的感觉。

19世纪初，这幢房子被买来给主教使用。曼尼斯·苏顿是第一位住在这里的主教，他与霍里、舒姆纳、朗格雷、泰特都葬在教区墓地里。现任主教建了一座漂亮的纪念碑来缅怀他们。克罗伊顿现仍存有一座古老的大主教宫殿，教堂里的木工是罗德所做，我猜想这之前必然是一座圣公会教堂。眼前这座房子坐落的区位不佳，地势低矮，地面潮湿，甚至连克罗伊顿那里的人都想办法与外界连接起来。阿丁顿是由市长特雷科西克所建，之前这属于一个皇家庄园，打理此处的人每年只需为国王奉上一道美味的杏仁酥，就能拥有这个地方的所有权，这听起来真是不可思议。曼尼斯·苏顿大主教居住在这里的时候，扩建了很多房屋。由于此处地势陡降，马车停驻的地方，实际已经是二楼的门口了。虽然房屋本身在设计上并不具有美感，却是一所宽敞舒适的建筑，里面有很多宽大的房间。屋前的草地上，挺立着一棵我看到过的最为宏伟的西洋杉。

克罗伊顿大主教古老的财产最终被收归教会委员会，使之变得极富价值。这些收归的财产并没有落入主教手中，而是划入委员会的共同基金。相比于具体某个教会人士而言，这相对合理。

我觉得这里并不是很适合主教居住，这里的交通很便利，离兰贝斯只有十三里而已。这里树林苍翠，霍里主教开辟了弯曲的小道，马厩很大，花园占地面积很大，公园里美丽的景色，让人眼花缭乱。这些事物都很有贵族气派。居住于此的第一任大主教过着平静的生活。霍里大主教平日收到的信件亦是寥寥无几，还不够装满一个瓷碗。舒姆纳大主教曾悠闲地在公园里画着树的水彩画。父亲深深喜爱这个地方，但从什么时候开始出现络绎不绝的拜访者，我倒不是很清楚。父亲最开心的那段时光，应该是在林子里与法警漫步，争论着应该要砍掉哪些树的时候。父亲不是一个自私的人，他并没有独享这些。他仍保留着泰特主教那份好客热心的习惯，向邻里发放了很多公园的免费票，还允许人们自由地在这里野餐。但在发现游人留下了垃圾，搬走了不少鲜花，或是为装饰自己的花园而挖掉了羊齿植物与水仙花时，他又倍感苦恼。我记得，有一次他听到图书馆外的花园传来一阵不同寻常的吵闹声。父亲走到窗前，发现很多人闯入了我们的私人的花园，将午餐放在草地上，正在野餐，并且还透过一楼的窗户向里张望。

这里有一座小教堂，父亲曾用一些木制品与壁画装饰它，他深以此为乐。父亲深深热爱这片土地，他认为将隐居与交通的便利结合起来是很重要的。我曾听到他为了保留一些建筑而与人争论。父亲将雄辩的口才发挥到了极致，最后他得出了一个结论，即要是在兰贝斯与阿丁顿之间做出一个选择，那么阿丁顿是不能动的。

但是，坦普尔大主教则得出了一个相反的结论。当他继任大主教一职后，就以很低廉的价格将房子卖给了一个英国人，这个英国人扩建了房屋。后来由于此人去世了，这座房子又重回市场流通。无疑，房子最终会被分割，被当作建筑用地使用。

虽然父亲很热爱阿丁顿这片土地，但我觉得他在这里过得并不开心。他性情好动，不喜娴静。在阿丁顿生活期间，虽然工作繁忙，但他仍习惯写一些他喜爱的《圣西普里安》诗歌。他喜欢骑着自行车沿着乡间小道一直往南前行。我感觉父亲待在阿丁顿的时光，多半处于压抑与烦躁的状态。虽然远离了伦敦喧嚣的生活，有了更多的空闲时间去思考，但他仍时常感到许多迎面而来的问题带来的压力，感觉自己似乎没有精力去应对。在我的记忆里，这座房子作为一个难以抹去的背景，牢牢存在着。我曾见他身穿大衣，头戴软帽，在一个朝阳升起、雾气未散的早晨，在花园的台阶上走动，深情地望着他喜爱的那棵西洋杉。我曾见他穿好衣服去骑车，在门口拿着面包与糖果来喂马，或是在星期六将帆布袋里的面包屑，扔给池里的天鹅，手中拿着《基督年历表》，这样他就可以坐在石楠丛生的河边，对着一群人大声朗诵了。记忆中最为清晰的，就是他晚上从教堂回来，仍穿着长袍，坐下来写一些好像无止境的信，直到凌晨一两点。我们上前向他道晚安时，他就会抬起头，面带微笑，将眼镜拿下，享受些许的闲谈。总的来说，这个地方并没有给我留下美好的回忆，可能是因为父亲在那段时间一直闷闷不乐吧。虽然父亲很仔细地隐藏内心这些郁闷情绪，但仍深深感染着身边的人。在我认识的人中，父亲已经是做得最好的了。

父亲很好客，所以，总有很多拜访者前来，从教会的高层到政府的高层，抑或是亲戚朋友，都会时常拜访。邻里之间常有聚餐，所有这些活动都让这间乡村大屋甚为热闹。但我始终觉得这些活动并不是很真实。我们都是追求纯粹的专业人士，这些活动似乎充满了人为的色彩。父亲却并不这样认为，他是一个表里都很慷慨的人，阿丁顿这个地方似乎完全符合他这种低调的伟大。他对那些继承财产的人深感兴趣，对圣诞节的布道演说也是极为认真。当他回忆起居住在这里的苦乐时，时常流露出简朴温馨的情感，让人感怀。

位于坎特伯雷的新宫殿是在坦普尔大主教的资助下建成的，建筑风格与阿丁顿形成强烈的反差。这座新宫殿是在古老房子的基础上改造的，虽然扩充了一些建筑，但却被高大建筑阻挡着，紧靠着坎特伯雷大教堂。这里没有马厩，花园也很小。父亲曾说主教最好还是要离坎特伯雷远一点。甚至在他成为主教的时候，可能都要合乎习俗地支付一些费用。以往那些留在坎特伯雷的大主教们的娱乐活动也是非常正式的，花费要一一列出，必须要量力而为。

我记得，父亲去世后，坦普尔大主教表现得极有风度。他接管了阿丁顿的房子，对其进行市场评估——和我们当时一样。将阿丁顿的房子转让给坎特伯雷的决定，受到了市政府与主教教区的热烈欢迎。无疑，这个决定是有好处的，尽管这会让主教升官，而不是努力远离伦敦烦冗聚会的打扰，享受一下宁静与隐逸的生活。

阿丁顿的转让并非只意味着这些，父亲在世的时候，这个地方代表了远离沉重的公务，免于被打扰，寻求个人的清净，现在是不可能了。这还意味着大主教职权的转变。曼尼斯·苏顿担任大主教的时候，这个职位属于政府的高官，但基本上只是一个闲职。因此乡村的林地或花园，自然就是赐予他们的封地。现在，大主教要管理数目庞大的财产，参与繁杂的活动，还要承担起让宗教生活与世俗生活融洽共处的重大责任。

父亲广泛的兴趣，充沛的精力，全身心地投入到生活的每个细节中去，让他可以游刃于这两个职位之间。但是古老的规则必然要为新时代让路，过往的再也无法重现了。我们可能会为过往那些多姿多彩的生活，乃至尊严的一去不返而感到遗憾。但主教再也不是一个地区一呼百应的人物了，他的收入再也不是单纯地用于维持封建秩序。若有必要的话，他可以用俸禄来招待客人，开创或是支持宗教事业的发展，而不是为了彰显个人的荣耀。主教的尊严，必须凭借同情、高效、睿智、高尚等领导素质来获取，而不再是中世纪时代那种高高在上的贵族气息，让平民在自我沉思中产生崇敬之情。

布伦特圆丘

一月的早晨，晴美、清凉，我们一行人乘车穿越萨摩塞特郡宽广的冲积平原，心情甚为愉悦，这片平原以前是一片盐沼。我们的目的地是满眼苍绿、高高耸起的布伦特圆丘。我小时候就对这里很熟悉了，那时，我乘坐大西部铁路的火车返回伊顿或是特鲁罗，就经常见到那个圆丘。我时常望着圆丘，内心充满好奇的悸动。从轮廓上看，丘顶很高，圆圆的。丘顶上古代的土方工程依稀可见，丘下就是陡峭的高原，沟壑深深，顶部几乎是平坦的。其中一边狭窄平行的树篱将田野与果园分隔开来，一直延伸至脚下的村落。今天，我们从北方来，在布伦特东边逗留了一会儿。那里有一个巨大、垂直式的教堂，尖顶做工精美，附近还有一个大型教区。多年来，执事长丹尼森就是在这里，阐述一些让整个教会为之震撼的观点。我仍记得，他是一个身材矮小、充满激情、言谈幽默的人，他的兄长是教会发言人。我曾在议会上见到过执事长，当时他正在用尖刻讥讽的言语发表着自己的意见。执事长身材矮小，一副心满意足的样子，脚穿长筒橡胶靴，系着一条很短的围裙，散发出雄麻雀好斗的气息。他的演讲很给力，洋溢着糖衣炮弹式的敌意与荒谬夸大的吹嘘。他的这种谴责式的演讲常引得听者发自内心地大笑。此时，他仍以威胁的口气说，要是这个不悔改的世界仍执迷不悟，就会充满灾难与堕落，颇有牧师博伊霍恩的气势。

教堂本身很漂亮，里面有一条詹姆斯一世时期古色古香的走廊，墙壁则被很多充斥着现代气息的壁画弄得面目全非。那个充满魅力、洋溢着岁月气息的黄铜制的壁突式烛台，竟然被摆放在走廊长凳上被人遗忘的角落里。接着，我们赶到了布伦特圆丘下的村落，深陷的峡谷里簇簇丛林错落有致，别有风味。在一片被雄赤鹿咬过的羊齿植物的灌木篱墙间，我们吃着三明治。此时，一只友好的知更鸟跃到我们身边，叽叽喳喳地叫着，想要吃属于自己的午餐。它的愿望满足了，但是命运和它开了一个玩笑，一只身形瘦削的黑母鸡从门口迅速赶来，使劲踩扁了食物，撕碎了知更鸟原本要实现的愿望。

闲逛一下附近的教堂，几乎都曾因各种利益而重建过，只有美轮美奂的卡罗琳纪念碑幸免。三个面皆雕刻精细，绘画精美。纪念碑中央矗立着一个笑容可掬、气盛意满的骑士的雕像，蓝白相间的袖子，有些褶皱，似揉摸了许久，有种优雅的味道，佩剑的饰带是深红色的流苏，做工精致；雕塑下面有一面旗帜和一个大鼓。在他左右两边，分列着他的两位丰满红润、秀色可餐的妻子。其中一位有着深蓝的眼睛，帽子有点随风飘起的感觉，脸上挂着微笑；另一位则显得很娴静，身穿棕色的精美外裙。我看到詹姆斯一世时期一些精美的铁器，想着这些铁器过往支撑过巨大的枝形吊灯，现在则被毫无用处地储藏在小礼拜室里，内心泛起阵阵忧伤。世上真正能深谙宗教的纯粹主义的人，有几个呢？

逛完了这里，我们就起身往上攀登了，半个小时后，我们就站在了顶部营地被青草覆盖的倒塌石方上。这些守卫森严的英式堡垒是如何建在这里的呢，让人不得其解。人们是不可能常在这里的，因为从山脚提水上来，颇费周折，而且这也要视雨水在小池塘里储量的多少。这些堡垒可能只是在危险时用来避难的庇护所，保护老弱妇孺以及一些牲口。想象一下，这里曾是一个多么单调、枯燥、肮脏的地方啊！

站在山顶，景色尽收眼底。西边，匡托克斯山隐约可见，澎湃的潮水，由窄而宽，流向大海。威尔士山傲然耸立于航道之上，雾气氤氲，朦胧依稀。几艘大汽船隆隆起航，慢悠悠地驶向大海深处。南面，一片青绿的平原上，曼迪普斯山突兀而起；北面，威斯顿·苏佩·马雷小镇坐落在山坡间，一排排的乡间别墅，整齐划一；布里登的山脊，满眼灰绿。恬静的午后，可听到远处雄鸡的啼叫声，还有汽车驶过布里奇沃特路时马达的隆隆声响。

攀登陡峭的坡岭，呼吸清新的空气，有益身体。眼见整个英格兰如地图般在眼前渐次展开，内心无比激动，我感觉世界就在脚下延伸，内心泛起莫名强烈的情感，一股苍茫的历史感油然而生，想起我们茹毛饮血的先辈，看到了罗马军团的影子，听到马蹄声，日光下生寒的尖矛刺疼了他们的眼睛，活像一只只兔子蹦跳着钻进了地洞。当年脚下的这一片盐沼，物换星移之间，渐渐因为河堰与人们的定居，变成了今日肥沃的牧场，不禁感慨世间沧海桑田，人事嬗变。正是因为生命的持续与协作，才有了今天这番景象。站在这里，我感觉人生就像海浪，潮起潮落。这片原野想必也曾见过不少吧！归家的乡间小路上，炊烟袅袅，直插云霄。这些渺小而躁动的生命，如此密不可分，却又如此独立，到底有何深意呢？一切都披上了浪漫唯美的轻纱。乡村绿野，男孩女孩，携手同行；恋人们在6月的傍晚时分，漫步于深谷丛林中。乡村花园里，阳光洒在寂寥的椅子上；寂静的教堂墓地，催人晚归的钟声在山间回响。我的思绪飘到了一位苍老的水手身上，也许多年前的他，站在码头上装货卸货，双脚踏在这片土地上，远望着圆丘上微风荡漾，不禁勾起了我对往昔在家乡那无忧无虑年少轻狂的岁月的回忆。坐在爬满青草的堡垒废墟之上，风声呼呼掠过耳边，远处农场的窗户玻璃反射的光芒，在雾气笼罩的开阔原野上肆意游荡。此情此景让人长久地沉酣于泛滥的情感，但谁又能幸免呢？

天色渐暗，我们沿着崎岖的山路往下走，一路上笑而不语。很快，我们就到达乡村小路的起点，四周是果园，还有堆满垃圾的牛圈。当我们动身前往布伦特东面时，太阳逐渐西沉，榆树上笼着一层雾，圆丘的乌黑阴影悄然迅疾地划过原野。乘着暮色，往家的方向快步疾行。西边，夕阳如橙，散发着金黄色，似在燃烧。乡路寂静，烟囱高耸，越过脱叶的榆树，牲口也磨蹭着身子，沿着泥泞的路返家了。身形健壮的鸟儿，张开翅膀，一对接着一对，飞向了栖息的巢穴。

若人生由这些日子构成，且能够长久地持续下去，那该多好啊！黄昏时，在寂静的旷野里，想着多少男男女女，在拥挤的城市，住着狭小的房子，觉得甚是可怖。即便如此，人们迟早会知道，这才是他们真正希冀的——生活、工作和陪伴。这些渺茫的幻想，荡漾在夕阳与悠远的回声中。风儿拂过果园的树枝，溪水徐徐淌过青草丛生的水闸。这些情感的生发，只能在日常工作之余、忧虑之后，作为心灵憩息的驿站。若有可能的话，人也不愿意像精灵爱丽儿一样在蝙蝠的后背上，或如顺蔓长的花朵，到处摇荡吧。人是多么渴求生活中的激荡、美语、芳香！偶尔从寻常的轨迹中超脱出来，正如站在一个小岛上，俯瞰着汹涌的海潮，感受一下自身更为宏大的生命，即便朝圣的目标仍遥遥无期，这仍是有益的。逝者已矣，来者可追。我们还要认识到，在诸如光线、颜色、声音与沉默这些谜团之中，蕴藏着更为深沉与优雅的内涵。我想，倘若我们能更有耐心、希望与睿智，如斯情感让我们汲汲与世界的心相近，探索人生最深处的秘密，追寻永恒的象征，向往生命的荣光。

布伦特圆丘青绿的丘顶，在苍茫的原野与萧索的灌木丛间突兀而起，冬日惨白的阳光照在大地上。山脚下簇拥的村庄升起袅袅的炊烟，四处发散。我静静地倾听着风的声音。

首相，首先是一个人

关于格拉斯通①在政治与宗教等方面所持的观点，世人所说所写的已经够多了。我无意从上述两个方面进行叙述，而想根据自己对他性格的印象勾勒出一种形象。我与他见面的次数不算少，也曾在一些重要的场合见识过他的处事方式。他给我留下了深刻的印象，当然这可能是一种错误的印象，也可能是他处于某种状态时，恰好被我碰到了。但无论怎么说，这也算是一种明确的观点，说不定还很有趣呢。

第一次见到他是我在伊顿公学读书的时候，当时学校有个不成文的规则，就是邀请一些名人回学校与学生进行分享，而不是只有在人头攒动的教堂里才有这样的机会。通常来说，名人与教务长都是最后出场。一般规则是，学生们要坐在自己的位置上，不能随意走动，等待着名人进场，然后站起来鼓掌。教务长古德福德是一个很有魅力的人，身材不高，走起路来不是很快。那天，他穿着宽松的白色袈裟，系着高领子，紧紧的领结显得有些不规则，这身装束似乎与格拉斯通的到来有关。与教务长比肩走来的，是一位

---

① 格拉斯通（William Ewart Gladstone，1809—1898），英国自由派政治家，曾先后四次担任英国首相。——译者注

身穿夏日灰色长礼服的男子,此人身材魁梧,手拿一顶白色帽子,纽扣上别着一朵玫瑰花。教务长示意他走上台阶,来到小隔间,我看见他打着低领结。我马上意识到,这位温顺的人必定是格拉斯通。我坐的位置与他离得很近,我一直盯着他。现在,我仍记得他那苍白的脸色,双眼闪出的黑色光芒。更重要的是,他在整个过程中都表现出极为尊敬有礼的态度。这一印象从进入我脑海的那一天起,就极为深刻,三十七年过去了,现在依然鲜活。

后来,无论在伊顿或兰贝斯、私人场合或公众场合,我都有机会见到他。1887年,我在哈瓦登过周末,与他一道在公园里散步,长谈了许久。已故的埃克顿勋爵①当时待在房屋里,我参与了这两位名人对很细小的历史观点进行的讨论。那时,在我眼中,格拉斯通似乎对已有的历史知识无所不知,而埃克顿勋爵则似乎对整个历史领域的研究熟稔于胸。而政治家对历史学家所表现出来的敬意,让我深感震撼。

格拉斯通给人最为强烈的印象,就是他极为充沛的活力与温和的力量。他身体结实,身材伟岸,一双炯炯有神的大眼睛闪烁着活力与力量,不禁让人产生敬畏感,甚至某种恐惧感。他的声音也极为独特,就像很多条河流汇聚在一起发出的声响,其中似乎蕴藏着某种难以估量的能量储备,似乎随时给人某种震撼。他说话的时候,则感觉像是在一条平静的河流中漾起层层涟漪。我曾在教堂里听到他以抑扬顿挫的语调来回应一些宗教戒律的问题。他极为投入地阐述自己的观点,雄辩的语气让听者深感信服。与此相配合的,是他那至为诚挚与富有教养的礼节。他总是专心聆听身边的人所说的话,表现出最友好的尊重。他身上具有的这些特点,使他成为一个极富魅力的人。一个声望隆隆、满怀力量的人能放下身段,对别人的事情深感兴趣,还津津有味地聆听,这在一些普通听众看来是不可思议的,但这又如此真实。我记得有一次在兰贝斯参加一个大型晚餐聚会,当时很多客人都已散去,他走进

---

① 埃克顿勋爵(Lord Acton,1834—1902),英国历史学家、自由主义者。——译者注

房间，过来与我握手。当时，我还不知道他认得我，他很有激情地在我耳旁低声说："愿伊顿繁荣！"

他这般言行举止，让他说出的一些最为琐碎的言语看上去都是深思熟虑的结果，似乎饱含着某种深沉的信念。我记得这方面的一个例子，某个周六的下午，我们在哈瓦登一处空旷的地方坐着品茶。当时，格拉斯通正断断续续地阅读着一本蓝色装帧的小书。我只能说，这本书很像周六学经时所用的。他偶尔也会合上书，参与谈话。当时我们正讨论着如何在印刷时正确地使用简缩词。格拉斯通不时插话，满怀深情地强调，到目前为止，他对这个世界最为重要的贡献，就是在金融领域里发明了一千与一百万的简写方式。我还依稀记得，一千的简写是字母M，而一百万则是一个被圆圈环绕的M。稍微停顿后，他近乎悲伤地说："但是，这个建议没有被采纳，世界也没有因为这个发明而有所获益。"我们坐在一旁，为人类对如此实用的发明置之不理所表现的愚蠢与冷漠甚为震惊。

在哈瓦登，还有一则关于核桃的谈话。格拉斯通顿了一下，以尖锐的语调说："我十六岁以后，就再也没有吃过核桃了。"然后，他接着以甚为忧郁但饱含尊严的语气说："更确切地说，是再也没有吃过任何坚果了。"当时的听者告诉我，在场的人听到此话之后似乎醍醐灌顶。在那一瞬间，他给人留下了极为出众与强烈的自信感，让人觉得他是一位如此有魅力的谈话者。我想，格拉斯通说话的气势因为他在发"R"时的颤音而大大提升，让他的整个说话语调更富节奏感。

关于他这方面才华最为深刻的印象，就是我曾在伊顿听他就"阿尔特弥斯"这一题目所做的一次演讲。那场演讲不对外公开，也不允许记者采访。我受委托为《标准杂志》撰写一篇演讲总结，当时我坐在离他很近的位置。格拉斯通讲了将近一个小时，双眼炯炯有神，手势得体，抑扬顿挫。当时，我觉得这是自己有生以来听过的最有意味与最富激情的演讲了。他在演讲中谈到了一个女人史诗般的冒险过程。他说："这个女人不止一次做出严重不当的行为了。"我们都对她如此放浪堕落的行为甚感震惊，觉得不可思议。接着，他说到盛怒的"天意"对她"加以惩罚"的时候，我们终于长长地舒了一口气，觉得如此罪行接受这样的惩罚是极为适当的。而当他说到阿尔特弥斯对奶酪与黄油有特殊的喜好时，我们都深深震撼了。在演讲的最后，他为了答谢现场观众的热情，还做了动情的即兴演讲，他说自己就是一位重回母校的参观者，正如阿尔特弥斯从自己的故土中汲取能量。说到这里，他结束了这充满情感、让听众如痴如醉的演讲。这是我听过的最棒的演讲了。但是，当我对此撰稿总结时，却发现他所说的很多话语都消失无形了，演讲时的那股力量与散发出的芳香，仿佛都随蒸汽消融了。事后回想，我发现他的结论是有失公允的，所举的例子也是琐碎的。我无法据此写一篇生动的总结，甚至无法使之变得有趣。

虽然他思路清晰，表达流畅，内容显得很丰富，但失却了应有的魅力与人文关怀。他的散文读起来很无趣，出于一时激情的探索让人难以信服。他的文章虽然给人逻辑上的信服感，却无法带给读者想象力。试图重现某个时代的生活风貌，是不可能凭借某个理论来实现的，无论这个理论在已有的细节上是多么真实。任何作品都不可能单纯凭借现有的细节来完成，必须借助某种历史的想象力来完成，而这恰恰是格拉斯通做不到的。他无法让自己置身于已有的事实之外，而是过分沉迷于此。这样的事实不能被忽视，也不能全盘地接受。甚至关于他演讲的内容在文学上是可读的，我都持怀疑态度。他的演讲稿展现了他惊人的逻辑思维能力与流畅的语言表达能力。他说话从不吞吞吐吐，时常能想出很多让人拍案叫绝的句子，内容层层铺垫，层层深入，让人信服。他表现出雄辩的心智力量，却不是为了表达思想与情感。他的演说过分依赖于个人的背景、个人的能力以及名望，这些都可以增强演说的说服力。而格拉斯通过分执着于自己在文学上的造诣，却少有神来之笔。关于他是否具有幽默感，这点仍是众说纷纭。人们可能会得出肯定的回答，但这样的肯定想必也难以持久。他讲故事的时候有着刻意为之的幽默，情感有时则流露在俏皮的短诗里。但他的性情、强大气场、推论力量，这些都与广义上的幽默是不搭调的。他的这些特点无疑削弱了他展现幽默的力量。若他真的有幽默的性情，那么他是无法具有这种高尚、真诚的自我说服力的。显然，他的这种能力是练就出来的。他曾被人指责表里不一，其实他是最为真实的一个人。他有能力去梳理重整自己的想法，这都是出于他那一颗全然真诚的心。

无论格拉斯通选择怎样的人生道路，他都能做到最好。他纯真的心灵、无尽的能量、举止有礼散发出来的巨大魅力，让他成为一个具有强烈吸引力的人。若他从商，可能赚取很多金钱；他也可以胜任财政大臣一职，甚至可以去当教皇。总之，他这个人不可能默默无闻，他就像黑夜中的萤火虫，闪烁着光芒。他为人真挚，从不给人留下矫揉造作的感觉，总让人觉得充满力量与活力，就像太阳传播温暖。

但是，当世人深思他风光的一面时，脑海中就会泛起他在家中安静恬淡地坐着，保持着高贵尊严的形象，就会发现他其实不大喜欢公众的注视，而是喜欢静思。此时此刻，我的眼前浮现出这样的画面：年老的他精神矍铄，身披斗篷，在10月的一个早晨，冒着毛毛细雨，只身一人吃力地跋涉到教堂参加礼拜的情景。我仍记得，1896年家父去世了，我那时待在哈瓦登，某个仍让我伤怀的晚上，我与他还有另一位客人一起吃晚餐。他甚为小心，语气平和地谈论了一些他认为我们可能会感兴趣的话题，讲了一些无须评论或回答的话语，谈话显得如此自然轻松，让人难以察觉他背后的良苦用心与周到细致。

最后，我还记得后来到哈瓦登与他共进晚餐的情景。当时，夺走他生命的病魔开始发作，他深感不适，身体孱弱。我走进了餐室隔壁烛光幽暗的前厅，他坐在一张沙发上，他妻子坐在他身旁。他们俩静静地坐着，手牵着手，就像两个小孩，又像一个年迈的勇士与他忠诚的妻子。那个情景极为神圣，用文字记录下来似乎有点平淡，褪去了光环，感觉只是一份爱与家庭的温馨，化作丝丝缕缕，润物无声。

他，只是一个世界公民

已出版的罗伯特·勃朗宁的传记，虽然作者颇费心思，内容描述细致，但仍无法将勃朗宁一生最为神秘的部分揭示出来。事实上，勃朗宁成名后，他仍是一个难以吸引别人注意的人。在世人眼中，他的言论或对人生的看法似乎都没什么显眼或有趣的成分。他说话声音洪亮，充满男人气概，给人乐观、合群、简朴与直率的印象。他从不纠结于自己的悲伤，没有琐碎的虚荣与怨恨。他是一个充满理智、心智健全与讲道理的人。人们想当然地认为，他的话语或私人信件充满了深邃的情感，让人沉醉，给人幽默的感觉或让人获得某种洞察力，抑或他私下所说的话，虽然没有被记录或描写出来，但也应该是这样的吧。我却发现，他的信件是极为无趣的，里面充斥着唠叨之语，显得冗长，有些段落很粗糙，甚至不流畅。

我仍记得念大学的时候在早餐会上遇见他的情景。当时，他与西德尼·科尔文爵士[①]在三一学院，那好像还是19世纪80年代初期的事情了。当时，我是勃朗宁忠实的读者，疯狂地崇拜着他。事实上，我是剑桥大学新成

[①] 西德尼·科尔文爵士（Sir Sidney Colvin，1845—1927），英国文学艺术评论家、教育家，菲茨威廉博物馆馆长、策展人。——译者注

立的勃朗宁协会的秘书。我满怀敬畏与期待接受了他们的邀请。我沿着阶梯登上炮塔楼，走到了西德尼爵士的房间，这一过程中我的心情是难以言述的。我记得，当时的聚会好像只限于本科生，人数在八到十人左右。然后，一个身材不高，但很结实的人走进来，他灰白的头发呈波浪状，胡须很短，脸色红润，神采奕奕。他向在场的每个人问好，自信沉着地与我们握手。他跟我说了一些与家父有关的事情，因为家父曾不止一次成为他的座上宾。接着，我们就坐下来吃早餐了。我仍记得，主人很有技巧地将谈话转移到一般文学性的话题上。眼前这位诗人没有口若悬河，他显得幽默、简朴与自然。他坐在那里，不会给人高高在上不可接近的感觉。他并没有觉得自己一定要说一些风趣或富有深意的话，但他也绝非羞涩或有所顾忌。他只是很享受谈话的过程，一如所有知识渊博、通情达理的人喜欢谈笑风生。我们在场的所有人都期待着他能够说一些震撼人心的话！我记得，他散发出一种异域的味道，似乎他曾担任过外交官，见过很多大场面。但他的简朴性情，举止优雅，却难以给人留下深刻的印象，因为这其中没有一丝扣人心弦或冲动的成分。他不会给人才华横溢或有所保留的感觉，而是让人觉得性情温和，有点中产阶级小资的感觉。他为人睿智、幽默，不关心自己是否成为别人注目的对象。在勃朗宁的传记《人生》中曾记载着在他受到一些英国北部大学领导与学生的热情欢迎时，他所说的一段话。有人问他对自己所获得的掌声与尊敬有何感想时，他说这些都是自己一辈子所期待的。这句话似乎与他日常的生活态度不相吻合。他早年似乎并不怎么关心自己的声名，不因默默无闻黯然落寞，不因崭露头角沾沾自喜。在他的《指环与书》一书出版后，一些批评家的确让他感到有些恼怒，他的创作曾一度因此而阻滞。通常而言，无论是好听或难听的批评，他都能心平气和、面不改色地对待。

当然，读者必然会因勃朗宁身上流露的简朴性情而替他感到庆幸，因为像华兹华斯与丁尼生这样的大诗人都不能幸免于自我意识的虚荣。若有人将丁尼生与勃朗宁比较的话，无疑，前者在仪表或言谈举止中所展现的庄重与优雅，会让他身边的朋友或同辈人产生敬畏感，使他成为所处时代富有名望与最具魅力的人物之一。

让人百思不得其解的是，当勃朗宁拿起笔创作诗歌时，人们对他的印象就完全颠覆了。撇去其中一些天马行空的写作技巧与让人疑惑的形式主义，读者仍能从他的诗歌中感觉到他大脑与心灵中让人叹为观止的能量。他的诗歌中微妙与寓意式的思想如洪水到处涌流。更为重要的是，他的诗歌是对人类心灵深处极为细腻的描绘，语言是那么优美，目标是那么专注，描述方式又是那么具有大师风范。到底他是如何感知、洞察、安排、挑选素材乃至最后下笔成文，这一切都让人难以想象。勃朗宁的诗歌流露出深沉的怜悯情感，他的直觉细如发丝，内容涉及面广。沉思其中，越发让人觉得不可思议。因为他能感受人类最甜美、最私密与最细腻的情感。在他笔下，一花、一抹夕阳、一颗星星似乎都染上了极为柔和的美感与精致。勃朗宁还能将高贵的情感激昂起来，如隆隆战鼓，吹响号角一般，发出让心灵喜悦的悠扬乐音。勃朗宁神乎其神的文字营造的美感，让读者深深沉醉于希望与欢乐中。

人生于我有何焉？
吾之所见皆烈火，
吾之所听皆乐音，
福至心灵身舒畅。

这样的诗句如银铃萦绕耳畔，让人颇有一种突然被告知欢喜消息时不知所措的感觉。当得知勃朗宁能如此深邃地洞悉人生，从混沌的迷雾中挖掘珍宝，然后一路艰苦跋涉，忠实地将这些珍宝呈现出来的时候，对他过往的一切看法，都将彻底改变。

勃朗宁在日常生活中流露出的善意以及被人视为"虚伪"的简朴性情，只不过说明了他不爱冒险，缺乏愚侠的气概罢了。人们曾说他是一个能享受最简单生活的人。散步、谈话、聚餐、听音乐这些正常有序的活动，让他根本没有时间或心思让自己激动。同时，他似乎也不需要远方的希望或承诺来支撑或慰藉自己。所以，人们不禁怀疑，勃朗宁这些美妙的情感发端于何处，或是他到底从哪些人生阅历中获得如此精妙又繁杂的感悟？他似乎只对人生采取了普通人的理智态度，正如常人高度重视普通的集会与习俗。一旦回到诗歌创作上，他的思想瞬间化为美妙的音符，沉睡的心灵一下子充满了生气，激情万丈，美感丛生，瑰丽的想象四处游荡。若能更深了解他的话，有可能捕捉到他内心的呼唤与轻声絮语间所隐藏的巨大秘密。人们越了解他平常的举止与生活习惯，这种秘密似乎就隐藏得越深。虽然他才华横溢，文笔优美，但没有留下半句格言，这是极为罕见的。勃朗宁似乎能安然稳妥地将这两种生活区别开来：表面上与人谈笑风生，八卦连连，举止从容，内心实则是炽热的火炉，情感与兴奋在火炉中肆意翻滚，难以抑制。他似乎没有沉醉于遥远的梦境或难以言喻的浪漫，更别说远处渺茫不可知的地方。他专注的是生活本身的情景、声音以及感觉。这些都在他生动描述的不同种类与对难以区别的事物描写的作品中得到证实。因此，人们再也不能如过往那样将他单纯视为一位充满乐观主义情怀的诗人。勃朗宁时常被一些智力平平、富有美德的人视为预言家，因为这些人无法更深地洞察生活，无法解开人生的谜团。他们会认为勃朗宁诗歌的主旨就是歌颂美好的时日就在眼前，幸福的日子即将到来。诚然，勃朗宁诗歌中的乐观主义无疑超脱于环境的局限，有种人定胜天的感觉。他曾对一位抱怨生活中缺乏简朴性情与希望的人说，生活对他而言并非如此。实际上，他对生活与人生饱含热情，根本不会让任何灾难使自己麻木或感到悲伤。因为他总是觉得，人生还有很多事情值得去做，很多话要去说。除了乐观主义之外，勃朗宁身上还有许多内涵。他并不是随遇而安，碌碌无为的，而是勇于出击，成就斐然。他做出勇敢的选择绝非不受生活的限制，而是要超脱于生活。

我发现，很难将两块棱角不同的方块拼凑在一起。也许，在其他读者眼中，事实不是这样的。在我看来，勃朗宁的诗歌流露出的刺眼的光芒，在他的日常生活中极少展现出来。他似乎又不像一个紧守自己灵感秘密的人，而更像一个小有成就的人，只是怀着普通人的兴趣与寻常的观点。之后，当我们翻开他的诗歌，眼前仿佛闪过一阵光芒，耳旁雷声隆隆，与此同时，我们能窥视到他的某种可爱，感受他超脱尘世的美丽，拓展了原先狭隘的视野。在这些思绪里，我的眼前浮现出勃朗宁魁梧的身影，他缄默不语，为人随和率真，口袋里的钱叮当作响，并不希求别人艳羡的目光或与人进行亲密的接触，而只是想成为这个世界上一位普通随和的公民罢了。

被人曲解的时候

最近，我一直在阅读沃德①著的《纽曼②的一生》这本书。作者写得很坦率，文学造诣颇高，显示出传记作家高超的水准与不偏不倚的写作态度。

这是一本满怀苦楚、甚至是让人心碎的书。读者在阅读此书的时候，就像在感受一位迷途天使的艰辛历程。看完此书，会为纽曼简朴、真挚与磊落的性格而感动。但是，纽曼的一生却又让人感到莫名悲催，他总是畏首畏尾，犹豫不定。读者会觉得，他时常被人欺压、否决、阻挠、漠视乃至误解。纽曼就像一个小孩被那些工于心计的外交家或教会游说者玩弄于股掌之间。曼宁与塔尔伯特都是行事果断、精于算计之人，这些人最终都只能归为二流人物。这两人在罗马教会给人留下极为不佳的印象。纽曼似乎被某些愚钝的趋炎附势者与富有心计的投机者所操纵。其实，那些人并不知晓当时的问题，全然失去了某种信徒般的热情。甚至可以说，他们这帮人对基督信仰并不感兴趣，他们没有

---

① 沃德（Wilfrid Philip Ward，1856—1916），英国散文家、传记作家。代表作有《纽曼的一生》《牛津运动》《人与问题》《个性研究》等。——译者注

② 纽曼，全名约翰·亨利·纽曼（John Henry Newman，1801—1890），原为圣公会神父，后成为罗马天主教枢机。——译者注

"蛇的智慧",却完全领悟了"蛇的狠毒"。教会那些权力执迷狂是绝对不允许纽曼参与到这场博弈中的,相反,他们却利用纽曼的声望来为自己服务。

我记得有次在哈瓦登时,听到格拉斯通在谈到曼宁时说,此人终将被世人视为一位工于心计的外交家。接着,他着重强调说:"当曼宁面临政策性的问题时,一切原则都必须为此让路,无论是柏拉图、年鉴乃至真理本身!"人们在阅读《纽曼的一生》一书时,就会发现这并非偏颇的评价。

最后,读者看完此书,就会因为纽曼从未参与任何关于他子虚乌有的阴谋,而对他倍感敬意。当别人需要利用他的时候,他被人无情地利用;他从未被人深信过,从未有机会独展拳脚。显然,纽曼并非一位实干之人,他几乎从未将自己的计划付诸实践,诸如筹建爱尔兰的罗马天主教大学,或是他原本要为剑桥大学设立学院,这些最终都化为泡影。纽曼做事拖沓成性,有蒙混过关的习惯。对于自己将要去做的事情,从来都不敢确定,也不敢明确表明自己所持的立场。他似乎是故意做出这些计划,自娱自乐一番,而压根儿就没想过要真正去执行。当他内心满怀苦楚地回首时,读者大可明白他的沮丧、无助,他深深意识到自己一事无成。

尽管纽曼在实干事务上显得很软弱,但读者却可清楚地认识到,他的性情充满了柔和的力量。直到读完这本书,我才真正地了解纽曼的为人。现在,我觉得自己开始懂他了。我深信,纽曼首先是一位诗人、一位艺术家,他对道德的美感有极高的洞察力,但他对罗马天主教的坚持并非出于宗教议题。罗马天主教在情感与艺术上都深深引起他的共鸣。罗马天主教有受人尊重的传统,让人敬畏的历史,辉煌的建筑,睿智之士辈出。英国原先实行自由主义宗教改革的教会已经渐渐堕落沉沦于享乐与物质主义之中,无法带给纽曼所需要的。他希求更为古老,更为柔和,更具美感与更加振奋的东西。卡莱尔[①]曾粗俗而愚蠢地说过,纽曼有着一颗兔子般的脑袋。阅读本书之后,

---

[①] 卡莱尔(Thomas Carlyle,1795—1881),英国作家、历史学家。代表作有《法国革命史》《论英雄与英雄崇拜》《过去与现在》等。——译者注

读者会理解卡莱尔的真正意思。纽曼并非一位思路清晰或思想深邃之人，他并不了解哲学，惧怕任何思想上的臆测。他渴望休息、舒适、平和，沉浸于美好的梦想、往昔的回忆、渺远的情感。他具有逻辑性的思维，却深陷于表面上的逻辑。他的心很容易深信某物，然后心智就趋向于此。

但纽曼真正具有的，是他那无与伦比的语言表达能力。他笔下所写的文字，尽显他的个人风格。在这个世纪的所有作家里，只有他与罗斯金拥有对事物极为细致的观察力，然后还能在思想领域产生影响。他的文字就像汩汩流淌的泉水，能以最佳的方式将自身心智与本性中柔和、幽默、勇敢及美好的一面展现出来。他的布道演讲、信件、备忘录或记录稿，都是如此，他创作的谈话录语言流畅，又让人感觉私密，似乎是完全发自他内心的纯真之音。这就是他有极高的天赋、艺术造诣、精妙的笔触、十足的独创性的体现，而且还不留下加工的痕迹，一股纯天然的芳香扑鼻而来。纽曼才华横溢，他的《辩解文》给人留下深刻的印象。书中那种忧思般的自我拷问，仿佛他正在与读者面对面交谈，说着悄悄话。纽曼能将内心所想的东西完整精确地表达出来，可做到笔随心动。正如他自己所说的，《辩解文》可以说是他的含泪之作。读者可从该书中感受到作者悲伤的心境。

在《纽曼的一生》一书里，还有其他的内容也可证实纽曼的这种观点。他曾说，唯一让他得心应手的就是诗歌的创作。从《纽曼的一生》一书中可知，他是多么热爱音乐，却出于某种自我克制的苦行而压抑多年。纽曼曾说过，只有音乐才能让他沉静下来，让他振奋，让他重新拾起手中的笔。在他六十岁的时候，朋友送给他一把小提琴，在吕内尔乡村的小礼堂里，四处寂静，没人打扰，他津津有味地拉着小提琴，感觉不到时间的流逝。

纽曼对朋友以及自己生活的挚爱之情，在他的文字里都染上了浪漫的色彩。他曾这样描述，他要离开利特莫尔的时候，亲吻了自己睡过的床和房间里的壁炉台。当他重返故地时，读者似乎能看到当时的他，泪眼婆娑、百感交集的模样。二十年后，他仅有的一次重返故地，别人对此的引述相当感人。据当时一位目击者说:"当时,我正经过利特莫尔附近的教堂,我看到一个衣衫破旧的人,倚靠在停柩门前,号啕大哭。他似乎身处困境,穿着古旧灰色的外套,领结上扬,帽子遮住了脸庞,似乎要掩盖自己的窘境。"此人正是重返故地的纽曼!这些描述的话语带有某种莫名的伤感,也证实了纽曼异乎常人的敏感与丰富的情感。读者更加深入的时候,就会发现纵观纽曼的一生,他都期望被别人理解、热爱、欣赏与赞扬。他像一个纯真的小孩,时常因臆测别人的猜忌、反对或是叱责而深感恐惧。但是,《辩解文》一书的成功让他的幸福感大增,声名日隆让他深感满意,也让他可以大胆地表达内心一些看似幼稚的想法。世人对他诗歌的认可给他带来深沉的满足感。对于自身纯粹的动机以及奉献的精神只有自己明了的状况,让他深感不满。纽曼想让别人也能知道这点,希望别人也能对此认可或是给予赞许。他渴求荣耀、情感以及认可。他无法忍受在静寂中默然,他有着艺术家天生的自我主义,他想要诉说自己的故事,阐述自己的思想,表达自己的信念。但在某种意义上,他又害怕这样做。实际上,他真正惧怕的,是别人的批评与诋毁。任何看过《辩解文》的人都会有这样的感想:作者是怀着喜悦的心情,饶有兴致地讲述自己的故事。正是纽曼对赞同、自尊与怜悯魂牵梦绕的忧思,让这本书呈现出这副模样。

我并没有否定纽曼是一位情感丰富、热情洋溢的人。他骨子里是一位道德主义者,罗斯金、卡莱尔、丁尼生等人皆如此。我想这才是对纽曼与其他的哲学家、牧师、宗教政治家评价的分野之处。

当然,纽曼的这种性格让他受尽苦头。《纽曼的一生》一书给人的主要印象是他一直在饱受苦难,虽然偶尔也会有迟来的成功。在他皈依罗马教会与出版《辩解文》这段时间里,读者能感受到,因为他想要为教会所做的工作大都无疾而终,因此心情极为低落,觉得生无可恋,越发沉湎于自我懒惰的忧郁之中,无法自拔。但是,阳光最终还是照到他的身上,而这段苦闷日子产生的忧思是极具价值的。而他在这本书中的描写也清晰地表明了这点。过往在圣公会时期相当循规蹈矩与结实的文风，蜕变成充满忧伤、无助与郁结的文字，他憔悴的脸上透出无奈，疑病症与失望之情镌刻出的深深皱纹一目了然。读者能感知纽曼在悲伤的时日里，如何思考自己的健康，如何惧怕中风瘫痪，在死亡的阴影下忐忑不安的心境。当他觉得自己声望日隆与受人尊敬后，所有这些苦恼都一扫而空，这种对比煞是有趣。

《纽曼的一生》一书描写了许多忧郁的情景，最让人内心隐隐作痛的，当属他1865年在拜访吉普尔①遇见蒲西②时让人伤感的情景。纽曼很想去见吉普尔，但他又不想见到蒲西。但出于某种误解，他还是去了，蒲西可能也是出于同样的原因，这是他们在过去二十年里第一次见面。当纽曼来到门前时，吉普尔正站在门廊前。他们甚至都认不出对方了，纽曼竟然还要拿出自己的名片！让吉普尔恼火的是，蒲西此刻正待在房里，要吉普尔离开，不要打扰他为会议做准备。纽曼进入屋内，发现蒲西正在伏案学习，不禁想着躲避，正如他之前脑海中一直想象的。看到蒲西，他感到很震惊，内心充满了悲伤的苦楚。蒲西双眼盯着他，这让他浑身不舒服。蒲西完全是出于社交应有的礼仪，敷衍地说了几句话。他们聊了一会儿，之后三人一起就餐。纽曼后来说，回想当年，三人都是莫逆之交，但在二十年后的聚会上，因为"没有了共同追寻的事业，无法把酒言欢、言无不尽，而只能谨小慎微，生怕一不小心，就会惹恼对方"，每每念及此，纽曼的内心就很痛苦。纽曼后来回忆说，虽然吉普尔是一个聋子，说话断断续续，思维迟钝，但当时他很高兴。他接着补充说，吉普尔在一旁自我怜悯，言谈中都只有自己，对蒲西不予理睬。

在我看来，这场聚会就是一个悲剧。之后，他们三人就再也没有见面了。虽然后来吉普尔写信给纽曼说："当一切繁华喧嚣逝去之时，我们三人何时再聚呢？"

这的确让人感到忧郁，当年无话不谈、互为兄弟的三人，追求着一个共

---

① 吉普尔（John Keble，1792—1866），英国神职人员、牛津运动核心人物之一。——译者注
② 蒲西（Edward Bouverie Pusey，1800—1882），牛津运动核心人物之一。——译者注

同的目标，为重振英国教会的辉煌而不懈努力。纽曼说，当涉及各自的信仰时，吉普尔与蒲西几乎在每个地方都极为一致，只是在是否皈依罗马教会权威这一问题上产生分歧。往日的友情、共同的信念经不起猜疑与敌对，他们三人最终分道扬镳。读者不禁觉得，这个过程中必然有某些悲剧因素在作梗。若是往日友情的光芒能再度照耀，轻抚那个难以弥补的伤口，若他们能像往时那般散步、微笑或哭泣，这会更显基督教的宽容与人性，远胜于现在的互相疑忌。读者会这样反问，倘若宣扬兄弟友爱般的《福音书》无法将这三位信者的心聚在一起，那么，《福音书》必然是被他们莫名地误解了。我们的主确实预见了基督教的分支，但世人觉得，当他谈到要融化敌意、不分彼此时，他必定是指正统与异端之间的冲突，而非一位狂热的基督信徒与虔诚的基督信徒之间的不和。

凡人不能永恒吗

我坐在大学小礼堂唱诗班的位置上,聆听一个小男孩站在镀金鹰旗下的读经台上,用幼稚的童声诵读着教义。大堂里悬挂着深红色的帷幕,似将空气都染上颜色;金黄色的风琴管在帷幕上折射着光。阳光穿透饱经岁月的窗棂玻璃,重重地压在地上;而精雕的尖顶仍是一片黑暗,没有一丝光线的踪影。身穿白色袈裟的人一排排坐开,他们不论是专心致志,还是神游万里,都正襟危坐,缄默不语,也许惦记着身前身后事,回忆着往昔激情的冒险,或是忧伤于所有本该做却未做的事情;但我想,他们的这些思绪,无疑会因此处的古色古香而蒙上一层柔美的色彩。

这些教义都是如此朴素的箴言!——献给丈夫、妻子、孩子、主人、仆人、精明或善良之人——希望他们勿要好高骛远,要享受平实;同时也要去追求高尚与美好的事物,很多举手投足间难以捕捉的伟大,是最易被漠视的。

手中捧着《圣经》,双眼一行一行横扫而过。我觉得,没有比《圣经》中那些传递给某些"圣人"的私人信笺或是建议更让人感动与震撼的了,而在他们中,大部分人都只是徒有虚名而已!当圣·保罗身陷囹圄,处于不安之时写下的信笺,他是如何也想不到以后会产生什么惊天动地的影响!在忠实地给予别人建议之后，他就会想起朋友们的脸庞，想起那些简朴之人，于是就将自己的问候与爱语填充于信笺之上。正是这些拥有着平凡名字的男女们用如此温馨与富有人性的言语将过往的记载传承下来，然后用如此率真的爱与情感表露出来。

他们也和我们一样接收了这些信息，倘若他们能想象到自己在教堂的这个小礼堂中，聆听着他们朴素的名字被大声地朗诵，以及传递给他们的箴言与爱——而且不只在一个教堂，而是在数以千计宏伟的大教堂里——他们会有何感想呢？可能这一切对他们而言，就像置身于传说中的天庭，风管乐器奏起的音乐在拱顶久久回荡。不朽的名声？也许吧！他们的一切，我们无从知晓，无从考证，就像荒野上竖起的一块墓碑，上面镌刻着名字、生卒年月以及一些关于此人美德与优雅的模糊记载——除此之外，其余的一切都湮没在茫茫的历史烟雨中了。

亚基布！这个名字在《圣经》里被提到了两次。从《圣经·新约》的使徒书到腓利门书中，他都是一位"忠诚的战士"，里面有一段直接给予他的信息。"对亚基布说，务必谨慎，尽你牧师的职责。"这是他的职责所在。但对于他的一生，无论是在此之前或之后，都一无所知。流传的关于他殉道的故事，也许是真实的吧。但当时的牧师有何具体职责，他又是如何将这些信息传播出去的，我们不得而知。

有时，我希望《圣经》之所以被大家认可，不因其功用与仪式，而是因教徒对此发出由衷的尊敬，从中感受到闪耀智慧与庄重的声音。当一封长信被翻译时，里面诸如"thou"（古，汝）与"ye"（古，你们）的字眼，使内容散发出古典文献的味道，就好像是一位声名显赫的主教出于自身的尊贵地位，写信给其他的一些高贵人士。当圣·保罗向歌罗西人讲述这封信内容的话语在劳迪西亚被复述之时；而当这封信在向劳迪西亚人讲述后，继续在歌罗西的教堂里被复述，在一个挤满崇拜者的雄伟建筑里高声齐诵羊皮书上的经文，让人觉得一切都是极为正式庄重的，忘记了现实中这些言论是多么朴实无华。这封信的内容曾在一间破旧的房子里，读给许多普通人听。一位布道者可能将信的内容写给他的几位老友，人们也会逐渐对信的内容失去初时的新奇，现在，基督教已然成为世界上一支重要的力量，并与权势、世俗以及受人尊敬的事物联系在一起。

人们早已忘记了基督教在其雏形之时，是多么让人觉得新奇，觉得不合常规。所谓的平等——当时似乎只有一小撮人以全新及不确定的信息来自我安慰。当时，基督教无足轻重，所以才能从所有的成规与偏见中解脱出来。那些笃信这封信中箴言与爱语的人，当时无疑被邻居们视为走火入魔、满腹愤懑或自我幻想的人。因为这些人不安于过往沿袭下来的固定模式生活，而是任由自己的想法趋于狂野、极端，沉湎于躁动不安的意淫之中，这一切竟皆由一位无足轻重、情感热烈、脾气暴躁、四处游荡的牧师的布道所致。此人不知从何处来，现在终因搅起混乱而被绳之以法，正身陷囹圄。歌罗西这座小镇当时正逐渐没落，贸易来往锐减，往日繁华不再。当时那些安于现状的理智公民必然鄙视这些深受新观念影响的少数狂热分子，他们必定对这些新思潮的兴起无奈地摇着头，投以深深怀疑的目光。而那些敢于接受新观念的人必然感觉，自己正在做一件不切实际与不受欢迎的事情，而且没有任何回报！这是我们必须要考虑到的各个方面。基督教当时还不是一种富有影响、传统观念深厚与为人熟知的力量，而是给人新颖、不安与危险的感觉。我敢说，当年在歌罗西传播基督教的使徒们的日子肯定不好过。他们必然亟须从圣·保罗所给予的爱语与箴言中汲取营养，以保持信念。

这不单纯是一封有安慰意味的信——圣·保罗对于其中的一些教义是深感忧虑的，具体是哪些内容，他自己也很难分辨出来，只是觉得某些杂质混淆于信念之中了。对此，他是极为认真、严肃的。大众对这封信也并非全盘满意，有些内容是错误的。我们很难想象，给予丈夫、妻子、主人、仆人的朴素箴言竟会如此漫不经心地出自圣·保罗之口。他必然是已经听说了一些错误的行为以及别人的误解，就好比一片杂草丛生的田野，要想获得丰收，就必须将杂草连根拔起。但是，酝酿已久的情感最终还是喷涌而出，这也许源于圣·保罗激情文字的秘密所在吧。他宽广的心能让善男信女们乐意去接受，从此再也难以忘怀。圣·保罗对于任何过错都难以容忍，他怀着愤怒、悲伤与激昂的心情去写作。但最后，世人对他的印象，却是一张张经典的脸孔、一个个手势以及一句句友善的话语。而临别之言，总是那么充满善意、纯真的爱。

所有这一切都是那么神奇——超越了想象之域。如此古老的信笺与祝福，时至今天，仍然充满着全新的活力，感染着无数的心灵。圣·保罗对亚基布所说的话，也曾对众人说过。亚基布最后找到了一份适合自己的工作，当这份工作的新意与兴奋感逐渐褪去的时候，他必然会感到有些厌倦。圣·保罗当时对他也不是百分百地有把握，但还是将如此朴素的箴言告知了他。亚基布的确有这种天赋，但他会好好利用吗？

我们无须像与官员或教士交谈时，使用那么专业的词汇。而对教士而言，这就意味着一种宗教仪式。这也许不是一件很正式的事情：演讲的义务，照顾生活贫穷的基督徒，保持教会的团结。无疑，他在别人眼中是具有一定影响力的。他举止得当，心灵善良，能将内心所想的表达出来。也许，他之前也有属于自己的工作，他可能是一位店员，抑或只是一位普通的工人。但他是无愧于圣·保罗的"忠诚战士"这一称号的。即便现在成色还不足，但将来等这些信条的力量渐渐彰显，他终将会得此殊荣的。

漫谈了如此之多，亚基布的形象从黯淡的过往瞬时闪出一丝光亮。他原先有自己的工作，并且做得很好，虽然有时不很细心，但生活仍在继续，苦乐有常，人生如常。他就是芸芸众生中的一员，在自己的小圈子里做着工作，收获甚微，一生默默无闻。许多伟大的将领、法官、政治家都早已为世人淡忘，但亚基布却在这个世界上留下了自己的名声。而他所依赖的，也许就是被我们称为"运气"的东西吧。试想一下这种"运气"的微茫吧，圣·保罗在囹圄中写的一封信，交到一位忠实之人的手中，漂洋过海，穿山越岭，最终落到了一些老朋友的手上。而这一过程在历史中，竟然没有任何文字记载。这些保存下来的信条，让我今天也能聆听到。之前已经走过千山万水，跋涉无数，飘飘然两千年过去了，仍旧如故。绝不是仅靠运气所能解释的。

  我想，当我们在教堂里听到朗读《圣经》时，心灵中若能更多地感怀一下此般思绪的话，会觉得更加有趣，为这一切非同寻常的本质而感到惊讶与感动。但很多人却理所当然地认为这是自然而然的事情。也许，我们尝试去安静地冥想，亚基布这个名字以及他所做的事情，在充满心机、计划、希望与兴趣交错的大脑中，荡起层层涟漪，难以交融，更难说去改变些什么！不需多少思想，即可有此番思绪。那些艰苦"取经"的过程，很多书籍都有涉猎。我们只需自问一下，就会仿佛置身于黑暗的过往，基督教的光芒从茫然混沌黑暗的大地上，悄悄冒出来，分布得很疏散，慰藉了成千上万人的希望，带给他们生活的真谛，细声诉说着生命的秘密与永恒。世界转变的步伐是蹒跚的，生活以及生活的烦忧重重地压在你我的肩上。就在此时，上帝派来了诸如圣·保罗这样的人，告知我们，生命被无形的链条紧紧拴住，从我们熟知的朋友与邻居到那些带给我们莫名恐惧与希望的素未谋面的人身上，都是如此。接着翻着手中古老的文字记载，呈现出人类在岁月中缓慢前进的冗长历程，极尽视听，只为追寻这封信中传递出的光明与声音。渺远的思绪与情感将我们紧紧抓住，朝着黑暗的更深处、更远处跋涉，在上帝的心房里找寻最终的归宿。

诗人的意义

长途旅行前的几天,我在一个书店买了一册济慈的诗歌集,一口气读完。世上还有比这更为出色的文学"演出"吗?济慈长时间饱受疾病的困扰,只活到二十六岁,却创造出如此不朽、纯美的诗歌,这绝对是一个极为独特、罕见的现象!

我这样狼吞虎咽地阅读一位诗人作品的做法,肯定会遭人诟病的。诚然,阅读诗歌的正确方法,通常就是怀着悠闲的心境慢慢咂,如品茗一样观其色、品其味,在脑海中一遍遍地回味,用心去汲取,这样方能品悟诗中词句的味道。

若是对一个诗人已然很熟悉,那么偶尔快速阅读也是很有趣味的,让读者对诗人有一种全新的感知,就好像坐在飞驰的电动车上,走马观花地看着周围的景色,而之前只能徒步去领略。一天,我乘着电动车观看从小就很熟悉的乡村景色。回想当年,我曾与乳母坐在速度缓慢、做工简朴的敞篷车上,慢悠悠地经过这里。此刻的飞驰让我有醍醐灌顶之感。记忆中,我们慢慢地走着,经过一些藤蔓花丛,但看不见整个风景的全貌。坐在电动车上,我看到景物间原先很多我所不知道的未知的联系,让我感觉亲近。之前,我一直觉得那是一片广袤与神秘的地方。两次漫步后,我发现这个地方原来遍布矮小的灌木丛与一环环的树带,分隔着条条道路。以前,我认为分开的两个森林,最后竟然合二为一,沿着林地同一个狭小地带向前延伸。

因此,快速地将一位诗人的作品一字不落地看完,就会觉得抒情诗与赞歌乍看不同,实际上只是同一株植物生长出的旁系而已。同时,读者也不禁会想到,诗人承上启下之间的联系,以及天才济慈的家族系谱。之前,我从未察觉到在《亥伯龙神》里,济慈竟有几分弥尔顿①的影子。我惊讶地发现,济慈对于后世两位与他风格迥异的诗人——丁尼生与威廉·莫里斯②产生了深远的影响。也许,其中存在着某些神秘与距离吧,却因彼此间的某种联合感与个性而让他们都大有收获。

无论怎样,济慈身上厚重的神秘感一如往常。这位在中产阶级家庭环境下成长的天才男孩,周围都是远逊于他的同龄人,市郊让人压抑的气氛在他日后的信件中时常被展露出来。到底他是如何一飞冲天的呢?难道他遥想着远古的梦境,神游于妙不可言的境域之中?更让人惊叹的是,他竟能将这些梦境表达出来。这位男孩作诗时,娴熟自若,心情愉悦,没有腹稿或训练的痕迹,看似不需思索、不需苦吟,不需多虑,就能一笔挥就。读者不禁怀疑,难道真的不存在人类精神中某种前世的秘密?济慈的想象绝非一概气势如贯的,《恩底弥恩》一诗就显示了他想象力的某种程度的贫乏,但是济慈巧匠的技术与本能的艺术感,依然让人叹为观止。

我阅读的这本小诗集,只不过是从诗人恢宏作品中收集的一些碎片或残屑罢了,其中包括他在书信中随手而为的打油诗、让人恐惧的戏作《奥索》,以及纯粹让人震惊的《小丑》。这些作品无一不将荒诞的臆想与庸俗的幽默混

---

① 弥尔顿(John Milton,1608—1674),英国诗人、政治家。代表作有《失落园》等。——译者注
② 威廉·莫里斯(William Morris,1834—1896),英国设计师、作家、画家。代表作有《乌有乡消息》等。——译者注

杂起来，让人颇感心痛。我觉得，这些内容不应该被重版。因为缺乏辨别力的读者会混淆，认为这些内容也同样具有较高的艺术价值。我时常在想，要是济慈得知自己写的这些琐碎、私密的内容与他的诗歌混在一起出版，必定会在恐惧与羞耻中打滚，无法挣脱。就个人而言，我乐见这些内容的存在，因为这彰显了济慈某种自我批判能力。更为重要的是，这些内容的出版让我们可在一定程度上窥探他心灵的全景：他的热情、欢乐与放荡不羁。

但是，济慈的一生又是在悲剧中度过的。显然，济慈因为照顾自己的残疾兄弟染上了疾病。当时，谁也不知道他兄弟所患的病有如此强的传染性，长时间的旅途造成他身体疲乏，济慈又无视饮食与健康的法则，这些都导致了他的病情加重。接下来，济慈狂热地爱上了一个平凡的女人，两人才华悬殊。坦诚地说，此女是一个轻佻之人。罗马喧嚣广场附近的高楼是他人生的最后一站，他感到深深的绝望，每天与死神进行着殊死的搏斗，内心难以抑制的想象与狂热的爱相互抵触，深深折磨着他。最后，他淡然地挥挥手，勇敢地走向了永恒的未知。

若是过分关注诗歌的思想及诗句所蕴含的美感，就很容易陷入忧郁无望的反抗之中，我为命运如此无情鞭笞菁华正茂的人生而倍感忧伤。若是人们由着性子去指摘这些悲剧，这必然是对人生意义某种毫无信念的误解。倘若我们相信永恒，相信人生阅历与个人需求存在着某种正比例的关系，就会为死亡的尖锐而浑身毂觫。也许，我们能与约翰逊博士[①]感同身受了，即人躺着死，这是让人觉得可悲的。但我们必须去相信，在生命狂野、哀伤的前奏曲中，隐含着让人倍感振奋的秘密。读者必须做好这样的思想准备，即济慈殉难时是幸福欢欣的。炽热燃烧的火焰在角落逐渐黯淡，他的心灵获得了只有死亡才能赐予的快感。

[①] 约翰逊博士（Samuel Johnson，1709—1784），英国著名的诗人、散文家、书评家、传记作家和文化名人，《约翰逊字典》的编撰者。——译者注

这涉及信念与希望的领域了，让我们扪心自问，到底应如何看待济慈或诸如济慈这样的人带给这个世界的遗产呢。世人赐予一位享年甚短的诗人如此崇高的声望与无尽的感激，到底意味着什么呢？济慈的诗歌仍在不断被重印，生平逸事被人一写再写，甚至连信件中最为琐屑的内容都被如获家珍地加以翻印，很多至为平凡的记录也被彻底地搜寻了一番，以便让世人从过去遗忘的记忆中将它拉回来。若是今日公爵、政治家、军事家等名流，能预测到他们所取得的成就、进展乃至语录都将被世人遗忘，扔进不起眼的角落，而世人仍急切地想要挖掘那位在马房中困顿、深受疾病困扰的诗人最无聊的八卦时，不知会有何感想？

这不同寻常的事实说明了什么？为什么世人想要如此温柔急切地抓住诗歌作者的记忆？而当他们恰似晚上冉冉升起的星星之时，却没人多看一眼。在这位诗人想获得世人羡慕与尊重的时候，却是"门前冷落鞍马稀"呢？在想象与表达艺术的领域里，必然存在着某种让世人觉得可亲可爱的特质。人类精神最为关注的，无疑是为在世俗颠沛的人生中倍感疲乏的自我找寻一个庇护所。即使自私的物质主义者矮化对美感追求，或是在情感与感怀间敷衍了事，然后讪笑而过，也无所谓。因为，世人最终还是站在情感这边，选择与拓展我们心灵视野与感觉的人站在一起。赞美诗有言："让我转过身吧，唯恐窥见自己虚荣的影子。"但一位如圣·奥古斯丁①一般的诗人，在对光线之美发表了一番精致的寓言之后，"卸下无尽的伪装，缓缓从我身边经过"。在寓言结尾时，我们只能祈祷自己只是纯粹出于诱惑才这样做。虽然，人无法在形式与颜色的观感中逗留片刻，但当人们越深入地体会诸如阿西尼城的圣·弗朗西斯这类的道德家，就会越感觉他们并不像严苛的暴君那样自以为掌握了真理，而散发出一股具有力量的美感。一旦为世人所感知，就再也不会失去对美的爱。

我觉得这就是济慈让人怀想的秘密所在。灵魂必须穿越看似绚烂且富有魅力

---

① 圣·奥古斯丁（Aurelius Augustinus，354—430），古罗马基督教思想家，教父哲学的主要代表。——译者注

的阶段,直到爱上真实与纯美。最后,人们可以如华兹华斯谈论职责时所说的:

严厉的立法者!
你的脸上流露着上帝般最为仁慈的笑容;
世上最公正之物,
难以媲美你脸上的微笑。

小狗罗迪

罗迪只是一只狗,是的,它是我们家中唯一一位从不生病或心存遗憾的成员,总是乐于与人相伴,从不怨恨谁。它所期盼的,只是主人的爱。倘若它被惩罚,心中所想的也只是宽容而已。它从不缺乏耐心,不会感觉受到了伤害或是烦躁。若是被别人不小心踩到了,它也会觉得别人是无意的,很快就会予以宽容。当它看到主人离开时,神情忧郁;当主人归来时,它又欢欣雀跃起来。这些都只是它的真实写照罢了。

六年前,罗迪来到我们家的时候,一副柯利牧羊犬的模样。那时,它没有经受过什么训练,一开始也不相信我们会善待它。它有着一双榛色的眼睛,表情丰富,一身银白与棕色相间的毛发,喜欢摇曳着尾巴。不到半年,它就成为这个地方人见人爱的小狗啦。它学会了许多把戏,就像一个好动的小孩,急着要吸引大人们的注意,想要炫耀一番。它学会了一两种能力,我对此始终无法理解。比如,无论怎样将手指交叉,它都能分辨出哪根手指是左手的,哪根是右手的。我还从没见过一只如此顺从的狗。它与猫、小鸡以及白鸽都成了朋友,甚至与孔雀都打成一片。唯一让它感到悲伤的,就是它的这些伙伴获得了比它更多的关注。此时,它会用嘴扯着主人的外衣,舔着主人的手。当主人给予它抚慰时，又马上高兴得活蹦乱跳。它是一只很敏感的小狗，生性极为羞怯。路旁的一些地方，是它从来都不敢经过的。因为，它曾在那里与一只陌生狗相遇，它悄悄地溜走，转了一圈后，还是与那只狗一道行走，并为自己长久以来的缺席，深表歉意。它曾与我一道经过附近一扇农舍的大门，它将头伸进去，结果却被里面的一声犬吠给迎面喝住了，它彻底被震住了。它急忙跑到我跟前，脸色发青，浑身戳觫，眼神中充满了恐惧，似乎对这个世界还存在如此恐怖的东西感到不可思议。在附近的一座农场里，它曾被一只老母鸡追赶过，不顾一切地逃命。

有时，它一出去就是几天，我们想，它可能只是跑到不远处的农场，与它的小狗朋友结伴玩去了，因为它总是喜欢回访。我的姐姐用帆布在它脖子上缝了一条围巾，上面写着"写给那些罗迪光顾过的家"。下次当它回来时，脖子上多挂着一个铃铛。我们从未想过它会被猎杀或是捕捉。但它确实很喜欢到附近的林地闲逛，特别喜欢与住在牲畜棚里那只可爱的小杂种狗一起玩。当别人知道这点后，杂种狗托比就在早上自由外出，此时罗迪则被拴住。之后，当托比被拴住时，罗迪就可以自由了。

就这样，快乐的时光慢慢地溜走了，岁月年复一年地翻过。欢乐与悲伤都曾光顾这个家庭，留下深深的痕迹，唯有罗迪能免于岁月的忧伤。它傻傻的，不知世间人事变迁。在悲伤不幸的日子里，看到它心灵地平线仍升腾起曙光，给人深深的安慰。它所要求的，只是主人能将喂食的盘子装满。它会对着一扇关闭的门轻声吠着，希望主人陪它去散步。曾记得过往我身体羸弱的时候，看着它蜷缩在我脚下，下颚紧贴着地毯，眼睛半睁，微微向上，注视着我的一举一动，似乎在蓄势待发，一听到我的声音，就准备恢复生气；或是慵懒地叹气一声，缓缓地沉入梦乡。

一个月前，它在黄昏时分不告而别。第二天早上，一位磨坊工人说还见到它的身影，当时它正沿着大路慢悠悠地踱着步。这就是我们得知的关于它的最后消息了。

对于发生的一切，我不会过分伤感。伤感只是并不悲伤的情感夸张的版本而已，纯属多情，但这并没有任何多情的成分。只是每当转过弯角，我都会想起罗迪。有时我出差回来，却再也不见罗迪蹦蹦跳跳地走过来，欢声地吠叫的情景了。给它喂食的盘子被收在架子上的某个角落，拴它的链条也在牲口棚里生锈了。我每次外出散步时，都会四处张望，嘴唇不经意地呢喃着罗迪的名字。当走到转角处时，我都要向后望，看看罗迪是否紧跟在后面。

它到底出什么事了？唉！我想它是出事了。我甚至安慰自己，想着它是被人拐走了。因为无论它到哪里，都会爱别人，受人喜爱。也许，它的脑海会掠过一丝疑惑，它原先的老朋友现在过得怎样呢？

但在人类的世界里，游戏的规则依然如故。此时，雏鸡正处于生长的关键期，守护者会变得警觉与心狠手辣。我想象着罗迪钻进了林地，一只兔子从河岸边羊齿植物下的沙洞里冒出头来。于是，它们俩就欢悦地玩起了追逐游戏。罗迪开始在松软的土壤上刨着洞，它是那么专注，根本没有注意到守护者已悄悄地穿过了欧洲蕨丛，然后缓缓地提起了枪……

唉！我真心希望，若事实真是如此，这一枪直接结果了它吧。罗迪躺在泥土上，茫然无解，浑身抽搐。也许，鲜血从它榛色的眼睛中流出，在生命的最后时刻里，它必然是充满疑惑，脑袋天旋地转般眩晕。

沾满泥沙的爪子无力地一撅一撅着，就再也不动了。然后，它被迅速掩埋了。棕色的四肢，一个小时前还那么有活力，现在就被整齐地合在一起……由大地复归大地。罗迪躺在这片它热爱的林地里，明月绕过山岗，来与它做伴。不久，雨点滴答滴答地洒在大地上，卷曲的毛发与逐渐腐化的骨头，深深长眠着。

我想，没人应受到指责，守护者只是遵守命令而已，一只偷食的狗是可恶的。那时，人类所有的爱与甜美的话语都化成一缕风，正如那些喜欢狩猎者猎杀一两只兔子，或是更多，绝不让自己空手而归。维系人类这样做的体系，必然是出现了某种问题，虽然很难去说个明白。

我想，人还是不要去养狗吧！我们难以向它们解释人类在甜言蜜语与轻柔爱抚之外，那难以言喻的残忍。它们离去之时，留下深深的隔阂，安静得可怕，心灵受到了深深的伤害！我曾数十次驻足，来回踱步，回忆着罗迪蹦跳着跃出高高的草地。我曾多次站在打开的大门旁，停步于敞开花园的门闩处，在花坛边，在洒满阳光的草地上，四处张望，倾听着，希望着，但始终不见罗迪的身影……

死亡的模样

今天，我翻看过往的日记，偶然发现一篇日记记录着多年前在瑞士的一次经历，内容主要讲自己直面死亡的过程。我所说的是死亡的"必然性"，而非"可能性"。我想，站在亲历者的角度来阐述，也许会让读者感兴趣吧。我将尽可能翔实地讲述这个故事。日记的记载很详尽，因为是在事故发生的第二天记录的。我不想在日记的基础上增加任何细节。事实上，我还删除了一些毫无必要的细节。

1896年8月，我与一位名叫赫伯特·塔坦的朋友一道待在贝尔·阿勒普。让人感到悲伤的是，他后来在阿尔卑斯山丢了性命。我们之前一起爬过很多山，也经过不少登山训练。我必须提一点，一两周前，在离酒店不远的同一个地方，曾发生了一起致命的事故。死者是一位老年人，我想他应该是位律师吧，名字我忘了。他在攀爬陡峭的岩脊时脚底打滑，摔落下去，一命呜呼。

事故发生在我们即将要离开的时候。那天，我们起得很早，然后就去攀爬离酒店不远的一个名叫恩特·巴赫·霍恩的岩石峰。攀登的过程并不是很难，天气晴美，我们一行人都显得精神饱满，神采奕奕。我们离开了岩石层，穿越恩特·巴赫·霍恩的冰川。冰川下面有一片茫茫的草坡，望过去冰川似乎很平整，没有任何明显的裂缝，只是表面上偶尔有一些拱起的冰雪，那里的坡度有点陡。我们一行人身上都缠着绳索，向导克莱门斯·鲁彭走在前面，我在中间，塔坦在最后。雪有点松软，我们行进的步伐很稳健，我看到冰川左右两边的痕迹，突然发现我们实际上正走在隐蔽的裂缝带上。在思考的当儿，脚下的雪突然下陷。我一只脚刚要挪开，另一只却踩空了，我就像一个厚重的麻袋瞬时悬停在冰层的洞口下。我的第一感觉是有点搞笑，想着自己应该很快就可以被拉上来。被我拽到的雪从身上全部落下后，我才看清楚自己所处的环境。我被悬吊在一个很宽广的蓝色隙缝的顶端，就像悬在大教堂的拱顶上摇摆不定。借着微光，我见到裂缝延伸得很长，离我左边也许有八十码吧，离我右边的距离则不是很远。深沟下面横跨着许多冰桥，也许离我有十英尺的距离吧。我环视左右，没有任何可直接落脚的地方。冰层裂缝的顶部似乎有一股淡绿的颜色，一直延伸到黑漆漆、望不见底的冰沟下面，隐约听见水流在下面流淌。我挣扎着让后背紧紧贴着一边的冰层，脚抵着另一边。但是裂缝太宽了，冰层既坚硬又平滑，我的整个身体不断往下沉。我找不到任何支撑点或是可借力的工具，我尝试用尖棍往冰层里插，可冰面实在是太坚硬了，这些动作真的很费劲。我被捆在手臂下的绳索悬在半空，感觉自己这样支撑不了多久。

我的身体空空地悬着，头离冰层顶端有四到五英尺的距离，向导在离冰层裂处还有一两尺的地方将我往上拉。不幸的是，我的头上就是厚厚的冰层，所以他每向上拉一次，我就与冰层来一次"亲密接触"。

向导大声吼着，让塔坦走到裂缝边。我听到他迅速跑来的声音，抖落的雪花打在我身上。他们齐力向上拉我，不巧的是，我的左臂夹在两条绳索间，这样一拉让左臂顿时失去了知觉，还不时碰撞到上面的冰层。所以，我担心自己的左臂会断掉。他们每拉一次，缚在我身上的绳索就缩紧一次。我听到向导一边拉一边发出哀怨的声音。他们不时大声地对我喊，说很快就会把我拉出来的。

突然，我毫无征兆地陷入可怕的昏眩。我之前一直顶着冰层的膝盖突然滑落，一下子又掉了几尺。我又被拉上了一些，膝盖再次顶着冰层，突然又滑落了，又往下掉了几尺，这样的情形反复了四五次左右。

上面似乎没有什么动静了，接着，塔坦来到离裂缝处更近的地方，用斧头将裂缝边缘的冰块砍去。冰雪落在我上仰的脸庞上，有些甚至落入我的口中，让我一下子又清醒了一些。不知是因为雪花填充了衬衣与外套之间的空隙，还是因为绳索不断拉紧的关系，我右手也失去了知觉。帽子被抖落了，我看见自己的双手与脸孔处于平行的位置，青筋暴起，一片惨白。尖棍也从我手中滑落了，我僵硬的手无法将其握住。我意识到自己被紧紧勒住了。我大声呼喊塔坦，告诉他自己的境况。但他似乎听不清我说的话，或是根本无法让向导明白我的意思，因为绳索还在不断地勒紧。我之后才知道，当时存在的危险在于他们不敢过于靠近裂缝边缘，因为那里的冰层很薄，若是他们其中一人不小心掉下去，上面的另一个人是不可能拉起我们两个人的。那样的话，我们三人都将掉落到深渊。

突然，我觉得自己必死无疑，我觉得自己不是被活活勒死，就是会失去意识。松开越拉越紧的绳索，奇怪的是，我没有一丝恐惧，只是对自己如此死去依稀感到莫名不解，想象着掉下去的话是否会直接结果我的性命。没有任何临死的善言闪过我的脑际，我也没有回忆过往的人生或诸多的失败。我只是觉得，在相同的地方将会发生第二起致命事故。我的脑海闪过了我的亲人，念起了我担任校长的伊顿公学，想着谁将要入住我的公寓，我的学生听到我的死讯又会有何感想。我记得自己当时还猜想着死亡的模样。但很快，我就失去了意识。血管就像榔头一样重重地敲打着大脑，耳旁响起了震耳欲聋的呼噜声，我迷糊中觉得这可能只是自己气喘吁吁的呼吸声。我睁开紧闭的双眼，发现裂缝处弥漫着我呼吸出来的气雾。此时，我不知他们在上面做什么，突然又有一阵冰雪滚下来，接着又是一阵寂静。我颤抖的双脚想抵住一边，但始终无法挪动。然后，我想自己又失去了一阵子知觉。我最后的一个念头,就是期待一切能马上结束。

  正如之前所说的,我不知道也不关心他们在上面做什么。我只感觉到自己失败的人生,然后独自一人在黑暗的海洋里潜游。突然,大脑的嗡嗡声响没有之前那么频繁了,我知道自己还活着。接着,上面又是一阵紧紧拉扯,我被拉出了裂缝,看到了冰川与上面的平原,感觉到了太阳的温暖。我看到他们两个拼命地拉着绳索。我努力地将双脚贴在缝隙的边缘,然后猛地一蹬,整个身子就出来了,僵直地躺在冰面上。向导因为过于兴奋突然松劲,失去了平衡,脸颊也贴在了冰面上。

  接着,就是最为古怪的心灵体验了。躺在冰面上,我没有感觉到任何一丝心灵的宽慰与快意。我感觉有一种被痛苦激发出来的复原能量,似乎从沉睡中苏醒了过来。我甚至依稀盼望,自己不要重新恢复生命,似乎这会让死神的工作功败垂成一样。我看到他们俩都是一脸苍白,他们的处境实际上比我艰难许多!向导在哀怨着,留下了欣喜的眼泪,他紧紧地抱着我,脸颊贴着我脸,拉着我的手,然后又拥抱了我。我之后才发现他冒着生命危险救了我。他来到裂缝边缘,用斧头将阻挡的冰层砍掉。不这样做的话,我是无论如何也出不来的。要是冰层断裂或稍有失足,三人必定同归西天。我全身麻木,瘀伤遍体,双手也被冰层边缘刺伤,双膝青黑。几个星期后,我的后背上还残留着绳索留下的痕迹。我想,从我失足到被救起来,大概有二十分钟的时间吧。在这段时间里,我并没有感到恐惧,只是觉得有点口渴与倦怠。五分钟后,我们就沿着家的方向,走下冰川。我一点也不觉得那段时间显得有多漫长。如之前所说的,我并没有痛苦的感觉,只是有昏眩与不适的感觉,压根没有感到恐惧或是闪过死亡的影子。事过之后,我才逐渐感觉自己是多么幸运。

  是夜,我发烧了,浑身不适,但很快入睡,且不见周公的身影。这次事故并没有给我带来任何身体上的伤害和神经上的损伤。我想,事故发生的如此突然,来不及感受痛苦,以致神经系统并没有受到特别的伤害。我手上伤口复原的速度超乎想象。有人告诉我，这是因为造成伤口的是纯洁的冰雪，没有受到任何金属杂质的感染，所以才好得这么快。我记得，第二天克莱门斯过来探望我时，说到塔坦前晚一直被噩梦惊醒，之后连续几夜都心有余悸，难以安寝，他担心着自己心爱的朋友。

这就是我死里逃生的故事，奇怪的是，这与我之前对死亡的想象风马牛不相及。面对死亡，内心的平静，寻常的思想，涌上我的心间，不见任何伤感成分，也没有戏剧化的转折或是情感的渲染。也许，这本身就是情感的一种体现吧。但我却觉得，情感时常是在反思之后才生发的。事实上，在历经人生中最为紧急或悲伤的时刻，人是根本不会意识到其本身是否紧急或悲伤的。

冬虫夏草

一天，我与几位朋友一起共进晚餐，晚餐后，主人说他有样很让人惊奇的东西要给我们看。他走出餐厅，一会儿就带来了一个蓝色的盒子。他小心翼翼地打开盒子，里面有一条三寸长的干瘪萎缩的毛虫。毛虫的头部有长长的触角，长度至少有毛虫体长的两倍。有人说这长长的触角对毛虫来说，必然会造成极大的不便，纯属多余的附属物。主人大笑着说，这的确给毛虫造成了极大的不便，但幸运的是，它并没有意识到这种不便的存在。他告诉我们，这种毛虫是极为罕见的。据说，这源于新西兰，被称为冬虫夏草。这种毛虫在地下生长，习性不详。关于它是如何繁衍后代，或是要发育成什么模样，没人知晓。它以蚕食地下的种子为生，有一种特别的种子是它无法抵抗的，它只要一见到这种种子，就想吃，但它却难以消化这种种子。种子哽在毛虫咽喉这个极适宜它生长的位置，很快就会发芽。种子的萌芽会穿透毛虫的脑壳，而根部则植根于毛虫的身体之中，冒出来的植物就像细嫩的灯芯草。关于这种植物为何物，人们知之甚少。似乎这种种子被毛虫发现且吞食之后，以毛虫的身体作为媒介，然后才会冒芽。这让我想起了《爱丽丝梦游仙境》中那只喜欢食物的苍蝇，专门以变馊的茶叶、面包与奶油为生。爱丽丝问叮人小虫，要是它找不到任何这类的食物，它们会怎样。叮人小虫回答说："它们会死去。"爱丽丝说，这样的情形时常发生。冬虫夏草形成的故事显得如此"心血来潮"，似乎在表明一个道理，即大自然有时也会开一些不负责任甚至残忍的玩笑。如此独特的食物链的存在，似乎很难单靠运气为继。但这却仍顽强地存在着，虽然让毛虫如此不适的"安排"并不值得大自然去做这番创造，但造化依然！"夏草"仍将种子播撒在地下，期盼着某只"冬虫"不经意路过，然后做它该做的事情。若那些"幸运"的"冬虫"在地下生存的过程中，始终没有遇到这类特别的种子，那么它也许就能快乐无忧地过完一生，然后自然地完成应有的转变。

主人说，他相信牧师曾利用冬虫夏草形成的过程作为布道的材料，在维多利亚女王面前津津有味地讲解。女王对此深感兴趣，派人从自然博物馆中取出一些样本来观察。我发现在这个过程中很难扯出什么人生深意来。站在"冬虫"的角度，"可怜"的它必然要继续生存。要是没人详细地告诉它的话，它也是很难发觉，原来那种特别的种子有如此让人讨厌的生性。我们也很难想象，即使"冬虫"发现了这点，它就会因此离开地洞，然后跑到最近的"医疗处"去寻求"救助"，一如古老故事中那只脚上长出荆棘的狮子向安德鲁克里斯①求助。另一方面，若是"冬虫"得知一些种子有催吐的作用，会使痛感得到缓解的话，就会小心翼翼地储存这类"药物"种子，以备紧急时使用。

但我认为，这个例子会被应用到某些人过分沉湎于一些看似无害与自然的错误上。因为，这个例子想说明的一点，就是"冬虫"如很多动物一样，不知道这类特别的种子不宜去吃。

在我看来，这个例子指出很多好人常犯的一个错误，就是喜欢对他人吹毛求疵。乍一看，这是很高尚与很负责任的做法。倘若你深信自己是正确的，确信自己所持立场坚不可摧，洋溢着道德的情操，接着你就开始满怀真

---

① 安德鲁克里斯（Androcles），相传为罗马奴隶，逃入山中曾为一狮子取出身上之刺，后来他被置于斗兽场中，幸遇此狮，得保其身。——译者注

心，言语间充斥着箴言与谆谆教诲，似要将误入歧途的人拉上岸，让他们获得道德上的感化。这些人时常会说，他们真的不愿意这样做，只是受内心所秉持的信念驱使而已。诚然，有时这个世界的确需要这样的人站出来，激浊扬清。但吹毛求疵之人最大的毛病，就是从原则出发，然后延伸到个人的喜好上来。自以为是的人一开始会觉得，他们运用时间的方法，所从事的工作，所享受的娱乐乃至喜欢的食物，这些都不属于个人喜好的范畴，而是上升到了美德与高尚的高度。若这些人喜欢喝茶的时候来点果酱，就会说水果是有益的；而喜欢果酱的这种口味则是很简朴与清淡的。若他们不喜欢的话，就会说这纯属浪费，奢侈铺张，人们不应该吃这些食物影响正常的消化。若这些人喜欢到剧院，就会说观赏戏剧是一件高雅与激发灵感的事情；若他们不喜欢，就会说这浪费时间，只会产生不良的影响，让人难以专心，甚至还会导致道德上的堕落。随着年龄的增长，这些人会变得让人难以忍受，与他相处的人都会深感拘束，难有自由。在他面前，别人不敢说出内心真实的想法，生怕会招致他的不满。灯芯草的尖顶逐渐从地面冒出，而根系则扎在"冬虫"的身体之上！也许，吹毛求疵之人后来结婚了，家庭让他产生了怜悯之情，性情变得随和与大度，从原本让他极为反感的事情中看到了美好的一面，再也不会从别人的不悦中暗自偷乐了。

而让人遗憾的是，这些吹毛求疵之人基本上都是善良之人，只是被自我主义的情感盖住了。生活中亟须做的一件事，就是要找出原则与个人喜好之间的差别。若是坚守某些原则，最好就是以行动来展现出来，要相信"身教"的作用，而不是像狄更斯说的那样，"以激烈的言辞，让别人走上缄默的道路"。

那些吹毛求疵之人常说，予人赞赏是无益的，他们认为在教育小孩的时候，绝对不要对他们表现出来的无私、自制或坚忍给予赞美。他们给出的理由是，这样会让人的成长过分依赖于别人的赞美。换个角度，是否可以说一个总是被责备的小孩，从未获得父母或老师的表扬，就更容易思想呆滞，心灰意冷，以致绝望地放弃自己，因为无论他做什么，都是错的。在我担任校长的二十年时间里，我发现，适宜的赞赏是这个世上最催人振奋与给力的方式之一。而漠视它，则是故意抛弃这一最兼具强韧与美感的自然与道德过程。

　　不经意间，话题远离了"可怜"的"冬虫"以及无情的"入侵者"。对某事进行过分的引申，颇让人感到遗憾。我以为，在自然过程与道德过程之间过分自由地进行类比，是错误的。自然过程的本质，在于其的不可避免性与不以意志为转移。任何后天的"教育"都不可能让"冬虫"在选择食物时，变得更加明智。而道德过程则是一种选择的能力，无疑会受到环境与遗传的限制，却扎实地存在着。这只"可怜"的"冬虫"只是一个寓言故事，象征着日常生活中发生在我们周围的很多悲伤的事情。若我们能转换一下角度，站在灯芯草的立场来看，就会觉得"冬虫"属于那种无私奉献型的"人物"了——毫无保留、心甘情愿地"交付"自己的身体，让种子在此生根发芽，最后冒出青绿的尖儿，充满朝气，在和煦的阳光与清新的空气中摇曳着美感。

我家的老保姆

我们都叫她贝斯，贝斯生于1818年，她在圣母学校接受了少许教育，学会了如何写字与阅读。后来她开始学习缝纫，大声地朗读书本。她时常说，学校那段时光十分快乐。但谁见过贝斯不快乐的时候呢？虽然她身形瘦削，但应对日常的工作还是绰绰有余的。

1834年，那时她十六岁，成了我家的保姆。当时我的外祖父威廉·西奇威克担任斯基普顿语法学校校长。外祖父身体孱弱，年轻的时候就去世了，留下了曾外祖母以及六个小孩，其中两个孩子夭折了。后来，全家在鲁格比这个地方安定下来。贝斯将我家剩下的四个小孩全部抚养成人——他们分别是威廉·西奇威克，曾任普顿语法学校的辅导员；亨利·西奇威克[1]是剑桥大学的教授；亚瑟·西奇威克[2]曾任鲁格比学校的老师，后来成为牛津大学考帕斯学院的辅导员；还有就是我的母亲了。1852年，父亲来到鲁格比学校担任老师，就与西奇威克家族成员住在一起。若按辈分来算，他算是表亲。父亲

---

[1] 亨利·西奇威克(Henry Sidgwick，1838—1900)，英国哲学家、经济学家。——译者注
[2] 亚瑟·西奇威克(Arthur Sidgwick，1840—1920)，英国学者、博物学家、政治家。代表作有《教学与创作》《希腊散文讲座》等。——译者注

在1859年结婚,之后就到威灵顿学院出任院长。贝斯在1860年跟随过来继续做保姆的工作,带大了我们几个兄弟姐妹。后来,她又跟随我们来到林肯、特鲁罗,之后又到了兰贝斯,继续履行管家的职责。家父去世后,她就与我母亲住在一起,精神依然矍铄,充满活力,直到九十岁高龄去世。在她人生最后的十八个月里,只能卧在床上或坐在沙发上。尽管深受疾病困扰,她仍保持着快乐的心态。她喜欢阅读与聊天,笑迎所有访客。1911年5月5日,她咽下了最后一口气,活像一个疲惫的小孩,沉沉地睡去了。

所以,她为我们家服务的时间,接近77年之久,其间倾注了她所有的心血与爱意。她的房间就像一个画廊,堆满了照片与图画,展现了她漫长一生不同阶段的风采,以及她照顾过的人及所爱之人的相片。虽然她与我们没有任何血缘关系,但彼此间的情感却是如此深厚,我们分享着生活中的阅历与相处的时光,一道走过悲欢。我们可以向她倾诉任何事情,吐露心中的秘密。所以,她的心灵与记忆里必然有一座充满着爱与生活的秘密宝库。

她是一位身形瘦小却能干的约克郡女人,天生良好的体质让她保持着健康,心中总是为别人着想。她晚年遭受严重的疾病折磨,但都能战而胜之,最后康复过来。她的脸庞透出坚毅丰富的内涵,给人一种苛刻的错觉。我还记得第一次见到她的时候,感觉她一脸严厉,日后才发觉,这张脸展现出这个世上最为甜美与亮丽的表情,无言中饱含着深情。她晚年的时候,已无须再做任何保姆的工作。她从生活中一些让人惊奇的小事中获得了快乐,甚至还养成了孩童般热情的习惯。她喜欢与别人开玩笑,拿出一副过往严厉的表情,吓唬大家。与人谈话时,她时常能睿智地加以反驳或是说出一些朴素的警世之言。她为人很有原则,是非曲直绝不混淆。面对那些所爱的人,她却不分青红皂白地倾注全身心的爱。她不会将自己的想法说出来,除非别人征求她的意见。即便此时,她也会举例说明,而不是纯粹地说教。在当保姆的那段日子里,她也会遇到不愉快的事情。即使真的遇到了,她也只是默默忍受其中的委屈,不与外人诉说。若某人之前所说的话或做过的事让她觉得十分委屈或不满，之后也可以很容易重获她的好感。她从不责备或干涉我们，甚至很少与我们玩耍。有时，我们恳求她讲一些小故事，但她说的基本上也只是生活一些真实的片段而已。她总是为我们着想，时刻准备着为我们服务，或是为我们扫除所有琐碎的事情造成的障碍。若是我们的喧闹让人难以忍受，她也只是说句话让我们消停而已；只有当我们言语不善或是蛮横不讲理时，她才会罕见地发火。她从不给我们讲什么大道理或进行道德说教。她会给我们做很多礼物，她喜欢给别人带来欢乐，这似乎能让她感到很快乐。她不会吹嘘自己的成就，也不与任何人进行比较。我想，在她眼中，别人的自私、虚假或不善等行为都是难以想象的。她喜欢自己的工作，似乎永远不会感到疲倦或烦恼，她总是勤勤恳恳的。她年纪渐渐大了，忙完工作后，就会在家里溜达，整理家中那些她带大的孩子的衣服。要是有什么破烂之处，贝斯时常会亲手缝好。日子就这样无声无息地过去了。她几十年如一日默默忠实地服务，从不祈求别人的感激或是尊敬——只要能照看她所爱的人就很满足了，全身心地照料他们。他们高兴，她就会感到无比快乐。

　　她的待人礼节与说话都含有某种不卑不亢的自尊。无论是在兰贝斯和阿丁顿的大房子里，还是在之前古朴的老房子里，她都一样自如。别人对她也怀着敬意与尊重。她曾接触过很多著名人物，依然表现出有节有度的简洁与礼貌。她曾在威灵顿学院的接待室里受到维多利亚女王的接见，以简明的语言回答女王友善的提问。在她晚年的时光里，主教或院长都会来她的小房间里看看，她依然表现出一贯的友善与自然，不卑不亢，视他们为常人。她从不占用别人的时间或希求别人关注的目光。若是家里有人，她就会过来说句话，看到那些她曾照顾过的孩子又回到家，她会感到无限的满足。很多年前，我要离开家到外地工作时，最后回眸的情景让我至今难以忘怀：贝斯在她房间的窗前挥舞着手帕，向我道别，然后又怀着爱意去工作，默默地为我的远行祝福。家父去世后，有段时间家人都各奔东西了，她也待在约克郡的亲戚家里，忍受着思家之苦，见不到熟悉的脸孔，让她深受折磨。听到我的弟弟赴任助理牧师时要经过她所在的镇，她竟独自一人来到伦敦的终点站，只是为了见一下我的弟弟，她含着泪说了几句祝福的话语，最后依依不舍地回去了。

　　这一切是多么让人感到惊奇啊！她去世时，我内心那种无所依靠的感觉仍然深刻清晰。感怀往日她的爱意与友善的记忆，如波浪般潜入心灵，掀起阵阵涟漪。我不想渲染什么，只想说出自己内心的真实情感。在我看来，她的一生的确是完美的，满怀着谦卑、美好、奉献、责任及无限的爱！她的一生无所求，身形略显瘦削，人生的价值却是如此纯美与真实。她毫无个人所求的念头，慷慨大度与全心待人的素质，真是让人甚为震撼。在我所认识的人中，她是真正意识到奉献比索取更让人觉得幸福的人。她只求一辈子能去工作，去爱，去获得别人的爱而已。

　　这一切都是如此静美。她对事物分明的判断力，对美好事物的热爱，丰富的情感与淡定的处事方式，无论身处悲伤或是困顿的情景，都是那么贴心，想着要给别人以安慰，全然没有一丝病态或是自怜的情绪，不汲汲于自身的利益或需求。她不会自我限定工作的范围，让自己忙里偷闲。她从未想过自己，要是有事要做，她就高兴地去做；若是有空闲时间，她就想着去逗谁开心。她流露出的简朴之情，绝非一颗真挚之心要获得别人的赞美，而只是对生活、朴素的职责以及亲爱之人的自然而然的感激之情而已。她并非没有自己的品位或偏爱，她喜欢旅行，喜欢风景从眼前刷刷而过的感觉。她曾不止一次随我们到瑞士旅行。第一次看到雪山时，她惊讶地说："这真是我双眼所见的吗？"她也喜欢语言之美，喜欢阅读诗歌与好书。她晚年的时候，当别人朗读书籍的时候，她唯一的要求就是不想听到任何不善或是悲伤的内容。

　　我不知道她有什么样的宗教信仰，她从不谈及这个问题。但她知道生命中诸如宽恕、爱、和平这些宏大字眼的意义。她深深沉浸于基督精神之中，根本无暇顾及教条之类的东西。她最不想听到的，就是那些古老陈旧的赞歌，但她会跟着读本轻声朗诵，直到我的母亲对她说："贝斯，你已经很累了，还是去睡觉吧。"贝斯一脸倦容地说:"是的,我想睡觉,忘记所有的事情。"

唉,过往的一切都已成风。她劳累疲倦的身体安躺在苏塞克斯一个小小的教堂墓地里。我再也见不到她弯着身子,步履蹒跚,就如车轮在沙砾上辗转而过的身影了,再也见不到她眼含着泪水,向我挥别的情景了。我始终不认为她已经离我远去了。长年累月地工作之后,她还是离去了,但她的心灵与精神,服务他人的愿望与爱意,却仍那般鲜活、那么强烈。她美丽的双手因长年工作而变得粗糙,在人生最后的几个月里,却显得柔软与苍白。她时常以惊讶的神情望着自己的双手,似乎在感慨它们失去了往日的活力与用途。但是,旁人不禁会感想,有着如她一般美好善良心灵的人,在某个遥远的天国里,必然会重新焕发活力,获得新生。若是贝斯发现别人需要安慰与爱,她都会想办法去给予,让他人获得慰藉与鼓励。

贝斯的一生,让凡夫俗子满怀野心、欲念与蝇营狗苟的一生,显得那么卑微与耻辱!贝斯的一生,展现了快乐幸福人生的模样:只需简单地生活,关爱于人,莫索于己,从工作中感受纯粹的乐趣,摒弃所有苦恼与单调的念头,心灵自然清明。贝斯的一生,彰显了个人的爱意、满溢的柔情与对他人的奉献,这才是至为重要的。当所有欲念与野心逝去之时,内心依然璀璨。关于这点,无须赘述。要是所有人都能如贝斯一般享受工作,以爱为生,世界将成为一个更加简单与纯粹的乐园。贝斯从不愿忍受悲伤的困扰,也不会因为损失或烦恼而忧心忡忡。她没有一味地沉浸于自己的幸福之中。若是他人处于痛楚之中,她会倾注自己的爱,愈合他人的伤口,消弭心灵的隔阂。她这样做绝非出于正直的考量,也不是奉行什么严谨的原则。她简单的"人生哲理",绝非是用来指正别人或是吓唬别人的。她所有信念背后只有一个动机——爱!每个人的气质是多向的,但大家都能感受到贝斯人生的美好。我们失去她时内心深深的悲伤以及对她无限的感激,让人可以更接近生活的真谛。

她是第一个让我直接感受到爱意的人,她对我的关怀,穿越了少年与成年时光,让我铭记一生。在我这一生里,她是最有爱的保姆,也是最亲切的朋友。正因有了她的榜样与人生鼓励，我立志成为一个更加优秀、更加纯粹与简单的人，怀着必定的希望，盼望有天能重聚。她的精神始终会找到我们的，哪怕是跋山涉水。关于她，我想到了约翰·韦斯利对他朋友怀特菲尔德的评语。当韦斯利似乎在布道错误的信条时，一位贫苦的门徒问："先生，你觉得当我们到天堂的时候，能见到怀特菲尔德吗？"他希求得到一个糟糕的回答。韦斯利，这位年老的福音传道者只是淡淡地说："我不觉得我们能见到他，因为他是如此接近宝座，而我们却离宝座那么远，所以我们根本见不到他。"

牧师的救赎

我认为将人作为一个整体加以批评，是很有趣的。某天，当看到一篇在上议院发表的演讲——我忘了是谁写的，似乎是温斯顿·丘吉尔所作的一篇安抚众人、调停矛盾的演说——丘吉尔认为，对于这些问题唯一感兴趣的人，就只有大学老师，以及那些时常阅读《旁观者》的人。对此我不以为然，因为我知道，虽然我是一位大学老师，但却能超脱出这个阶层所具有的偏见与癖好。所以，站在一个门外汉的角度来写牧师，我并不感到担心。因为我觉得，没人会觉得这是对他们具体某个人的伤害，我也没有什么好揶揄或瞎折腾的。我从小就生活在一个牧师堆里，而且生活中很多时间都与牧师圈子保持着密切的联系。我一些最为要好与亲密的朋友都是牧师。因此，公允地说，我还是认识不少风格迥异的牧师。身为校长或大学老师，我主要是与牧师之外的人打交道。但人还是难以脱离他所在的阶层。今天，当我遇见了一位牧师，心情就像华兹华斯所说的"马上跳跃起来，甚为欢愉"。我更喜欢将之称为"牧师商场"，我喜欢谈论牧师服饰、教会音乐、家具、神学政治及其擢升体系。我也算是一个能深感牧师幽默之妙的人，当然这种幽默是很善意的——如一杯清淡、不甜的饮料，带有一点伦理说教的味道，夹杂着巧妙的讽刺，揶揄着圣公会的会吏长与乡村教会的教长，但这都是无伤大雅的。正如肖特豪斯在写信给圣公会高层时所谈到的，这些都需要长时间的熏陶，才能深谙其妙处。只有从这样的环境中成长起来，方能意会到独特而有趣的幽默。

世俗之人对牧师所持的观点，时常让我深感意外。牧师给他们的印象是缺乏男人气概的，观点狭隘，官僚气味重，性情乖僻，癖好甚多。一些人的想法更加偏激，认为伪善已成为牧师的第二天性，觉得牧师们身处一个自己不喜欢的位置，不得不去布道，被迫接受一些他们并不真心接受的教义与思维模式。某天，我与一位持这样观点的学界朋友发生了争执。最后，我不得不说，对他所持观点唯一合理的解释，就是他完全不了解牧师，就草草下这样的结论。外人对某个阶层的观点，几乎都是滞后与陈旧的。即便在四十年前，这种观点也是不惮以最大的恶意去揣测的。诚然，我熟悉的三个职业——牧师、校长以及大学教师——已经发生了极大的变化。事实上，这三个职业的专业味道比之前淡化了不少。牧师们再也没有高高在上的想法或妄想着去改变世界；大学老师们再也不会去嘲笑别人的无知了；校长们也不再汲汲于向学生灌输基础知识了。在过去三四十年里，牧师这个职业已在很大程度上成为国民生活的一部分。无论是在小说、漫画中，还是在舞台上，都会对牧师进行着某种无伤大雅的揶揄。牧师在生活中出现的频率无疑在表明一点，他们已成为社会上真实存在的一股力量。事实上，随着牧师们影响力及地位的提升，他们肩上也承担着沉重的负担。我深信，他们能发挥更加积极的影响，并能以更为谦逊与柔和的手段去实现。外人时常抱怨牧师的稀缺，这是由牧师这个职位对品格与责任感的高标准要求造成的。在担任伊顿公学校长时，我常为父母们表示希望自己的子女未来担任牧师的想法而感到惊讶。学生们几乎都不愿意选择牧师这个职业，因为他们觉得没必要给自己那么大的压力。

现在，也有一些专门的牧师培训机构。在过去四十年里，这样的培训将过往这个显得很业余的职业转变为一个真正合乎情理的专业。现在的牧师要远比之前的牧师更加专业，这是毋庸置疑的。

当某个外行人在某地遇上一位牧师时，他该有怎样的期望呢？我将坦诚地说说自己的期望。首先，我觉得牧师是真正有善意、懂礼节以及细心的人，这当然也是牧师最为显著的特点了。我之所以要强调这点，是因为事实正是如此，而且这点很重要。看到牧师们无论何时何地都表现得很有礼节，我不禁深感震惊。诚然，这些礼节并非他们独有的。普通英国民众都是比较乐观、直率与讲理的，所以牧师通常会给人某种孤高的感觉，似乎他们对你的事情并不怎么关心。但牧师的善意却是发自内心与深切的，希望能与人为善，帮他人分忧解难。他们并没有强而为之，以唐突的礼节或功利的欲念去获得他人的认同；反之，他们的善意是发自内心，认为帮助与服务他人是自己的职责，并想要全身心地去做好。在我认识的牧师中，很少有例外的；即便有，也是少得可以忽略不计。我想，以上的这些品质也许就是牧师们最为显著的性格特征吧。不论他人的请求多么琐碎或烦人，牧师总是准备着尽全力去给予帮助。之后，我准备举一个这方面的反例。一般而言，他们对人和事所表现出来的准确与宽容的判断力，乃至对人性的深刻了解，常常让我深感敬意。这种认识只能靠人生的阅历来获得，这本身就是他们为人类辛劳工作的明证。我甚至觉得，牧师们还有一大特色，就是他们后天接受了良好的教养。从与形形色色的人——无论是身居高位的人还是一介布衣——密切的交往中渐渐形成的。牧师们能保持良好的教养，甚至能给人朴实、毫无造作之感。他们不因他人的社会地位而改变自身的举止。他们为人真诚、尊重他人，作风简朴。当然，也有某些牧师未能做到这点。但我敢肯定一点，任何人要是了解牧师之后，都会认同我所说的话绝无夸张的成分。

前面说了那么多发自内心的对牧师价值真诚的赞美之词后，我想提出一点批判。就我所见，牧师们在两方面做得不足。第一点比较复杂，也是比较难做到的，就是他们在探讨宗教问题时表现出某种羞怯之情。对一般信众而言，关于宗教的观念越发趋向自由。一个有趣的故事可以论述我的这个观点，据说，当人们编纂一些关于《圣经》的字典时，编者邀请一位著名的神学家撰写关于"大洪水"的一篇文章。结果，文章迟迟交不上来。文章最终送到编者手中，却发现文章所表达的观点过分前卫，乃至有点异端意味。所以，为了缩短时间，他在"大洪水"一词旁边加上注解"参看水灾"，然后匆忙地从其他撰稿者手中征用另一篇文稿。当编者看到这篇文稿，发现内容的倾向过分自由了。所以，他在"水灾"旁边加上注解"参看诺亚"，然后再慢慢地加以考虑。但当他编到"却发现了诺亚"这一章时，却发现舆论的倾向已经发生了变化，关于"大洪水"的原始文稿已经变得相当正统了，也只能按此来加以注解了。

事实上，牧师们总是过分急于消弭不同观点所造成的分歧，总想着不去冒犯那些严肃认真的人——当然，这也是他们的职责之一——我想，这会给人一种印象，似乎他们的思想更趋保守，有点跟不上时代的步伐。造成的结果是，牧师们既没有在宗教思潮里担当领航者的角色，也未能给予思想者他们所需的指引，让外人觉得，在这些困扰他们的问题上，牧师们是如此因循守旧，外人也只好缄默不语了。当然，我所谈及的，无关基督教的核心教义，而是镶嵌在核心思想外围的一些"装饰"而已。

再者，我相信，牧师们有些重视那些被粗鲁的外人称为"饰物"的东西，也形成了外人难以接近他们的印象。教堂仪式与传统的发展，就其本身而言是极为美好与具有吸引力的。倘若这在牧师心中占据着十分重要的地位，在外人眼中就会觉得很不耐烦。在这点上，牧师们很容易找到自我安慰的理由。因为在每个教区，都有一些人对诸如仪式之类的事情很虔诚与执着，但大多数人对此却冷然视之。很多人都愿意看到教堂里的仪式能举办得更加庄重与有尊严，但普通的英国民众却并不怎么关心其中的象征意义。家父曾说，在一些英国人眼中，甚至连洗礼这个仪式都显得华而不实。若是牧师过分彰显自己对这些方面的关注，就可能远离那些原本对此很关注的信众。让我为之心痛的，就是牧师在布道时的语调。语调本应充满情感，却时常既没抑扬又没顿挫，这种情况在教堂里是普遍存在的，特别是在阅读《圣经》时，更是如此。某天，当我聆听《旧约》中最为臭名昭著与残忍的一个段落——耶洗别①之死时,这本应是让人绝望与深感丑恶的悲剧,但牧师在教堂里朗诵时,却好像这只是发生在某位沉思的隐士身上引人发笑的事情而已。这样的语调给外人一种夹杂着荒诞与虚假的感觉。因此,在任何宗教课程里,都很有必要让演讲者学习语调起伏顿挫的变化。

我说这些,并非吹毛求疵或是招人讨厌,我只是认为这几点是值得牧师们去深思的。我只会一再论述我认为正确的简朴事实。圣公会教堂里的神职人员所拥有的社会地位、忠诚度以及真正的牧师美德,都是其他教会的牧师所不能比的。即便在伊拉斯特时代古老沉闷与恹恹欲睡的阴影里,饱受批判甚至厌恶的情形下,他们都能获得英国国民的尊重。牧师们的薪水很低,难以获得世俗的声誉,但他们依然正直、纯真与友善地生活着。而他们的孩子——从我在伊顿公学及大学的个人经验来看——基本都是英国同龄人中最为友善与简朴的。牧师们对这个国家产生了无与伦比的价值,对于任何可能损害他们这个阶层的利益的法规,我都甚感忧虑。

---

① 耶洗别(Jezebel),《圣经》里的人物,以邪恶淫荡出名。——译者注

其实，英语很简单

最近，《泰晤士报》再次掀起是否应将古希腊语作为必修课的争论。支持古希腊语作为必修课的一方，以穆雷教授为代表。也许，他如很多精力旺盛的英国人一样，为解析古希腊精神做了不懈的努力。持反方意见的，则是由著名天文学家唐纳教授为代表，著名科学家埃德温·雷·兰克斯特则适当地给予一些支持。双方争论的焦点是：无论剑桥大学还是牛津大学都要求新生必须懂一些古希腊语，否则就无法申请，其他大学也是如此。关于这么一点古希腊语对学生所产生的作用，大家的分歧并不大，因为这肯定不够学生们用来更深入地了解古希腊文学及其思想。有些人为了冲破这样的限制，想出了很多千奇百怪的方法去应对。我的一位朋友有成为工程师的潜力，想要进入剑桥大学深造，但苦于对古希腊语一无所知，就死记硬背了一个古希腊戏剧的英文版本，以为这样做就能让他对古希腊语有一定的了解，然后在考试时写出正确的单词。没人会否认这样的要求只是打断了他真正要做的工作，实在让人恼怒。但对这种规定持支持态度的人则有以下的理由。他们宣称，要是古希腊语在一些大学不作为必修课的话，那么对它的研究就会逐渐消失。因为在一些规模较小的学校里，志愿学习古希腊语的学生很少，难以找到这方面的老师。他们进一步宣称，大学要想对学生进行文学培养，就应竭力保存人类历史上最为灿烂的文明之花。支持者们继续给出论据，声称若是一个科学专业的学生只是完全沉浸于科学研究，心智就容易失去平衡，变得思想狭隘，形成单向思维。

我深信，若是完全放弃对古希腊的研究，将是一个巨大的不幸，但是，单纯地将科学领域过分地专业化，这也是很危险的。无疑，学习科学的人很有必要去学习文学知识。我也深知，在现有的教育体制下，强制性地要求学习古希腊语，只能起到一种阻碍的作用，而不能更好地推动对这门语言的学习与研究。对科学专业的学生来说，掌握那么少的古希腊语并不能提高他们的文学素养，纯粹是在浪费时间。虽然古希腊语博大精深，但在很多学生心中根本算不上文学。

接下来，我们要看看那些普通学生的遭遇。我以为，拥护古希腊语的人基本上都是文学巨匠级的人物，这的确让人深感遗憾。对于这些拥护者来说，古希腊语从来都不会造成任何智力上的困难，而他们自始至终都能感受这种语言的美感。这些古希腊语的拥护者也是发自内心的。他们只是无法理解，在他们眼中极为宏大与具有美感的古希腊文学，对那些必须强制去学习的人来说，其实是弊大于利。

就个人而言，我想从不同的角度来看待这个问题。作为一个从事教育多年的人，我一开始在伊顿公学担任校长，管理着两千多名学生，他们年龄各异，天赋迥然。我可以毫不犹豫地说，真正对古希腊文学感兴趣的学生，实在是凤毛麟角。我可以肯定，目前看来，学生们用于学习古典文学的时间很多，而这些被白白浪费的时间原本可以用来激发学生的思维，让他们感受到智慧的乐趣。但比浪费学生时间更严重的是，这让他们厌恶甚至憎恨所有兴趣上的追求。在学习了一门烦琐的古典文学课程后，一般的学生依然陷入一无所知的可悲境地，根本没时间去学习其他方面的知识。今时今日，竞争是如此激烈，一种无法让学生日后自食其力的教育，不仅是浪费生命，更是一种耻辱。很多学生都被困在这里,不上不下。一个学生要是懂法语、德语,还有算术能力,能够流利地用英文进行表达,写一手好文章,就必定能养活自己。学会这些知识与掌握一些基本的科学常识及宗教方面的教义,是需要很多时间的。但在现实的学习生活里,学生既没有时间去学习这些,更没心思去学习古典文学。更为重要的是,按照现代教育课程进行学习的学生,更能了解当今世界所发生的深刻变化。而宣称以上那些课程无法带给学生心灵刺激的论调,纯属扯淡。事实是,古希腊文学的教育根本无法激起学生的兴趣,反而让他们的学习更加低效。

上文谈到的那位朋友,他绝对不应因为对古典文学的无知而被诸如牛津或剑桥等大学所排斥。父母们都想将自己的孩子送到剑桥或牛津深造,是有很多原因的。这背后既有社会、传统以及名声的因素,也因为这两所学府拥有自身独特的优秀气质。我认为,高等学府应该为学生提供尽可能多的课程,并且要提高这些课程的标准,鼓励他们去选择适合自己的。目前而言,必须坦承的是,大学对一般学生所设的标准过低,实在让人汗颜。但是,为什么如此之多的时间被浪费,这么低效的体制仍能继续存在呢?难道只是因为废除必修的古希腊课程会损害学生对此的兴趣?对此,我真的是无法理解。在我看来,这就是一种垄断与专制,必须予以坚决抵制。

某天,一位行政部门的高级官员对我说,他要进行一系列人事任命。他说:"要是可以的话,候选人最好是知名学府的毕业生,因为这类人能力更加全面。我曾花费不少心血去招聘这些员工,也面试过不少候选人,他们都还不错,却不完全符合我的要求。很多面试者不能写一手好文章,无法用英文流利地自我介绍,无法进行准确的计算,不懂法文与德文,甚至不懂一些经典文学。"在我看来,这的确是一种可悲的控诉,但事实就是这样。让人遗憾的是,制造出优良产品的机器就摆在那里,人们却以错误的方式去操控它。

那些拥护古希腊语作为必修课的人似乎并没有意识到,在过去半个世纪里,情况已经发生了翻天覆地的变化。人与人之间的往来更加频繁,时空得到了极大的拓展。很多学校都计划引进新的课程以应对这些挑战，但这些努力却因试图保留这些古典文学课程而效果不佳。当前这样的状况实在是一出闹剧，而且非常危险，绝对不应任其发展下去。

我很高兴看到舆论压力正在发挥作用。最近，剑桥大学采取了一些措施让我们免于陷入荒谬的境地。我们将会古希腊语当作学生进入大学的条件，一旦进入大学后，却不要求他们去应用了。也就是说，对于让学生在高中时期浪费时间去学习古希腊语，进入大学之后就不做要求的情形，我们给予了默认。那么，有必要让所有学生都深受其影响的古希腊思想，又结出了什么果实呢？诚然，很难一下子打破长时间沿袭下来的体制，在学术界都有一种保守的倾向，也存在着某种既得利益的因素。但是，让这些因素阻挡一次既有意义又有必要的改革，实在不是一个真正公民应有的表现。

在这场争论中，每当回想起基督教会盖伊斯福德教长所说的三个好处，我就觉得很有趣。教长曾说，学习古希腊语的第一个好处，就是可以对那些无法掌握此门语言的人投去鄙夷的目光。在我看来，不宜去培养这种精神。而一般人对古希腊语的知识储备，也根本无法让他们骄傲。第二个好处，就是这可以让人原汁原味地领略我们的救世主的原始口吻。我想，现在的人一般都认为，救世主当时很可能说的是亚兰语，而不是古希腊语。那些对英文版本的《福音书》不感兴趣的人，估计也很难从阅读古希腊语版本的《旧约》中有额外的收获。当然，在我所谈到的任何改革中，人们对宗教学科的兴趣都应小心翼翼地予以保护。第三个好处是最具说服力的，那就是可以让人获得一定报酬。对于少数有能力继续从事古希腊语教学的人来说，这就是最大的动力。我可以肯定地说，对一般人而言，继续将古希腊语列为必修课不仅不能给他们带来报酬，这种在英语教育中占据重要地位的古典文学教育，还让他们在人生的起步阶段，就看不到未来的希望。

赌，是一种态度

某天，我听了一个语言流畅、情深意切的布道演说，内容是关于反对赌博的。这个演说隐隐在我心中留下了不好的印象。当然，谁也不会否认赌博在人类历史上曾造成罄竹难书的祸害。在很多时候，赌博行为都是应该受到谴责的，因为这本身是一种不良习惯。但是，人们却很难在道德层面上提出绝对让人信服的理由去予以反驳。赌博并不同于盗窃或残忍犯罪等行为，后者理应遭受一面倒的谴责与惩罚。任何狡辩都难以为哪怕是盗窃三分钱或故意伤害最为弱小的昆虫等行为正名。两位百万富翁为某个无法确定的日期打赌六便士的行为，我想也只有最严格的道德家才会予以谴责。很多善良之人在玩惠斯特桥牌时打赌几分钱，基本上没人会在道德上对此予以谴责。牧师们曾说，反对赌博最有力的理由，就是没有经过自己诚实劳动而获取金钱的行为，是不道德的。但是，这个理由根本不成立。因为，要是这个说法成立的话，那么我们就不能去接受任何个人送的礼物或继承遗产，也不能从自身的资金投资里获取收益。是否有哪个真正严谨的道德家会这样认为，要是别人从诚实合法的投资里获益颇丰，那么他在向国家纳了税，支付了公司成本后，剩下的钱也要全部用于慈善吗？再者，我们又该怎样看待保险之类的投资呢？当下，很多人都认为，对年轻人来说，没有比为自己未来买保险更为稳妥、更有规划的事情了。但是，这种投保行为充其量也只不过是一种赌博。你是为自己的生命投保，你是拿自己的死亡来打赌。若你英年早逝，你的妻儿就可获得一笔金钱。当然，金钱是那些同样投保但还没死的人缴纳的。

若某人有打赌的资本，且不超过自身的能力范围，只是抱着从中取乐的心态，就很难说存在着道德上的错误。谁也不会说将金钱投入到娱乐消遣之中就是错误的，谁也不会说购买豪华游艇或是休闲地去狩猎就是错误的，只要你有足够的金钱去支持这样的行为，只要你认为这样的事值得你为之花费。从某种意义上看，这的确是浪费金钱的行为，但这纯粹是一种高级的社会主义理论在作祟，持这种观点的人认为每个人在满足了基本支出后就不能继续享受，认为任何人都应该勒紧裤腰带过日子。

事实上，单纯从金钱易手这个过程本身来看，倘若双方都清楚这点，那就不存在任何谴责的理由。当然，要是你失去的金钱自己无力偿还，又或者这些钱本应该用于孩子们日后的教育，那么这就是一个巨大的错误了。但这样的逻辑推理可以应用到很广泛的事情上。我认识一位小有名气的商人，他疯狂地迷恋于购买书籍，这种行为本身是无害的，但他却沉迷于此，因此减少家庭开支，让家人过着拮据的生活。平心而论，他这种爱好导致的后果并不逊色于赌博带来的后果。

牧师们会说，所有赌博性质的行为都会让人精神萎靡、道德沦丧，而事实绝非如此。当然，对那些沉湎于此不能自拔的赌徒来说，的确如此。但我也认识不少有识之士在一周内至少会玩三到四次的惠斯特桥牌，让生活更加丰富多彩，这些人没有因此而流露出任何道德堕落的迹象。某天，我在阅读一本书的时候，发现一位赌博经纪人用流畅的语言为赌博进行辩护。他说，谁都不应该阻挡这一条唯一给穷人带来想象与希望的有趣途径！我认为，这种说法充满了狡辩的味道。因为，几乎所有邪恶的行为都能以类似的理由来予以辩护。也许，我们还可以从实在的利益角度做一番考量。因为，健康与平衡的心态并不需赌博这样的娱乐。若是某人的心态不健康或失衡的话，那么，这就是一种相当危险的消遣方式。

且不论赌博浪费的大量时间，其实有一个反对赌博十分有说服力的理由。要是一些愚蠢的人在赌博时赚了一点钱，那么浪费一点时间也许没什么大不了，但事实上并非如此。因为金钱在易手的过程中，还必须给那些赌博行业的经纪人支付一定的薪水。假设赌博这种行为在道德立场上是成立的，那么这些所谓的经纪人也是经过辛勤的劳动来赚钱的。但这样的行业事实上没有存在的必要，因为赌博根本不从事任何社会生产，少数人所赢的金钱是以很多人输钱为代价的。

有人提出反对赌博行为最有力与强大的论据。正如我上文所说的，赌博无疑是造成很多惨剧甚至犯罪的重要原因，沉迷于赌博这种恶习让人难以抗拒。很多人都认为，自己完全可以控制，一切都在掌控范围之内。我想，这就是赌博议题上，人们经常谈到的话题：即只有当你亲自尝试之后，才会知道自己是否会染上赌瘾。若染上了赌瘾，那是很难戒掉的。因此，赌博是社会上任何理智与道德之人都应该从心底厌恶的。在不伤害自己亲人情感的前提下，不要给予鼓励。我已经说过，赌博并不明显抵触宽泛意义上的道德伦理，这样的论据让原先只是对赌博稍有微词的人对此大声叱责，似乎赌博是难以饶恕与让人极度憎恶的行为。但是，这种想法让人脑子一时狂热，让温和之人都会加入反对正义事业的队伍中去。但是，赌博的危害却又如此诡异，如此深远，任其发展就会造成破坏性的影响。因此，必须采取合理的手段，冷静地去应对。那种过犹不及的"疗法"是任何理智之人都会摒弃的。有一点可以肯定，赌博之乐无论怎样都不能归入正常、自然与无害的乐趣之列。国家修订法律，规定不能唆使未成年人参与赌博，这就体现了一定的责任感。我想更深入地探讨一下，在当今这个民主时代，人们是否应该质疑一下，为什么公共体育比赛的博彩行为没有招致反对呢？在英国这样一个深爱赌博娱乐的国度里，让民众"金盘洗手"，应该是很困难的。前几天，我与一位很严肃的政治家谈论此事。他认为,给予女性选举权很重要的一个原因,是出台了限制赌博的更严厉的法规。他说,女性没有沉迷于赌博,却深受其害。我觉得,自己不会像他那么激进。当然,如果大家不是因为法律的强制性,而是自愿地改掉赌博的习惯,无疑是最好的解决方法。

  牧师们坚称,现在我们这个国家流露出种种堕落颓废以及道德沦丧的迹象,我觉得事实并非如此。我深信,就我们国家整体而言,现在所具有的精神风貌要比一个世纪前更为健康、更具活力、更为理性。我觉得,现在参与博彩的人逐渐增多,这并非堕落颓废的表现,反而证明了工薪阶层收入越来越高了,休闲时间越来越多。当然,谁也不希望通过博彩这种行为展现出来。但我还是高兴地看到,人们越来越有民主意识,有时间去做自己喜欢的事情。赌博是不可能凭借道德说教、责备抑或某些发自内心的可怕言语压制的。这样的做法只是一时驱赶了邪恶的念头,但是滋养这一念头的土壤依然那么肥沃。唯一可行的办法,就是鼓励人们提高审美品位,让他们从文娱活动中获得纯粹的乐趣,那么,这种恶习自然会黯然地消失。

赞美诗

最近，我在阅读新编的《牛津赞美诗集》。坦率地说，阅读过程中感觉更多的只是新奇，并没有阅读后的满足感。这本书在新编的时候，遵循的原则是尽可能地还原最初的版本。之所以说"尽可能"，是因为我依据的基数并不广泛。在我所看到的赞美诗集中，基本上都是对"原著"进行改编之后的版本。

这一理论在原则上很容易理解，但在实际操作中却很难。那些捍卫最初版本的人可能会这样发问：没有原著者的允许，他人有什么权力对此进行改编，然后还在原作者后面加上几个改编者的名字；而且在很多情形下，这种改编占据很大的篇幅，导致意思全变。读者当然会觉得，人们不能以这样的方式去对待任何一种文学形式，这种论调乍一看无懈可击。但除此之外，其实还有多方面的考量。倘若赞美诗只是诗歌的一种形式，赞美诗集只是适合个人阅读的一本"神圣"诗集，那么对此的改编无疑是难以自圆其说的。但是，赞美诗集所承载的内涵远不止于此。其一，赞美诗集是礼拜之时的指定用书，也就是说，赞美诗的第一功用，就是在教堂礼拜之时使用，谱成歌曲让教徒来歌唱；其二，更为重要的是，做礼拜者不仅要学习赞美诗作者的思想，还要将这些内容作为人生的信条。做礼拜者口中默念这些诗句，与他人一道大声高唱诗集，以此来表达他们内心的信仰、情感及期望。

以上所说的这些关于赞美诗的功用，会让我们以全新的视角看待这一问题。我们不仅要考虑原著者的权利，还要顾及使用这些诗集的做礼拜者的感受。诚然，有人说赞美诗就是从原作者手上传递出去，成为做礼拜者的一笔遗产。

首先，让我们举一个很简单的例子。若是某个词语具有一种可怖与浮夸的语义，那么在诗集上继续沿用这样的词语，让做礼拜者为之痛苦或发笑是很荒唐的。以一个语义更为温和的词语来替代此词，则是无可厚非的。比如，在18世纪的赞美诗中时常出现"bloody"①一词，这个词兼具低俗与亵渎的寓意。虽让人颇感遗憾，但事实就是如此。当然，没人会觉得将此词替换为"crimson"②是不恰当的。再者，在《岁月岩石》的原始版本里，曾出现了"当我的眼肌破裂而亡"这般让人感到不适的句子，给人不寒而栗的现实感。新编的《牛津赞美诗集》就还原了这样的表述。在我看来，对那些早已习惯并爱上了"当我的眼睑缓缓闭上之时，再也睁不开了"这样简朴且庄重的改编版本的人而言，这种还原颇有卖弄学问的嫌疑，甚至让人感到很不满。我还想再指出一点，即那种期望着教堂里数以百计的礼拜者们在公开场合唱着如此可怖的字眼的想法，是让基督徒感到震惊的。

读者朋友们必须承认一点，《古今赞美诗集》的编纂者们在改编诗集之时更加"极端"，展现出对散发出"陈旧"或"离经叛道"意味的表达神经质般的恐惧。事实上，《古今赞美诗集》已经被数以千计的做礼拜者使用多年了。而改编之后的版本加入了很多神圣与美好意义的词语。在我看来，单纯站在文学校订本角度出发，故意漠视赞美诗集的实际功用是很粗野愚昧的。《古今赞美诗集》最新的修订版本受到广泛的批判，对于所有的改编者来说，都是值得借鉴的。在最近的版本里，做礼拜者所喜欢的那些熟悉与朗朗上口的词语以及

---

① 血腥的。——译者注
② 深红色的。——译者注

那些表达出庄重与深情的段落，都被随意删除了。因为这些词语与段落没有达到纯粹主义者眼中应有的音乐高度。在事关情感的议题上，是绝对不能如此独断专横的。迎合个别权威人士的品位，这严重违背了更为重要的大众审美品位。同样的原则也适用于善男信女们世代传承使用的赞美诗集与歌曲。这些诗集的重要性，在于唤起的情感，而非其存在的文学价值。严格意义上说，当赞美诗与圣歌都成了国民的财产，就难以对此进行严谨的更改了。正如人们也不可能因为威斯敏斯特大教堂前的纪念碑与教堂哥特式的设计风格不符，而将其拆除一样。

在此，让我随机举几个例子来说明。查尔斯·金斯莱[①]的赞美诗"Hark! the herald angels sing, Glory to the new-born King"[②]的原始版本是这样的——"Hark how all the welkin rings, Glory to the King of Kings."[③]

有人会说，虽然"welkin"[④]一词不再使用了，但也没有必要对此进行改编。在一首赞美普天同庆节日的诗歌里，仍旧保留着在当代毫无意义的词语，这让人很遗憾。更为重要的是，"welkin"一词本身的含义并不高雅，声调也不和谐。所以，这种修改是有益无害的，甚至是增添了某种美感。而且这个改编版本是在原始版本面世十四年后出现的。若是原始版本是改编版本的话，将"Hark how all the welkin rings"改为"Hark! The herald angels sing"，那么必将让人感到愤怒，招致非议。其实，很多代人都是伴着改编版本所传递的积极与欢乐的意义成长起来的。因此坚持恢复原始版本，在我看来是百害而无一利的。人们竟然没有意识到，任何古老事物的一半魅力，都源于大自然所附加的东西与意义，无论是一首诗中的诗句，还是镌刻在石头上的诗歌，都是如此。

米尔曼的《礼拜赞歌》里，有这样一句"Ride on , ride on in majesty"[⑤]，最

[①] 查尔斯·金斯莱（Charles Kingsley，1819—1875），英国作家。代表作有《水婴孩》等。——译者注
[②] 听！传令天使在歌唱，新生之王无比荣耀。——译者注
[③] 听！苍穹回荡着歌声，万物之王满载荣耀。——译者注
[④] 苍穹。——译者注
[⑤] 前进，无畏地前进。——译者注

初的版本却是这样的:"Thine humble beast pursues his road."①原句显得语意贫瘠,品位不高。"Humble beast"暗示着"Humble vehicle"②。而对"蠢驴"的意译,从本质上就是新闻术语。一位改编者很睿智地将其替换为——"O Saviour meek, pursue Thy road."③

这实在是无懈可击的改编,可能之后就会沿袭这个版本了。

在1565年出版的古老赞美诗集里,"O Lord, turn not thy face [away] from me"④,第二句是采用1708年修改的版本"who lie in woeful state"⑤——这虽非意义很鲜明的句子,却很好地保存了赞美诗古典的味道。但是牛津的编者必须要改编这一原始句子"From him that lieth prostrate"⑥,从音律的角度而言,这个句子让人厌恶,因为其中包含了"lieth"这样难听含糊的音节,以及"prostrate"一词的重音转换,此时重读转移到了第一个音节。更糟糕的是,原先被删掉的段落里包含着这样难以置信的句子——"I am sure Thou canst tell."⑦

这样的句子竟然冠冕堂皇地重新再现了。无论怎样做音乐的标记法,重音始终停留在"am"与"Thou"之间,句子显得不伦不类。

还有,这样一句赞美诗"As now the sun's declining rays"⑧,原始的句子是这样的——"Lord, on the cross Thine arms were stretched, To draw us to the sky."⑨

原始句子毫无诗意,显得不切实际。人不可能通过伸长手臂来触摸天际,只有弯腰下来才能触摸大地。第一位改编者将之改为"To draw thy people

---

① 谦卑的猛兽赶你的路吧!——译者注
② 简陋的车辆。——译者注
③ 噢,谦恭的救世主,走你的路吧!——译者注
④ 主啊!不要转过你的脸。——译者注
⑤ 悲伤地躺着。——译者注
⑥ 他直直地躺着。——译者注
⑦ 我肯定你会说的。——译者注
⑧ 此刻,阳光逐渐暗淡。——译者注
⑨ 主,在十字架下,你张开双臂,引领我们走向天际。——译者注

nigh"①这样简朴而又有美感的语句,但这个改编无论从什么角度来看都更胜一筹的句子,虽然广为人知,却因为要还原原文,没有被加上去。

在肯恩的晚祷赞美诗歌里,在"教我如何生活"这一首里,原始诗句是这样的——"To die, that this vile body may Rise glorious on the awful day."②

"vile body"在这里是错误的音符,也是过于普通的词组。改编为——"Teach me to die, that so I may."③

这样简单地改动一下就提升了整句诗的音律平衡度。如此的"妙笔生花"之举,功劳不逊于原著者。还原原始的版本没有任何价值可言,如果还原了,人们就无法感受到这种变化带来的教义和愉悦了。

让我再举一例。在法伯尔文采斐然的赞美诗句中——"O come and mourn with me awhile."④

原文的第二句是这样的——"See Mary calls us to His side."⑤

这样的句子在某些沿袭着固有传统的教会里是很让人反感的,所以改编版本为——"O come ye to the Saviour's side."⑥这个句子本身显得更加大气与有美感,一点都没分散中心思想。从各个角度来看,都是上乘的改编。

在相同的一首赞美诗里,法伯尔写着"Jesus, our love is crucified."⑦这一抑扬顿挫的句子虽然本身很有美感,但对于那些不熟悉古老赞美诗的人来说,也许是难以接受的。他们还会认为这样的句子有多愁善感的色彩。也许在思考或沉思之时不会有这样的念头,但是在公众的礼拜时难免会产生这样的情感。所以,将其改为"Jesus, our Lord",并没有招致任何的反对之音。现

---

① 亲近你的子民。——译者注
② 消亡,这副卑微的肉身,就可从糟糕的日子里,光芒万丈地升腾。——译者注
③ 教我死亡的内涵,让我安然面对。——译者注
④ 噢,过来与我一道哀痛一会儿。——译者注
⑤ 看到玛丽让我们到她的身边。——译者注
⑥ 走到救世主的身边吧。——译者注
⑦ 主耶稣,我们的爱被钉在十字架上。——译者注

在还原原文是很值得商榷的。在最后的章节里，最先的赞美诗是这样的——"A broken heart Love's cradle is; Jesus, our Love, is crucified."①

  这一美好的思想以优美的诗句表达出来了，其中的内涵却不简单。这种表达方式更具文学与诗意的味道，更加适合沉思，而非归咎于个人的对错。在我看来，以下这样的改编——"Lord Jesus, may we love and weep, Since Thou for us art crucified."②

  更为简朴，更为感人。我深信，那些已熟悉了这些赞美诗歌的人会对重新使用原先的诗句，深为反感。

  这样的例子不胜枚举。上文所举的例子足以阐明我所持的原则，即在充满民主甚至是人人平等的社会主义立场上，当某些东西已成习俗，那么一些具有特权的人就不能肆意干涉。对于那些将私人财产充公的例子，无疑会让我们深感遗憾。无论我们怎样去肯定个人权利，也不可能将诸如公用道路等财产视为己有吧。赞美诗不能如一般文学著作那样对待，而应被视为社会生活的一部分。在这点上，习俗与大众的运用理应超越文学与艺术的种种原则。因此，我们必须意识到，要想从过往汲取教训，在日后尽力避免犯错误，就必须接受过往的一切，尽可能地从中获益。

---

①一颗破碎的心，是爱的滥觞，主耶稣，我们的爱被钉在十字架上。——译者注
②主耶稣，愿我们一道关爱与哭泣吧，为了我们，你被钉在了十字架上。——译者注

牧师的布道

我记得读过一篇描述17世纪某位著名牧师的文章，这篇文章称，他的布道一般都要持续一个半小时，而其布道的主要价值在于让教堂公众们始终处于"叽叽喳喳"的状态，或者如我们所说的，总是满怀着浓郁的兴趣继续期待。我还记得，曾经见过一幅描绘18世纪某位著名牧师的漫画。漫画中的牧师坐在坐垫上，伸长脖子，挥舞着手臂，台下是一大片满脸恐惧与喘气的听众。他嘴里说："你们这些人都将被杀戮。"台下的教徒在窃窃私语："××先生仿佛让整个教堂里的教徒都在深不可测的洞坑边缘上拼命挣扎。"也许当今牧师们的布道不再那么受欢迎，是因为他们布道的内容过于礼貌、过于可亲，根本无法让听众"叽叽喳喳"或是深感恐惧。是否恢复过往那种布道方式，我也不敢肯定。但我感觉，赤裸裸地责备恶习的做法是不够的。我的一位朋友曾对他的老管家谈到了他最近刚刚履职，成为煤矿村的一位助理牧师。老管家说："弗兰克先生因为在布道时反对酗酒而深陷烦恼。以后再也不要一味地执着于教条，那样是无济于事的。"也许，当今布道演讲存在的一大缺陷，就是缺乏现实的精明，只是专注于不要使任何人受到伤害。毕竟，批评是很容易的，却造成重重困难。就宗教礼拜而言，城镇面临的问题仍不算尖锐。因为城镇地区至少还有一些牧师，教众的流动性也很强——他们中很多人都互不认识——更为重要的是，牧师可以向附近的教堂求助。在城镇的教堂里，布道的时候不会缺乏新意——熟悉感也只是粗心结出的沉甸甸的果实罢了——更为重要的是，教众们也不必担心因社交而感到繁杂。但在乡村教区里，每个人对彼此都是知根知底，那么期望牧师在每个周六做两次布道演讲，年复一年地将福音的大义晓之于理，让邻里们都能深明其义，这是很难的。对于一个诸如查尔斯·金斯莱这般洋溢热情、满怀着对人类的兴趣，总能说出充满力量与生动的语言，让真理的光芒如此震撼与闪耀的人而言，也许不是难事。但在乡村教区里，牧师也没有什么演讲天赋，对人性的了解也不够，每年所做的布道演说内容要是印刷起来，数量是庞大的。在这种情况下，还怎能强求他们去维持演说的新鲜感，给听众带来任何道德或精神上的触动呢？要是牧师以强势的语言直接反对某些道德错误，那么听者就会觉得，他是在针对某些人。因为要是他不从自己的人生阅历中得出感悟，那又怎么去做布道演说呢？这个事实无疑让牧师们更加左右为难。唯一可行的办法，就是演说时既要柔和，又要激昂，不带个人的愤怒或苦楚——但这并不容易做到。

　　就如何解决当前面临的困难，我想提出几条实用的建议。对于为什么不让牧师从每周六布道两次的沉重负担中解脱出来，我很不理解。布道演说至少也要在上午或晚上交替一下，这样很多牧师无疑会如释重负，甚至一些教会也会对此表示欢迎。据我观察，许多听众对一位牧师布道的最高赞美，就是他的演说很简短。每个周六听着同一位牧师的布道，要想不让那些浮躁的听众感到厌烦或出言反驳，的确是一大考验。但我想，若这些改变是不可能的，那么早晨布道的演说总是一味地对《圣经》进行冗长的讲解，这实属一大遗憾。我深信，若牧师静静地朗读《圣经》，少讲解，只需让听者明了，让他们感到其中的故事或先知们的明智之处，那么就会备受教众的欢迎。我想，第二篇布道演说则应该充满实用知识——将福音的智慧原则应用到日常生活的琐碎问题上。牧师应该以清晰浅白的语言谈论这些严重的错误，因为即便是那些善良之人也常容易漠视自身的错误，自然而然地将自己划在错误的圈子之外，似乎将心灵所有的荫翳都抖得一干二净。他还可以谈论诸如谈话、阅读、守时、秩序、谦恭、幽默、悲伤、疾病、金钱、工作以及构成人生的无尽的奇遇等事情。当然，很难用震撼有力或是横扫一切的气势来谈论这些事情，事实上也没这个必要。关键是要从人生阅历出发，而不是照本宣科。要是牧师们能更多地进行布道演说，就是很好的。无论即兴演说多么不流畅，内容多么不全面，都具有书面演说所没有的力量。

我认为，在事关行为举止这一议题上，让听众深明其义而不觉得被冒犯的一个办法，就是使用一些自传体的资料。在一些小团体里，要慎用此法。

最近，我在一些偏远的地方听到不少布道演说。我必须坦承一点，在对所有的困难进行考量之后，我觉得这些布道演说还是实现了其应有的意义。因为，一般听众在此事上的态度无疑是吹毛求疵与严苛的。他们心中理所当然地将牧师视为性情温和、循规蹈矩及具有阴柔气质的人。而当牧师变得强势或演说振奋人心时，他们也照样会摇着头，满口谈论着这位牧师有信仰复兴运动的倾向。当然，双方都有错误。但我想，当牧师们花时间、动脑筋去为布道演说做准备，只是怀着能让听众明晓他所说的话语这一卑微的念头，却看到不止一位听众在自己眼前故意打起盹的时候，世上没有比这更让人气愤与感到羞辱的了。我常想，要是我站在讲台上一定会厉声叱责如此不恭的行为。但是，我从未听说过某位"不敬者"为他们不礼貌的行为道歉，即便有，也只是敷衍了事，他们似乎觉得自己的行为是自然且富有幽默感的。

我的结论是：若某人具有出色的演说才能，或是拥有独创力所散发出微妙的魅力，足以让他以全新及有趣的方式来阐述古老的真理，那么这一切问题就会迎刃而解。因为，我们必须牢记一点，即劝诫他人——这并非牧师的全部职责所在——他必须还要具有魅力，引导教众，为别人树立榜样。倘若他没有这样的能力，那么就要保持真诚与善心，尽自己最大的努力，在吸引听众的注意力时仔细观察、体会。他失败之后如果去追问原因，那么就播下了真理的种子。也许，最大的安慰是，行动胜于言语，事实胜于雄辩。所以，最后的结果，正如勃朗宁说的："你是一个布道者，虽然你的布道不甚了了。"

　　我读大学的时候曾听到这样的一场布道演说——一位真诚却紧张的牧师，声音断断续续，结结巴巴。出来之后，我开玩笑地对一个朋友说："你有没有感觉好一点？""没。"他脸色凝重地看着我说，"我感觉很糟糕。"我为自己的提问深感羞耻，明白了这位牧师并没有在浪费口舌。

艺术与生活

我的一位老朋友与我一样都是作家，但我们的创作观点大相径庭。我们时常会讨论写作的苦与乐。之所以说苦与乐，要看你是否顺着他的意。我们讨论的主要是写作技巧，或者说是写作艺术。他总是得出这样的结论：我只是一位"工匠"式作家，而他则是一位纯粹的艺术家；又或者，我只是一位"业余者"，而他则是"专业人士"。对于他这样的结论，我不敢认同。当然，他会告诉我一些貌似让人震惊的事实。比如，在他写作之前，脑海中已有了极为详尽的计划，他清楚每一页应该写什么内容，甚至细化到了每一行的字数。当然，我在写作时也会有一个大概的轮廓，但在下笔之前，我不敢确定某一部分大约会占多少篇幅。当我说出这样的想法时，他露出不屑的笑容。他语气坚决地说，这样的说法就好比一位雕刻家在雕琢塑像时，说自己不知道塑像手脚的比例是多少，是否一条腿应比另一条腿长。对此，我的回答与林肯总统的回答是相似的——当军队参谋在讨论着一位最优秀的士兵的身材比例时，其中一人问："那他的脚应该多长呢？"林肯总统回答说："我想，脚的长度至少应该够他站立在地面上！"

朋友听我说完之后，笑了。他告诉我，这只是一个关于写作艺术的讨论，准确地估量素材的价值，然后加以利用的问题。语言必须随作者而动，而不是让作者受语言摆布。对此，我反驳说无论最终开出什么花朵，都会自有其形状与结构的。朋友说我不尊重文学形式。

事实上，我是很尊重文学形式的。我认为，世间万物的好坏曲直，其实取决于我们的眼光。在作品的意义与写作风格上，作者是希望这些永恒存在，还是如流星般划过呢？我想，真正能留下来的，也只是个人的写作风格了。以迷糊的语言或是混淆的思路表达深沉或伟大的思想，是不会引起读者注意的。这也不能与用华丽的语言、扣人心弦的表达方式包装下的轻浮或琐碎的思想相提并论。比如，诗人的思想一般而言都不是充满新意，也不一定是细腻的，而是我们平时也会说出口的东西。当我们看到这些思想用对称的诗句整齐地表达出来，就会感叹说："就是这样了，这些话语在我脑海中已经思考了不下数百次，但就是难以将其形状勾画出来。"作家之所以显得伟大，在很大程度上取决于读者是否认可他们的思想。之前，作者的很多言语显得那么朴素与寻常，但以诗句的形式表达出来后，瞬间就能让读者感受到这种思想的美感。我们看到一张被人赞美的脸或一个创新的形式后，多数人都能感受到美感的存在。但是，诗人却能透过生活的劳累与日常的琐碎小事，找寻最为简朴的美感。

我想，相比于表达思想时的侧重以及平衡感，也许我更看重语言自身的美感。诚然，作品合理的结构与呈现形式，也是我愿意看到的。在我看来，若写作的形式过于明显，就好像一株修剪整齐的紫杉树。我更愿见一棵树顺其自然地生长，而不是被修剪成孔雀或花瓶的模样。

我们的"邻居"法国人要比英国人对文学形式有着更为执着的精神，虽然他们所写的故事与小说里不乏对形式的妙用，但我更多感到的，是压抑而不是兴奋。我觉得，他们的文学缺乏生命应有的自由与自然。他们创作的艺术形象的厚度，与人生及人性的品格都不大相符。若是某位作者想在一本书里真实地描绘生活以及人的性格，那么，我觉得他就该遵循生活与个人性情的自然发展规律。若一本书充满作者"操纵"的痕迹，我会觉得这本书只是一出木偶剧，导演在背后用手牵引着木偶的一举一动。可能在某种程度上，这也算精彩的演出，让人觉得有趣，但这并非我要找寻的乐趣。我所欣赏的，是生命的神秘、断续与插曲，而不是作者流畅但不真实的文字。因此，我偏爱内容结构松散、描述生动的书，就如托尔斯泰的小说没有给我纠缠于形式的感觉，而更像生活本身所应展现的画面。我不想看到世上每样东西都需要一个解释，也不愿意看到任何事情都排列得整齐有序。我期望更为宏大、不羁与杂乱的东西，一如生活本身所呈现的内涵，这至少让我感觉到某种宏大与杂乱。

我觉得，制定任何文学原则都是毫无意义的。毕竟，这些所谓的原则只是从一些著名作家的作品中归纳出来的。之后，可能出现了一位新生代作家，他的作品也许将之前的这些原则全部推翻了。那么，文艺评论家又会忙着制定新的原则。就以罗斯金为例吧，他早年所写的书充满了激烈的辩论与工整的段落，不时可见流畅的语言，就像汹涌的波涛映着日光，翻滚而过。罗斯金早期的作品无疑也是很优秀的，但他的这些作品却根本无法与《手握钉子的命运女神》以及《前尘往事》这两本书相媲美。他后来写的这两本书让读者根本感受不到形式的存在，内容跌宕起伏，散发出阵阵幽香，随风飘荡，仿佛作者的真实思想就在读者眼前铺展开一样。当然，这时的罗斯金已经是语言大师了。他后期所写的书充满了活力，带给读者强烈的现实感。罗斯金在创作《手握钉子的命运女神》一书时，必然曾感到深深的绝望。他将闯入脑海的思想记录下来，随写随停。他坐下来准备创作的时候，不知道这一章的大概布局。我想，他可能自己也不清楚要写些什么。

我想，艺术派作家与自然派作家的真正区别在于以下这点：艺术派作家会考虑书的内容、所具有的魅力以及形式结构等。在他们心中必然希望获得那些资深书评家给予的赞美。当然，他们必然也要遵循自己的艺术良心。某位著名作家曾说，那些认为作家写作是为了博得读者喝彩的观点是错误的，他们写作的目的只是为了赚钱，而掌声存在的价值，只是说明读者可能会去购买这些书。

这就是事实，要是作家总想着自己的表现，那么他们就会像钢琴家、魔术师、舞蹈者这些"专业人士"一样。对这些"专业人士"来说，取悦他人是最为重要的。他们知道过多的原创是很危险的，因为人们更乐意见到他们所期望看到或是听到的东西，而不是见到与他们期望相反的东西。自然派作家更关注他想说的话，以及这些话对他人的心灵或思想产生的影响。当然，他们也必须要研究语言的魅力与感染力。他们写作并非为了让作品显得富有魅力或更有感染力，而是因为他们无法抑制内心思想的涌动。也许，他去过一个美丽的地方，希望与别人分享自己对美感的定义；抑或某个念头闪过他的大脑，将他很多琐碎的思想连接起来，然后他用文字将这些思想表达出来。他希望别人也能分享直觉灵光一闪的快感；又或者，在蓦然回首过往人生时，突然发觉一些看似枯燥无聊的格言，原来是经历时间考验后的真知灼见，意识到古老的谚语并非沉闷的总结，而是许许多多人凭着无畏的希望去战胜恐惧所凝固的真理。

我觉得，写作就是一个与他人分享欢乐与悲伤的过程。当然，倘若某人性情简朴、为人坦诚，就会与朋友谈论一下这些事情，无论在铁轨旁还是乡间小路上，只要遇到了，都要聊上几句。但是，别人可能根本不理解或不关心。他们可能认为我这样做是无礼的，甚至是疯狂的。他们的表情与言语会让我惶恐不已，乃至于认为自己真的疯掉了。但是，作者却可以将这些事情的荣耀、惊奇以及所有的悲伤苦楚都写到书中，并希望这本书能落入"正确"的人手中。当然，这本书肯定有落入"错误"之人手中的"危险"。也许，一些书评家会说出他们的观点，正如不少书评家曾告诉我他们所持的不同观点，虽然表面上带着一定程度的尊重，但他们的意思就是，我之所以承受痛苦，只是因为我是一个傻瓜，有时，我甚至准备相信他们所说的话了。但这样的批评并不能让那些欲"畅尽心中之言"的作家感到灰心，因为他们知道自己无法取悦所有人，只能认为这本书是落入了"错误"之人手中。我之前写的一本书也遇到了类似的情况。《卫报》是一份很有内涵与值得尊敬的报纸，某天刊登了一位书评家对我这本书的评论，标题是"本森先生不为人知的那一部分灵魂"。书评的内容称，我的那本书充斥着堕落的文字，简直就是对文学的

"犯罪",这样的书简直就是对读者的一种污辱。要是那位书评家因为这本书为我感到羞耻,我对此说声抱歉。要是我知道他的名字的话,也很乐意表达我的遗憾之情。但是,他以后只要不读我写的书就可以了,而我也不会宣称自己日后不会再写这样的内容了。我真的希望他也能告诉我他灵魂中"不为人知"的一面。也许,我会被他说服,说不定还会将他那更为高尚的文学理想奉为圭臬呢。如果那样的话,我会觉得他为人通情达理,而不像现在,感觉他的做法相当粗野。但正如我一开始所说的,我绝对没有质疑他拥有批评的权力。要是以他那些语言来写书的话,估计缺乏教养的人会很喜欢看。

我害怕自己以上关于形式的论述是错误的,也许,我没有恰当地应用材料,人物也毫无形象可言。我想,就一本书而言,我更看重书中透出的活力与真实感。我喜欢与其他人心与心交流的感觉,我甚至以为《卫报》上的那篇书评也是有价值的,因为作者说出了他内心真实的想法。当然,谁都希望与自己交流的人友好相待。对生活始终保持孩童般的好奇与神秘感的人,是我期望与之交流的。虽然,这可能有点压抑甚至让人不解,但是捕捉美感,让自己以平和的心境去工作,才是重要的。我不介意与自我感觉良好的人接触,虽然这些人将世界视为他们可以肆意沐浴阳光的舞台,讪笑一些人不敢从软弱或腼腆之人手中抢走不属于他们的东西,然后尽情享受。我本人一生都比较幸运,收入要比自己应得到的高一些。在我的人生里,不止一两次遭遇悲伤乃至危险的事情,其中一些事情让我受益匪浅,但一些遭遇则差点毁掉我的整个人生。对于很多事情,我一直都找不到合理的解释,只是傻傻地笃信一点,无论前景多么黯淡或让人恐惧,人生的意义远不止于此。我也见过不少可怕的悲剧发生在他人身上,这一切显得那么无缘无故,让人无法从中看到哪怕一丝的希望。我最想看到那些遭遇过苦难并目睹过别人忍受绝望痛苦的人,仍能够找到对此乐观和美好的解释,真希望他们能与我们分享一下这些乐观和美好的感念。

我的脑海里盘旋着这些思想,因此对形式、行文布局乃至很多文学家们所重视的其他方面不予理睬甚至漠然相对，这也就不足为奇了。但是，漠然这样的一种思绪是无法为自身开脱的。

一天，我读到苏埃托尼乌斯①写的一段关于古罗马皇帝尼禄②让人惊讶且有趣的描述。尼禄是一位骨子里流淌着艺术血液的人。就我们目前所知，他的表达能力很差，患有遗传性精神病。大家都知道，整个罗马帝国被他搞得一蹶不振。但这段描述讲述了尼禄对发生在高卢的叛乱所做出的反应。尼禄以纯艺术眼光看待叛乱这件事。晚餐后，他与他的一些精神不正常的朋友舒适地坐在一起。尼禄神态迷离地说，他已下定决心，马上就前往发生叛乱的高卢行省，他一到那里，就手无寸铁地站在叛乱军队面前，什么都不做，只是哇哇地哭，这样，叛军深为感动，马上缴械归顺了。翌日，叛军将聚集在一起欢庆感恩节，高唱由他创作的颂歌。他说，自己马上就去写。

我不知道尼禄所想的计划是否实现了，颂歌是否写好。但在我看来，这个例子淋漓尽致地展现出某些人更看重展现出的艺术性，而不那么重视所取得的结果。这就是艺术家眼中只有艺术性念头所具有的危险。虽然，我真心喜欢苦心孤诣地写成的著作，也会因一首赞歌而内心雀跃，但我并不认为这就是艺术的终极意义。所有的故事必须要以美丽的语言、富有感染力的方式传递出去，否则一般人是不愿意去听的。但是，艺术的意义在于对生活的批判、阅历的比较以及对欢乐的分享。

---

① 苏埃托尼乌斯（Gaius Suetonius Tranquillus，约69或75—130之后），罗马帝国时期的历史学家。他最重要的现存作品是《罗马十二帝王传》。——译者注

② 尼禄（Nero Claudius Caeasar，37—68），古罗马皇帝。——译者注

怜悯的尺度

男女之间最显著的区别，在于他们对怜悯所需要的程度以及利用这些情感的方式。对一些人来说，在面临损伤、灾难、失意或疾病的时候，别人给予的怜悯支撑着他们，让他们获得心灵的宽慰，使疼痛的伤口得以痊愈。也有一些不是特别勇敢或意志不坚定的人，在这些情形下却不需要或不渴求他人的怜悯。后者在面临灾难之时，本能的反应就是尽可能迅速地将其忘怀。他们抑制悔恨和悲伤的方法，不是去直面，而是选择让自己分心，不沉湎其中，将自己拉回正常的生活轨道。就个人而言，当我身陷烦恼之时，最让人宽心的陪伴并非来自那些在言语或行为上流露出怜悯之情的人。想到自己的烦恼给别人心灵造成了压力，这只会让我心中更感悲伤。有些时候，心灵正以其自身的方式自愈，而一些怜悯的话语反而会给我们造成伤害。此时，那些安静之人才能产生最为持续的影响。若是别人要求给予实用的帮助，他们会立即提供；若是没有这样的要求，他们会很有技巧地忽视他人处于烦恼状态的现实，举止一如往常，自然从容。因为，对他人最好的鼓舞，就是努力地展现出正常的举止，给他一种他的痛苦并没有给别人带来额外负担的感觉。当然，有时在悲伤、烦恼或苦楚之时，坦诚地说出心中所想的话，这也是对他人心灵的一种巨大慰藉。我们要看准时机，审时度势，而不能给原本正缓慢愈合的伤口撒上一把盐。

对怜悯之情所需的差别在身染疾病之时表现得最为强烈。有些人热衷于过分了解病情，希望知道疾病每个症状的细节，甚至沉湎于病痛带来的不适感觉。我觉得，他们没有必要时刻去压制内心的这种倾向。因为若是这些人沉默不语，就很容易独自在忧伤中过分渲染自身所遭受的苦楚。另一方面，有些病人则希望当他们感觉不适的时候，别人能跟他说你气色很好这样的鼓励话语。这些话语起到暗示的作用，能够重新给他们带来抵抗疾病的希望与能量。

当然，在面临丧亲之痛时，无论男女都会面临一个危险，那就是要面对失去亲人带来的绝望与孤寂感。这种悲伤激发出的爱意，就如流水潺潺地涌向心灵的荒漠地带，使之重新恢复生气。在承受丧亲之痛那段悲伤苦楚的日子里，清晨醒来，天色灰蒙，突然间就要面临这个世界可怕的孤独与沉默，要是没有他人在言语或行动上展现出怜悯之情，是很难熬过去的。但是，这些怜悯之情也只能当作一剂药，而不能成为一种依赖。因为，活于世上，人必须独自肩负一些重担。这些是不能让他人顶替的，而要自己勇敢地承担。事已至此，只能节哀顺变。朋友的责任并非是去消弭这些悲伤，而是要让饱受痛苦的人明白一点，人生的意义并非就此终结，还有很多东西值得我们继续活下去，还有很多责任与追求支撑着我们，未来的人生充满了希望与欢乐，这些都是当下悲伤的情感所不能抹杀的。

诚然，对痛苦的承受者或是那些知道如何去帮助他的朋友而言，不好把握的一点，就是如何界定这种沉湎悲伤的情绪开始质变为病态了。要求那些刚经历重大灾难或忍受悲伤苦楚之人抛开过往，重新回到正常的生活，继续承担之前责任的做法，就像在尚未愈合的心灵伤口上撒一把盐。正如坚持让尚未康复的双脚飞快跑步。我时常想起安德鲁·巴顿爵士所写的一首古老歌谣：

让血流一会儿吧，我只想躺一下，

然后，我就会站起来，重新战斗。

即便是最好的朋友，所能做的也只是给予一些积极的暗示，并鼓励他恢复正常的生活状态。朋友必须知道从何时起就不该继续给予这些鼓励了。在一些微妙的节点上，本能是最好的指引。睿智的医生或富有洞察力的朋友一定要察觉到，这种自然的悲伤何时质变为病态的沉湎。

我认为，在这方面，男人要比女人聪明一些，更清楚什么时候应该恢复正常生活。也许，这是因为男人的怜悯心是有限的吧。女人更为感性，会本能地去关注那些让人悲伤或苦楚的事情。男人一般会对此很不以为然，远离让他感到痛苦的事情。要是他人需要实际的帮助，他们也会慷慨地给予，但是他们却没有女人那种感性的本能。痛苦的画面通常给男人一种无助的不幸感，所以他们希望摆脱打乱他平静生活的氛围，不想受此感染。很多男人在工作的时候，都怀着某种程度的幽默心情。存在于悲伤影子下的幽默，显得那般丑恶。但是女人们以直觉编织花环，以苦痛的事儿作镶嵌。女人的心时常惦记着悲伤，时常泛起恻隐之心，心软得无药可救，所以她们找不到一丝让自己欢乐的理由。事实上，无论男女都需要别人的怜悯，让自己坚强起来。存在的分歧就是我们应何时停止悲伤，站起来重新战斗。

基督科学蕴含的一个伟大真理，就是不要蛮横地将悲伤与苦楚视为不真实的现象。这些现象真正彰显的高尚真理，就是胜利、希望与欢乐永远存在。人必须以自身的武器来抵抗痛苦，将所有心智能量都调动起来。即便在脆弱与失败的时候，很多人都比想象中能够承受得更多。

对于大多数人而言，大度真诚地分享他人的欢乐、幸福与成功，是更为困难的。我们总觉得，快乐不需要他人的共鸣与分享。因此，我们往往不经意地恭维几句后，就去谈论更加适宜的事情了，时常忽视了我们朋友的胜利感与欢乐。在一个精力充沛、兴致高昂的人面前，装作高兴的样子，特别是此人还要求你专心致志地聆听他的话，这是一种很大的压力。即便别人没这么要求，分享别人的快乐，这对自律的培养很有必要。阅读名人传记时，我发现没有比对他人的成功给予大度真诚的赞美更加稀缺的品质了。我想，每个人心中都希望获得某种程度上的影响力与力量。让人惊讶的是，我们实现这个目标的途径竟是如此婉转！很多人以为，对他人取得的成就进行严厉与尖锐的批评，会让听者感受到自身某种优越感。对别人表现的否定与贬低，只能带给自己失落与不满的情绪。哪怕是出于最不真诚的动机，给予别人掌声都能让他们更加迅速地前进。当然，我不是说人应该养成口是心非的习惯，违背自己的良心去说些虚假的话语。但就批评而言，关于吹毛求疵，其实也没什么好说的。无论在什么行业，粗制滥造的作品，制造速度必然是快得惊人。但是，我们必须随时准备去对任何金子般的事物给予客观真诚的赞美。

但真正让人进退维谷的东西，却隐藏得更深，一如精神层面上的事物。若是某人犯了错误或失败之后，发现自己本性冷漠与思想狭隘的话，那么他该怎么办呢？在这个基础上加入伪善，是否会变得更糟呢？那他是否应该每天都表现出其自身所不具有的慷慨精神呢？是否要让他对真心反感的东西给予伪善的赞美呢？

要是某人能一一回答这些问题，那么，他就掌握了人生的秘密。人所能说的最大言不惭的话，就是声称了解并洞察自身的缺陷，然后憎恨这些缺陷，为之叹息。所以，我们依然在缓慢地前进。更为美好的是，还有一样被我们称为"上帝的优雅"的古老东西。若是我们为之努力，就可将之放进自身狭隘的心胸，一如湖水注入狭小干枯的小溪流道。我们要尽力而为，就不会感觉我们无所依靠。正是认知到这一朴素的秘密，让过往许多心灵软弱的人成长为人生英勇的战士。

论嫉妒

"嫉妒"一词在过去三百年间改变了其原本的词义,被染上了一种灰暗的色彩,特别是在情感方面。例如,我们称一只狗有嫉妒心理,意思就是这只狗对于主人给予其他狗的注视感到怨恨,甚至主人对别人表现出关注,它也会闷闷不乐。要是说某人有嫉妒心理,就是指此人希望他所处圈子里的人都只关注他。这个词无疑隐含着卑鄙、罪恶与让人厌恶的内涵。有时我不禁会为此词竟然出现在《圣经》里用来形容上帝感到不解,例如,在《十诫》的第二诫中,"你的主,我,就是一个有嫉妒心的上帝。"此处,此词用来表达上帝对偶像崇拜的愤怒。而当以利亚①使用此词反对太阳神崇拜时,并没有包含任何个人的愤懑之情。时至今日,"嫉妒"一词仍可表示这种特殊的情感。当某人对他人比自己更加成功表示"眼红"之时,即是表达这层意义。人们对他人使用此词时,无一不蕴涵着对他人可憎可悲的道德软弱的叱责之情。这个词竟然使用到上帝身上,实在让人遗憾。诚然,要想表达某种神性的意义,却又不借助指代人类情感的手法,这是很难实现的。有人会说,在这个特例里,

---

① 以利亚(Elijah),《圣经》中的希伯来先知。——译者注

人们只需一个简单的解释即可。但是，对某个表达方法熟悉的人并不会为对此感到陌生的人提供一个解释。事实上，人们默认了这个词在《圣经》中形容上帝。而此词在形容人的时候，几乎都带有一种让某人感到耻辱的内涵。

嫉妒之心与志趣及理智衍生出的缺陷，只是人类本性的残余。嫉妒就如野兽般的缺陷，是一种自私与怨恨的念头，不愿见别人获得自身所无法享受的东西。当深陷妒忌的泥潭之中，就不愿见任何人快乐。也有某些人在给予他人帮助之时，附加的条件让本应的优雅荡然无存。更糟的是，有些人会向别人的欢乐泼冷水，贬低或淡化他人的成功。一个最为著名的可笑例子，当属勃朗宁夫人的父亲——芭蕾特先生了。芭蕾特是一位深爱着子女的人，他希望能得到子女的爱，以至于不愿看到他们去关心别人。他反对女儿的婚姻，理由是女儿会离他而去，而这样做是缺乏感恩之心的。当勃朗宁夫人知道父亲是不可能同意她与那位诗人的婚姻时，就与那位诗人私奔了，她跑到意大利去结婚，希望父亲有朝一日会原谅自己。但是，芭蕾特从来都没拆过她寄来的信，拒绝见她，冥顽地守着自己执迷的信念。这给勃朗宁夫人造成了极大的伤害，但她始终能以积极的心态去看待这一切，笃信任何人都没有阻挡他人获取幸福的权力，或否决他人拥有婚姻之爱的至高权力。在这个例子里，芭蕾特先生的嫉妒之心可以说是达到了偏执狂的程度。也许，时至今日，我们还是不可能以某些心理或道德扭曲的理由，去原谅某人在性情上如此不顾一切地沉湎于有害的习惯之中，尽管此人其他方面表现得很理智。若是某人一直都以某种伪装的举止行事，不仅违背原则，还与自身更高的目标与愿望背道而驰，人们也有可能会原谅这样的人。但就芭蕾特这个例子而言，他似乎从不觉得自己的行为是毫无意义且蛮不讲理的，也从没觉得应该要以伦理或宗教等原则来约束自身的行为举止。

当看到嫉妒在低等动物身上彰显之时，那种景象有某种近乎悲哀的美丽之感。我的一些朋友养了极有感情与忠诚的柯利牧羊犬。其中一只叫罗沃的小狗的女儿"结婚"了。当它女儿的第一个小孩出生后，它女儿带着自己的小孩返回娘家来"省亲"。但是可怜的罗沃无法理解眼前发生的一切。一只让人讨厌的小家伙,一点都不像狗样,只会吃喝拉撒,无法与它一起玩耍,与它一起散步,或是为它扔棍子,却吸引着众人的目光,让家里人都围着它团团转,打破了原先家庭的和谐气氛。在它尝试获得他人关注目光的努力无果,连续几个小时远离那群兴奋的人群之后,它摇摆着尾巴,嘴里叼着棍子与信封,挤出可爱的表情希望能引起他人的注意。直到最后那个"低能儿"被放到沙发里,它跑过去轻轻地咬了一下"低能儿"的手臂,这足以证明别人不应该忽视罗沃的存在。庆幸的是,我的朋友意识到他们不应该顾此失彼。他们不仅没有揍罗沃一顿,或是让他滚开,而是给予它足够的关注。罗沃的寿命很长,后来成了一只宠物狗,它也与当年那只曾让它厌恶的小狗成了友好的伙伴。

当与这类似的嫉妒心理被理智之人放纵与鼓励之后,让周围的人都感到自己不良的脾性,这无疑是一个极大的缺陷。最糟糕的是,这一缺陷通常在一开始的时候源于一种敏感与深情的本性;其二,这种嫉妒之心是朋友或亲人们都应注意的,要避免伤害别人。原因很简单,倘若他们内心的这一"嫉妒恶魔"没有被唤醒的话,嫉妒之人一般都是极富魅力的。倘若他们的猜忌之心一旦被激活,会让周围所有人都变得不安、沮丧,急着想要找逃开的路,或闷闷不乐地缄默着。

对于他人比自身更为不幸的遭遇,我们志得意满地冷漠甚至暗暗窃喜的心态,是阴暗乃至邪恶的。某天,我沿着剑桥郊区的道路散步,我前面的一个人骑自行车时发生了意外,摔倒在地,他的衣服破了,车子也变形了,显得很古怪。他天生长着一副忧郁与闷骚的面容。他扶着自行车,慢慢地向城里走去,我在后面紧紧地跟着他。在接下来半公里的路程里,几乎每个看到他的人都难掩脸上的微笑,有人甚至大声发笑。虽然,我可以肯定,那些见到此种情形的人都是善意且幽默的。若此人真的伤势严重,他们必定会上前给予帮忙。他们见他只是有点衣衫不整、举止窘迫而已,他有可能受了一点轻伤。路上的旁观者都清楚,他们肯定不愿意自己身处被路人嘲笑的尴尬处境。但是，嫉妒心的本能，杂糅着活跃想象力的缺失，是那么强烈，所以这样的情景必然会带给他们愉悦。

无疑，这个事实可解释日常生活很多嫉妒心发作的现象。大多数人心中恐惧与羞耻的一面，都让他们不愿见别人的好运气，也不会为他人的灾难而暗自悲伤。当然，对于与我们最为亲密的圈子里的人而言，这一事实并不能成立。因为与我们亲近的人，即便是那些我们并不怎么爱的人身处悲伤，都会让我们心情不畅。若是一场"金雨"浇到他们，至少也会有一些溅到我们身上。我还记得，在我还是个小孩的时候，有人对我说，我的一个弟弟获得一笔小额的遗产，因为这笔有争议的遗产是属于他与其他几个兄弟的，虽然最后并非如此。但我仍记得当时我的第一个反应——我现在必须要说，我为此感到耻辱——那种心理状态让人难以感到快乐。当时，我脑海中闪过的第一个念头就是："为什么是他，而不是我？"我并没有以最大的恶意来揣度人性，宣称大多数人都以听到身边的人发生不幸为乐，但当时所勾起的情感却并非纯粹的悲伤。即便是最为善良的人，当听到灾难并没有降临到自己身上时，都会油然而生一种安全感，或至少是某种感恩的情感。但是，真心为熟悉之人的成功或好运而感到高兴，这彰显了一种真正的大度与善良的品格。我们多数人在这方面是需要自律的。深思之时，倘若感觉对于别人的成功闷闷不乐，对于他人的灾难不见忧伤，就很有必要去培养一种羞耻感与自我鄙视感。与人同欢，与人同悲这一信徒般的戒律绝非陈词滥调，而是一个基督徒行为举止真正急需的箴言。

当然，所有这些在很大程度上都只是性情的问题。总是拿"我就是这样子的"这句话来自我解脱是很危险的。关键是，要知道如何去破除"旧我"，如何去做出改变。

我的一位朋友告诉我他到一位名人家拜访的经历，他在客厅里看到了主人的妻子以及妻子的未婚妹妹。她们俩都是很有天赋、富有成就与性情开朗的女性。他们三人进行了很有趣的对话。突然，楼下的前门被打开，又被"轰"的一声猛然关闭了。这两位女士沉默了一会儿，小姨子马上找个借口，走出了房间。过了一会儿，她回来了，脸上带着很勉强的微笑，低声跟自己的姐姐呢喃着什么，"他说没有茶了，你到楼下去看看吧"。女主人就下楼了，出去几分钟，她回来后，瞄了几眼自己的妹妹，再次借故走出了房间。所以，大家都变得毫无心思，对话也断断续续的。我的朋友觉得还是尽早离开为好，他深觉自己的离开是一种解脱。他对我说，回想起相似的情形不断重复，内心倍感压抑。那家的主人无疑是一位情绪之人、有点嫉妒、有点恼怒、有点自以为是，他的不满就像一片乌云，沉沉地压在心情愉悦的妻子头上。倘若事情不如他所预期的，他就会变得恼怒。与此同时，若是别人注意到他情绪的变化，或是他觉得别人笑话自己、摆布自己的时候，他会变得很烦恼。在这些例子里，最让人感到不安的，是在一个原本可以创造和谐气氛的环境中，这种性情愚蠢地浪费着我们的幸福感与平和的心态。

  对于拥有这种性情的人而言，唯一的希望，就是他们必须要在人生早年就意识到这种性情会造成的不幸，并下定决心，无论内心有什么感觉，都要表现出有礼节与有善意。但是，实现这个目标的一大障碍，就是生活中最为琐碎的事情常常不断激发出内心不安分的猜疑。就嫉妒之人而言，他们心中有一股强烈的自满之感，觉得能够对周围的人产生影响或让别人产生思想上的震撼。但是，这种所谓的影响力是很卑鄙与自私的。最糟糕的是，人们对他人身上所展现出这般举止表现出鄙视与谴责，但是对自己做同样的事情却觉得理所当然，同时，对自身超级敏感的骄傲性情没有一点鄙夷之情。

忠言就要逆耳吗

坦诚地告诉一个朋友他的缺陷，这是一种特权还是惩罚呢，这个真的很难说。每个人或多或少都会有一两个相当明显的缺点，也许这些缺点本身并不严重，可能只是脾气、礼仪、举止等方面的缺点，也可能是让人恼怒的小把戏、错误的办事方式等。但是，这些缺点却会招致人与人之间的摩擦与不快。让人难以想象的是，背后的动机竟然如此之无害。我认识一位富人，他为了不付车费与酒店费用而绞尽脑汁。我猜想，这种行为根源于一种习惯性吝啬的欲望。他可能没有察觉别人会对此有所观察或是说三道四。若是他意识到朋友对他这些行为所表示的不满，那么，他就会狠下功夫去加以改正。生活中还有很多小习惯，比如使用某种牌子的香水，身体洗不干净，使用过的牙签到处扔，清嗓时无所顾忌等，这些习惯可能是让别人极度反感的。在公共场合，很多社交失礼的情形，比如鲁莽、言语唐突、自相矛盾、脾气暴躁、吹毛求疵、将自己的爱好强加于别人等。这些失礼形成的部分原因，是当事者缺乏观察，有些则纯粹是个人的自私所致。也许，这些缺点本身并不是很严重，如果能改掉这些缺点的话，将给身边的人增添更多的愉悦。还有诸如势利、好管闲事、不守信用、侵犯隐私、八卦、炫耀、吹毛求疵等毛病，这些都是应该改正的。

若当事者是你的朋友，你是否该将这些事实说出来，让他有所领悟呢？很多情况下，当事人都没有察觉自身的这些缺点，因为这些都是从很小的行为慢慢演变而来的。若他生性不敏感，缺乏观察力，也就难以察觉这些缺点所产生的负面影响。

我认识的一个朋友养成了打呼噜时发出奇怪声音的习惯，他说话的时候也不时夹杂着这种声音，让他人瞬间陷入沉默，显得很荒谬，让人很反感。他的家人都在讨论这个问题，决定让一位近亲告诉他这个事实，这个亲戚也这样做了。当事者得知后感到很恼怒，坚决否认，并声明自己将会改变这个习惯。他在很短的一段时间里做到了这点，不久就故态复萌，甚至变本加厉了。此时，他深信自己已经完全改变了这个习惯。而且他再也没有原谅那位亲口告诉他这一缺点的亲戚。

我的一位朋友想到一个应对这个问题的妙计，他认为告诉朋友他们的缺点这个任务是很迫切的，他觉得必须设立一个小型机构，聘请一些"说真话"的检查者搜集一些反映上来的材料。当报告的内容得到了足够的证据支持，那么这个机构就会考虑对当事人给予反馈，当然这需要一定的费用。"说真话"的检查者抛弃偏见与成见，若有可能的话，最好站在公正与客观的立场跟当事人谈心，告知当事人这些缺点。我的朋友肯定地说，这个机构必然要比立法工作更能给家庭带来和睦。

撇除玩笑的成分，解决这个问题真的很棘手。有时，运气好的时候才会碰到一个直接的机会。要是某个朋友直接这样问，那么解决之道是很明确的。我的某个朋友曾问我如何摆脱所处的困境，因为他之前在私人场合说的一些话让他与别人的关系很僵，他让我坦诚地说是否错在他身上。这个例子里，他的错误在于言语不当，因为他在表达自己的时候，经常过分夸张，对事情因果毫无节制地评论。我坦诚地告诉他需要改正的地方，他对此非常感激。此事之后，我们之间的友谊更加牢固，他最后也成功地改掉了这个习惯。

在怒发冲冠的时候,我们会获得一个说出事实的机会,无论是否有理。某位著名法官有这样一个习惯:每次玩完惠斯特桥牌,他总是不留情面地批评与他一起玩牌的人。"要是你出'王后',那你就赢定了。你竟然不这样出牌,毁掉了这手好牌,真是让人难以置信!唉,最后我们都输了!"那位犯错的玩牌者并不擅长玩牌,也是一个脾气暴躁之人。这位法官语气激烈地说完之后,玩牌者说:"先生,你似乎还想当然地认为,我们还在你那个让人恶心且过时的治安法庭里!"

此人的回答充满赤裸裸的愤怒,很难说这种愤怒是无礼的。我必须要说,这是一种极为有效的反驳方式。

当然,这涉及社交方面的问题了。一旦涉及伦理范畴,事情会变得更加棘手。有些人给他人留下了错误的印象,引起别人的误解或反感,影响办事效率。有时,作为他的朋友似乎有义务给他一点提醒。但是,我们必须要记住这样一个事实,记住要把别人当人看。倘若真觉得有必要说出自己的想法,就要冒别人不领情的风险,这点是必须要考虑的。更为严重的是,我们还可能失去这个朋友的信任。当然,我们应对那些敢于说出朋友缺点的人增添几分深情与尊敬。因为人心都是肉长的,在一个知道自己缺点的人面前,的确很难完全处于放松的状态。

因此,涉及的关键问题,就是我们是否应该为了帮助朋友提升道德层次而冒失去友情的风险呢。倘若我们翻看《福音书》,就会发现很多篇幅都有关爱他人,急人所急,几乎没有关于挑他人的错误,给予说教或提升他人的内容。心灵纯净者与和谐创造者都将得福;而责骂者与叱责者难有福祉。在《浪子回头》这则寓言故事里,父亲无疑是故事的主角。这个寓言被人称为浪子回头,故事本身让人感到遗憾。因为"浪子"的性情并不张扬,坦白地说,他悔恨的话语让人感到可悲,但是,父亲对儿子没有一声责骂。这个可怜的"浪子"接受的惩罚已经足够多了,父亲不想继续给他增添痛苦。父亲没有以过往的经历进行道德说教,也没有表达希望儿子改过自新的话语。没有责骂、没有质疑、没有规劝，他只是将原本已经心灵憔悴的儿子融入自己的心灵，让那些吟游诗人咏唱一曲，宽慰这个浪子的心。唯一表达出合理愤怒的人就是"浪子"的哥哥。父亲对这位毫无感恩之心、让人鄙视的哥哥，也没有丝毫的抱怨，只是希望他能摒除阴暗的思想，让内心充盈着自然与友善的快乐。这个寓言故事的内涵，就是无论患难或富贵，都要一如既往地去爱别人，这才是人生获得胜利的真正途径。真正富有价值的提升与改过自新，都只能由此获得。正如史蒂文森所说的，人生阅历所交的学费，往往是很沉重的，但这是难以避免的！要是人类不愿聆听摩西或先知的箴言，那他们也必然不愿倾听一位死而复生之人的话语。懊恨与遗憾都只是罪恶投下的阴影，没有任何愈合心灵的力量。唯一可重塑人生的力量，只能是不顾一切的爱所带来的美感与幸福。即便将邪恶全部驱赶，所留的空白仍是一无所用，除非能以更为美好强大的力量来填充。这是基督徒信条——万物皆不能阻挡爱的脚步。唯一让耶稣基督发出严厉谴责的，就是冷漠无情的自以为是。毋庸置疑，毫无保留与不顾一切的爱要比所有不根植于爱的道德标准——无论多么高尚——都要更为高远与更为神圣。任何事情都不能仅凭单纯的否定来实现。对每个人充满希望、期望或信念的爱意，最终都将演变成浓浓的爱意，充满价值，最终取得胜利。这需要我们为之努力，为之奋斗。在自我提升之时，纯净心灵，实现其本意。

迷信就是封建吗

我还记得小时候坐在一列"勤奋"号的火车上，沿着诺曼底一条地势较高的铁轨行驶的情景，那一年应该是1879年吧。我看到一片开阔的乡村景色：苍绿的田野，树木环绕的农场，一幢幢白色房子组成的村落错落有致。坐在我旁边的是威斯科特，时任剑桥大学教授，他与我们一起在暑期度假。他身穿黑色的衣服，略显粗糙，头发有点灰白，戴着柔软的帽子，看上去精神矍铄，肩上披着从不更换的灰色方格方形披巾，手里拿着普通的写生画纸。他静静地坐在那里，身体微弯，双唇紧闭，双眉紧蹙，双眼炯炯有神地望着窗外的风景。他不时地脱帽，似乎在向什么东西致敬。我观察了他很久，最后问他为什么要频繁地脱帽子。他有点吃惊，露出疲倦的笑容，接着他红着脸说："向那些喜鹊致敬！"的确，在乡村一带真的能看到不少喜鹊，有时，两三只喜鹊身子稳稳地站立，表情自若，倏忽飞到附近的巢穴里，长长的尾巴在空中愉快地舒展。沉默了一下，威斯科特接着说："我还是孩子的时候，就养成了这个习惯。每当看到喜鹊，就忍不住致敬，那里还有一只。"说着，他又脱下了帽子。

我时常回想起过往一些美好的情景，其实，很多像威斯科特教授所说的天真"羞愧感"的情感，都可以归类为某种迷信的敬意。对此，威斯科特无法给出合理的解释，也始终无法改掉这个习惯。事实上，每当我看到喜鹊的时候，都会吟唱一首古老的歌谣：

一只喜鹊，孤零零，
两只喜鹊，喜洋洋，
三只喜鹊，必有一伤，
四只喜鹊，喜生贵子，
五只喜鹊，其乐融融。

最后一句有种神秘的喜乐感。但是，我更愿看到两只或四只喜鹊在一起，不想见到它们出现"孤零零"或"必有一伤"的情况。

让人不解的是，多数人都会有两三个属于自己的"小迷信"。一般来说，这些"迷信"出现的情景通常能唤醒短暂、愉悦的兴奋感。人们很难去解析这种情感的出现。我们将这一现象视为灾难即将降临的原因，抑或只是我们无力避免的不幸所发出的预警信号。一些迷信的说法是有办法解决的，若是不小心将盐撒到了地上①，那么就要站得笔直，抬起右手，在高于左肩的位置，撒一些与此相克的东西。人们可能觉得善良的天使与邪恶的天使不时会出现——善良的天使在右边，而邪恶的天使在左边。将盐撒在地上，瞬时激活了邪恶的力量，而将右手越过左肩膀，就可在邪恶的眼皮底下将其赶走。一般而言，大多数的迷信说法都很难在现实生活中找到解决方法。打破一面镜子，或看到月光照在玻璃杯上的时候，很多人都只能"坐以待毙"，内心颤抖，生怕灾难会在某刻突然降临。还有一些迷信的心理，比如在梯子下行走是不吉利的，我却总是有意识地这样做。我想，这种迷信心理产生的根源只是"以防万一"的心理在作怪罢了。难道是因为害怕被掉下的瓷砖砸到吗？可

---

① 在西方文化里，盐撒在地上被视为一种不祥的征兆。——译者注

以肯定的是，由来已久的恐惧存在的根源，可以追溯到那个荒蛮时代，那时人类认为这个世界充斥着无形的邪恶精神，会对任何犯错的人都给予狠狠的打击。但让人不解的是，这些所谓的"错误"都是那么琐碎与无害。要是某人故意犯下罪恶，"迷信"给此人相应的惩罚，似乎更为明智一些。但是，招致不可思议的恶意力量进行攻击的现象，几乎都是偶然的，而且报复的概率是极为随机的，让人难以琢磨。

深陷迷信中的人绝非都是心灵脆弱或愚钝的，在很多精力旺盛与具有理智的人身上，也能感受到他们的迷信习惯。我的一个亲戚身体素质极好且神智正常，却是一个迷信的"痴迷者"。某个冬夜，他跑到我的房间，当时房间里点着三根蜡烛，我正在伏案写作。他跑到案台边，小心翼翼地将其中一根掐灭，我对此表示不解。"要是你点上四根蜡烛的话，我不介意，"他说，"但是三根的话，这是最不吉利的。"

更加怪异的是，迷信之人从来都不对此进行深入的探究，倘若他们违反了一个迷信的原则，记录下发生的结果，就可确认或是摒弃这一迷信的理论。但是，他们就是不这样做。我曾对一位认为就餐时人数为"13"就很吉利的人说，这个数字其实只是一个百分比而已，要是"13"吉利的话，那么"14""15"这样的数字也一样吉利啊。她是一位充满活力与智慧的女人，她回答说："哦，你们这些男人怎么都有理智这个让人'讨厌'的习惯呢。'14'是不对的，我每次与教堂牧师聚餐的时候，都要求人数一定要刚好达到'13'，结果什么不祥的事情都没发生，这已经被证实很多次了。"

在历史上，关于迷信最为有趣的两个例子，莫过于莫德大主教与约翰逊博士了。大家都记得莫德所做过的梦，其中一个梦是这样的：梦中，他的牙齿掉得只剩下一颗，而他"用双手费力地固定着这颗牙齿"，祈祷这一切都不是灾难的前兆。显然，这是一个将事情原因与表现方式混淆的典型例子，即便这个梦境会触发一些灾难，他也是无能为力的，只能坐等所谓的后果。否则的话，这对他而言，只是一个善意与及时的告诫而已。但是，祈祷着一切不要是灾难的预兆，彰显了心智混沌时有趣的一面。莫德总是从圣诗与教义中搜索一些劝诫或预示的内容，虽然他精力充沛、为人果断、我行我素，对他人的情感也不怎么体谅，但他的这方面举止还是显示出他紧张的神经，内心的焦虑。约翰逊博士则没有那么古怪，在他睿智的幽默与敏锐的思维背后，他其实患有不为人知的忧郁症。谁能忘记他的"迷信"举止：走出大门时，总是小心翼翼地先迈右脚，接触到支柱后，嘴里念着祷词，或是毫无征兆地大喊一声。

在所有古老的迷信故事里，我想西塞罗讲述的一个故事应该是最为有趣的。因为，这个故事不仅说明了这种习惯心态的本质，而且还让人对拉丁字母的发音增添了几分好奇心。当时，西塞罗在布鲁迪辛乌姆，即将乘船前往希腊。一个卖主来到码头，叫卖着柯尼安无花果。西塞罗说，那时他决定不能马上动身，接着改变了相应的行程。事实上，"Cauneas"这个拉丁词语是正常的发音，与"Cave ne eas"（不若归去）一词发音相近。叫人疑惑的是，西塞罗并没有想要劝告与他同行的人不要登船，他只是觉得自己很幸运可以破解这个征兆，这也是人们在这些事情上所持的一般态度。我们认为，所谓的天意并不只是负责分配好运或霉运，但是，冥定的天意会以某种渺茫的方式让少数为命运所青睐的人得知祸福将至的前兆。正是这种心态让整件事充满着某种堕落的味道，因为这暗示着背后暗藏着变化莫测的恶意精神，这种精神让人感到失望或是恼怒，会与人们开一些难堪、尴尬的玩笑，就像天卫十七星的卡里本①。

"休要爱，休要恨，只要选择即可。"

我认为，教育的普及会将这些迷信思想清除干净，但是，这些古老的情感会在偏远的地方或乡村不为人知的角落里残存更久，这是必须要默认的。多塞特郡塞恩·阿巴斯有一尊长达两百英尺的人物塑像，塑像名称是塞恩的男人。这尊塑像代表着一位巨人，手中紧握着破旧的球棒。塑像完成的日期不详，但可以肯定的是，在罗马帝国征服英国前就已经雕好了。从恺撒生平

---

① 卡里本（Kaliban），莎士比亚的戏剧《暴风雨》中的一个人物。——译者注

的记录可知，有些俘虏被柳条紧紧地缚着，最终在可怕的仪式中被活活烧死。僧侣试图将此改名为圣·奥古斯丁，宣称雕塑手中所握的棍棒代表着鱼类，说明他曾越过海洋，以此增添浓厚庄严的宗教意味。在这片盛产海鲂的海域，这尊雕塑的寓意让人费解。毋庸置疑的是，这尊雕塑曾招引了很多丑陋与邪恶的迷信。直到近代，这里才停止了一些最为野蛮的宗教仪式。在偏远乡村的角落里，之前存在着很多这种古老黑暗的仪式，我想现在应该都绝迹了吧。坊间流传着一个故事，说一个插满别针的蜡像在一个难以置信的地方被发现了，这只是发生在几年前的事情。人们该如何彻底摒弃这些阴沉的传统呢？毕竟，这些传统是很难完全被连根拔起的。笃信世代遗传下的这些习俗的本能信念，是任何理智的争辩都无法彻底根除的。

在受教育的群体里，又会出现完全不同的情况。这些人大多抱着真诚的心态去面对迷信的行为与思想，他们也模糊地意识到，这些思想与行为的背后或许真的有一些内涵，所以最好还是"宁可信其有，不可信其无"。受教育之人相信，一个征兆的灵验要比一百个都不灵验的征兆更可信。通过转变思想，人们就可以心照不宣地远离"迷信虚荣的魔爪"。

智慧要一点点增长，高山要一步步攀登，不必一蹴而就。很多善意明智之人在清楚事实真相后，在告知他人这个真相的过程中，若他人顽固地不予接受，就会变得烦躁起来。这是直觉与理智源远流长的斗争，胜利的进程是缓慢的，正如曾经代表专制反动的庞大势力的建筑，都早已轰然倒塌，成为一片充满诗意的废墟。每当夏季来临，这些废墟会吸引很多游人。所以，这些古老的力量似乎只是转变成一些美好的习俗而已，这些习俗很有趣，毫无负面意义，但人们却经常被它们左右，这真的很难去解释。这个世界上，总有神秘与可怕的事情让人疑惑不解，但是，任由臆想的恐惧增添肩上的负重，折磨自己的思想，然后妄想以一些古怪或毫无意义的仪式来获得解脱，这些都是毫无必要的。

写 信

　　我想，在一百年前，坎特伯雷大主教每天大约要写六封信，数目可能会在此有所浮动。现在，大主教的信件需要一个专职秘书来负责，每天大约要处理四十到五十封信，常年都是这样。通信的便利有利有弊，正如我父亲曾说的："按时回信是我们必须要遵循的一个'法则'，这是以上帝的名义进行的。"结果，人与人之间信件的往来如雪球一般越滚越大，加诸人们的交往越来越多，会进行更多的拜访，更频繁地看见彼此。所以，过往那种休闲的写信方式，在很大程度上已经消失了。读者可从当代的自传窥见一斑，往来的信件越来越趋于商业化，功用更加明晰。在那个书信往来成本高昂的时代，人与人之间的书信往来不多，信件一般都是思想或见闻的友好交流，内容涵盖很多现在人们所谈的事情。当巴尔斯顿博士担任伊顿公学的校长时，曾对那些想要请假回家的学生说："要想得到批准就必须写一封信或亲自说明。"他补充道："电报太快了。"追求速度，已俨然成了这个时代最为显著的特征，要是某人阅读诸如斯坦利所写的《阿诺德的一生》，就会发现斯坦利与阿诺德一样，都是大忙人，手头有学校的工作，有一大堆书要去读，还要想办法在闲暇时间回复比现在一个公众人物收到的更多的信件。当然，也会有一些休闲之人在一个寂静的角落里，体味着语言表达的乐趣，以古式幽默与娱乐手法去回信，充溢着文学的兴味。但当人们阅读诸如兰姆[①]、拜伦、菲茨杰拉德[②]或罗斯金等人的信件，就会深深感觉到，往时信中散发出的艺术美感早已被当代的繁忙生活扼杀了。逝去的不只是语言的品位，而且也不见了那种为了出版而小心斟酌的念头。现在，很少还会有人如约翰·阿丁顿·西蒙德斯[③]那样，在写一封意味深长的信件时，将信件的每个字都复制到笔记本上，然后细细扩充，注意字里行间的语调！毋庸置疑，对一个忙人而言，写信的确是一件很烦的事情。一位很有威望的教会权贵收到的信件实在太多了，所以当他乘船旅行的时候，都会捎上一部分信件，有时存放信件的旅行皮箱会丢失，有些人怀疑他是故意的。有人说曾目睹过他双手扶着汽船的护栏，将信件扔进大海。之后，报纸上登出一则通告，声称此人不幸丢掉了那个装载信件的包，要是那些还没有收到回复的人们能够与他再联系的话，他将非常乐意。此人的脸上会挂着幽默的笑容，说："到那时，很多丢失的信件都会得到回复。"

  关于写信与回信，我有自己的一点见解，我时常有很多信件需要回复，我与三四家机构有不少工作上的联系。我还会收到来自亲人、朋友、教过的学生等寄来的很多信。最后还有一点，我还有一大信源——数量多少我也是可以统计的——来自不同地方的读者，内容都是探讨我所写的书。所以，我每天大部分时间都消耗在写信上，想要挤出一些时间去休闲自在地写一封信，对我而言是极为奢侈的。我并非厌恶写信，事实恰好与此相反。但是，每天都看着一大堆信件，内心茫然，根本没时间静下心去回复。我深信一点：有信必回，而且还要做到有礼有节。也许，这句话说得过于高尚了，某位陌生人在酒店

[①] 兰姆（Charles Lamb，1775—1834），英国作家。代表作有《伊利亚随笔集》等。——译者注
[②] 菲茨杰拉德（Edward FitzGerald，1809—1883），英国作家、翻译家。——译者注
[③] 约翰·阿丁顿·西蒙德斯（John Addington Symonds，1840—1893），英国诗人、文艺评论家。代表作有《雪莱评传》《沃尔特·惠特曼评传》等。——译者注

或铁路站台上不管是很有礼貌地跟我说话，还是只递给我一封信，转身就走，我都将一视同仁。陌生人寄来的信件总是充满有趣、善意与美好的内容，有时极为感人乃至悲情。一些作家告诉我他们经历的有趣的事情，通常让我对生活与人生的思索敞开另一扇充满惊喜的大门。抑或他们提出一个问题，然后希望得到合理的解释。有时，我会收到一些充满争议与严厉批评的信件，偶尔还会有很无礼粗野的信件，虽然寄信者都是从善意的动机出发的。还有一些读者也很有趣，不少寄信者要求送一些书的复印本。作家不会为了一件外套或一双靴子而去找裁缝或鞋匠吧，因为你只是碰巧喜欢他们所做商品的风格与表面印象而已。我感觉很多人想当然地以为，作者就能免费拥有不少自己所写的书，乐见作者手中的书"流通"一下！也会有很多恳求的信件，现在我一般都会狠下心，不再回复这些信件了。原因很简单：当我深入探究这些事实，发现信件中所说的很多内容并不属实，很多事实都被掩盖起来了。很多时候，从事文字工作的人都是凭着一个个码下的字来赚钱的，收入微薄。

菲茨杰拉德曾秉持一点，即所有的信件都应根据来信的长度给予回复，而且每行字都应与来信相对应，对此，我不敢苟同。任何人都不应因执行带来的困难而迷惑。很多长信只需短回答，反之亦然。我几乎是有问必答，虽然我觉得自己没有这样做的权利，但我只是出于一种简单的礼节而已。倘若这占据很多时间，也大可不必。

以上这些情况造成的结果是，原本最想写给朋友们悠闲自如的信件，却被堆在角落里了。有时，我不得不请一位速记员，口授回信内容。若是信件的内容纯属个人性质的话，我会很仔细地事先不写名字，让人分辨不出收信人，待信件完成之后，再补充完整。就信件而言，我个人没有任何隐私可言。就个人来说，我不介意别人阅读我收到或回复的任何信件。

我认为，评价一封信好坏的标准是简单的，若收信人在看信时，仿佛觉得是在聆听对方说话一般，那么这就是一封好信。有些人心智很活跃，言语很辛辣，却写出很无趣的信件。我所读过的最有趣的信件出自一位年老的苏格兰法警之手,他时常将最为有趣的幽默点镶嵌在他所写的任何事情之中,但在谈话的时候,他却显得很腼腆与拘谨。也有一些人擅长以最为简洁的语言抓住最为显著的特点。

我觉得,一般人在写信的时候字迹都能辨认清楚,虽然过往那种优雅的书写方式已经不多见了。最让人迷惑不解的,是很多正文内容书写清晰的人在写地址的时候,开始变得潦草。而在签名的时候更是潦草得像一个难以破译的象形文字。我只能退而求其次,在信封上一笔一画地照着写。有时,我甚至希望将这个签名剪下来,然后直接粘在信封上,但这样做似乎很没礼貌。曾有某君担任一个重要机构的秘书,我从未见过两个人能对他的签名做出相类似的解释,更让人惊讶的是,所有"破译者"都远未接近正确的答案。有次我收到一个陌生女士的来信,她在信封上的签名只有教名与姓氏,信件中没有任何信息得知她结婚与否,她却回信埋怨我未能正确地称呼她。有人告诉我,以后遇到这些情况,最好的办法就是在称谓前面加上"Mrs",而不要用"Miss"。①

我认识一些从来不回复陌生人来信的作家,在我看来,这是很不人道的。对于一个描写人性的作家而言,还有什么比得知来自远方的读者对自己的作品产生兴趣,从中获得乐趣或感动更让人心满意足的呢?我觉得,当我内心被某本书深深触动,觉得有必要写封信给著者,以表达自己的感激之情,我几乎总能收到友善的回复。在这个充满迷惑与神秘的世界里,不少的角落仍堆满黑暗与悲伤的荫翳,在我看来,不以微笑回应微笑,不以善言回应善言,不去握住那伸出的友善之手,而只是将双手默默地放在后背上,这是内心难以忍受的煎熬。将陌生人的来信视为侵扰或无礼的做法,在我看来就好比一个遭遇海难的人不肯接受另一个乘客抛过来的救生圈,只是因为他们彼此还不认识。当然,若某个作家认为回复难以尽数的无聊信件影响工作

---

① "Mrs"指已婚女性,而"Miss"指未婚女性。——译者注

的话，他完全可以不予理会。因为，他会觉得这样更有助于专心写作，可影响更多的人，他对追问者的回答都注入所写的书籍中了。要是我深受这样的困扰，那么我必定会印刷出很多份声明回复读者。

但我认为，盎格鲁-撒克逊民族是不大可能在情感流露方面"出错"的。要是收到一位陌生人的来信，那么来信者必然是出于一个很认真的目的，绝不会纯粹是出于表达自身情感的。我曾记得一位很有名望的作家时常对那些向他索要签名的读者感到厌烦。我还记得与一位著名公众人物共处的情形，晚餐过后，他的秘书进来了，脸上挂着微笑，说签名已经派发完了，并拿出了一大包半开的纸张。他脸上露出了疲惫的笑容，连声向我说抱歉，然后拿出尖头自来水笔，在一张张纸上签下自己的名字。他对我说："你看到的签名都在每张纸的最上面，那么什么字也不能写在这个名字上面了，只有当人们贴着邮票，回信给我的时候才能用到。"我必须坦承一点，他这样的做法让我迷惑不解，在我看来，这似乎将人们的尊敬降格为最原始的形式，跌落到最不起眼的复制品而已。

对于写信、回信这些事，我的感觉是，人们本能地以为这很重要，花费也很昂贵，但这其实远远超出了其原先的范畴。很多人几乎从不给老朋友或兄弟写信，因为他们觉得要是写信的话，必须写得很长。这是一种错误的看法，正是因为这种懒惰造成了人与人之间的沉默无言，很多友好的纽带渐渐被打断了。真正关键的是信件内容本身，而不是其长度或文学价值。一想到一年当中只需往来三四封信，即便内容是寥寥几笔，也能维系很多友情，很多人却因不去滋养而使友情之花逐渐枯萎，的确让人深感遗憾。

论庸俗

有时，我会暗自思忖，这个世上到底有没有哪个人真的会认为自己是庸俗之人呢。我认为事实是这样的：诸如"庸俗"这些语义模糊的词语，每个人都有一套属于自己的定义，总之，必然会将自己排除在设置的那个定义范围之外。我觉得，只有那些心理病态之人才会坦承自己归属于这个词语不良的意义之内。一般人都不会认为自己是"有罪"之人，也不喜欢别人细数自身的缺点。一个心怀恶意之人内心时常会想：他所认识的多数人内心都是道德低下，动机不纯的。粗野之人会因自己的"正直敢言"而深感自豪。酒鬼会觉得一定量的酒是不错的，对身体是无害的，而他是可以决定什么时候停止喝酒的。但是，诸位请想象一下这个可耻可悲的时刻，某人独处一室，突然双手猛拍前额，然后说："我是一个庸俗小人，一个俗不可耐的庸俗小人！"无疑，多数人宁愿在道德上被视为犯下重大错误，也不愿被公认为是一个庸俗之人。荣誉感的准则，无论其滥觞于何处，都要比基督教义的准则更深入人心，更加直觉性地展现出来。我猜想，很多人都觉得荣誉感的准则是属于个人的事务，而让人感到不快的道德失误，说得坦白点，也只是属于上帝管辖的事情而已。一个被他人视为庸俗或自大的人，是不会以"自己天生就是这样"的借口来解脱的，尽管这个安慰的借口时常会应用到更为严重的错误之上。

正如上文所说,"庸俗"一词是很难定义的,因为它既可以应用到一些"肤浅"层面的意义上,诸如教养、教育、举止、衣着或说话发音等方面。而另一方面,此词又的确表达一些程度严重与让人不快的缺点,也没几个人能心平气和地坦承自身的这些错误。一般意义上,"庸俗"一词事关人与人之间比较的高下,没人会希望别人将这个词用来形容自己。因为,人们内心总会想到那些社会地位比自己还低的人,以此获得内心的安慰。此时,这个词更能展现其真正的意义。比如,这个词通常应用到一些事关表面的社会仪式或礼节上。我想,在当今这个民主时代,我们的写作或说话都不应该残存着社会等级这些观念。我与别人一样优秀,事实上,我还是觉得自己稍稍出类拔萃一点。"庸俗"既可用于那些比自身拥有更多财富或地位更高的人身上,也可以用于比自身有更多劣势的人身上。就前者而言,此词意味着自命不凡;而在后者,则有某种普通寻常的意味。我还记得,某位从事慈善工作的女士跟我说的一个故事,她说,在她拜访的一些家庭里,盛行着很不一样的就餐礼仪,甚为有趣。某个家庭在喝茶的时候,汤匙必须放在茶杯上,用食指紧紧地贴着茶杯的一边,而小指则不能触碰茶杯,要伸展在空中,有种"超然"的感觉;而另一个家庭,当你饮茶之前,必须先将茶杯倒放在茶托上。这两个家庭几乎处于相同的社会阶层,但这位女士发现,喜欢将汤匙放在茶杯上的人觉得将茶杯倒置的做法是庸俗的,而喜欢倒置茶杯的人则将前者的做法视为自命不凡。有趣的是,当我们全然不觉地在使用刀叉的时候,其实也是如此。那么,人们必然会被他们这样的行为逗乐,觉得他们的做法是很荒唐的。我反而觉得,一个人用刀叉大口大口地吞食豌豆,无论多么方便,都是很没教养的体现。我想,在相同的情形下,那些习惯使用刀叉的人会觉得,使用餐叉慢吞吞地消磨时间的做法很做作。

庸俗(倘若能这样说的话)要是应用到社会礼节的仪式上,则是肤浅却无害的。引用一个宗教上的术语,不过是一个不同使用方式的问题罢了,正如萨勒姆仪式和班戈尔仪式的不同之处，这只是不同传统的一个象征罢了，彰显了财富与社会地位。

但是，"庸俗"也可蕴涵与此很不一样的意味，指代一种等级与心灵中根深蒂固的东西。这种庸俗且丑陋的自大，只为了不断去彰显自身的优越。即便在此等意义上，也有两种截然不同的自大之分。一个小孩收到客人给的金币作为小费，就跟家里每个人宣称自己的财富一下子得到了迅速的增长，没人会认为小孩这样做是庸俗的。他的做法也许不高雅，却不一定是庸俗的。当某人因自身的好运、家庭、妻子、仆人、驯养的公牛或毛驴感到开心，无法抑制内心的喜悦，以欢乐与愉悦的方式表达出来，向别人炫耀，这可能会让人感到反感，因为这要求别人不断地去赞美一些事情，特别当他们还真的不怎么欣赏的时候。真正的阴暗面在于，拥有这些美好事物的人之所以高兴，并不是因为自己感到很满足，而是看到了别人不及自己这般幸运。我所认识的一些骨子里流淌着庸俗血液的人，都有着无可非议的礼貌与良好的举止。但是，人们慢慢就会发现他们所持的价值观是完全错误的，他们将错误的价值观强加于别人身上，他们喜欢别人，不是因为别人很有趣或性情温和，而是要透过他们看到自身的重要性。一个对伯爵夫人彬彬有礼，但对农夫妻子却冷漠相待的人，是很难值得别人去尊敬的。人们也没必要想着从一个阶层攀升到另一个阶层。若某人一出生就是伯爵，那么他与伯爵身份的人往来也是无碍的。但他却不能漠视伯爵粗野的举止，仍然强堆笑容，而对一位毫无冒犯的农夫粗言相对。

庸俗似乎并不在某些具体行动上，而在于潜藏于行为背后的动机，不在于你的所做或所说，而在于你如何去做与说。若是你有一个富有名气与声望的亲戚，你讲他的故事只是为了吹嘘自己，这种心态就是庸俗的。若你只是陈述某些事实，并且你的朋友也对此颇感兴趣，这就算不上庸俗。我可以说一个亲身经历过的有趣故事，多年前，在一家酒店的饭桌上，我身边坐着一位陌生人，此人一刻不停地谈论着自己与某位著名的教会人士的交情，他对兰贝斯这个地方做出了错误的论述，似乎想着去批评最近搬到那里的人。我想，他可能会为自己这些言论感到惭愧吧。他转身望着我，很唐突地说："我想知道你是否听过兰贝斯这个地方。"我说："是的，我知道，我在那里居住了好多年了。"听到我的回答之后，他骤然间对我彬彬有礼起来，正是他之后的这种变化让我觉得他很庸俗。当然，也许他会觉得，我肆意地讲述自己阅历的做法是庸俗不堪的。

庸俗至为恶劣的一点，就是这种缺陷是隐伏的。我觉得，一个人越是能察觉别人身上的庸俗味道，那么他就越深陷庸俗之苦，这是毋庸置疑的。庸俗心理产生的根源是一种错误的自尊感与志得意满的骄傲感。如上文所说的，有时这种自满的心态是如此强烈，如此深厚，自己根本不会有庸俗的感觉。因为，庸俗者过分沉醉于自身的优越感之中，甚至觉得没有去证实的必要。之前《笨拙》①杂志刊有一幅很有趣的漫画，漫画中两位身材瘦小、愚蠢且胆小的贵族站在一起，场景是在一间宽敞的房间举行招待会，画面的背景模糊，隐约勾勒出丁尼生的巨型画像。其中一人对另一人说："顺便说一下，我听说×××，就是当年那位樵夫诗人，即将成为我们中的一员。"当自满达到了这般境界，就可以用"无敌"来形容了。虽然丁尼生之所以能成为贵族中的一员，大众都认为这等同于对他文学作品的认同，而不是为贵族这个头衔增添光彩。

如同所有深藏的缺陷，庸俗是很难去察觉的，倘若某人总是喜欢以己之长比他人之短，总将功劳归功于自己，而不带丝毫感激之情的话，那么此人很有可能就是深陷庸俗的"重点嫌疑对象"。拜伦是庸俗的，拿破仑是庸俗的，这些都难以否认。另一方面，纳尔逊②与华兹华斯这两个人都充分意识到自身的禀赋，却不带丝毫庸俗之气。他们两个人是骄傲的，但拜伦与拿破仑则是虚荣的，虚荣几乎肯定会在庸俗中有所流露。庸俗的本质，不在于自身

---

① 《笨拙》(Punch Magazine)，英国著名的政治讽刺杂志。——译者注
② 纳尔逊(Horatio Nelson，1758—1805)，英国海军统帅。——译者注

真正的成功,而在于别人眼中的成功;不在于自己真正要比别人优秀多少,而在于看上去要比别人优秀;并非要获得真正的伟大,而想着让别人羡慕、嫉妒自己那名不副实的伟大光环。但我们也可以说,那些更专注于工作本身,而不是虚名的人,可以排除在庸俗之外;那些只希望工作能给自己带来名声的人,几乎都难逃庸俗之列。

论真诚

真诚是一种美德，每当我们遇见真诚的时候，都禁不住要赞美一番。真诚这种美德是很难故意为之的，原因很简单，一旦我们意识到自己真诚的时候，那么真诚就如谦卑一样，立即消失了。《大卫·科波菲尔》一书中，尤赖亚·希普①总是不断肯定自身的谦卑品质，就是一个典型的例子。当某人一旦为自身的谦卑感到骄傲时，那么，谦卑也离他远去了。类似的是，一个人要是时刻想着自己为人真诚，那么他正走在通往虚伪的路上，因为他表现出来的真诚只是一种姿态。真诚的本义是简朴，而自我意识到的简朴则变成这个世上最为复杂的东西。对真诚一词的古老定义是"sine cera"，意即"褪去蜂蜡"，这无疑是一个隐喻，说明蜂蜜是从蜂房里滤出的纯净、半透明的液体，这算是一个美好、充满想象的语源。但是，真诚一词的内涵却是真实存在的，象征着心灵中丰富多彩、可靠真挚、晶莹剔透与充满芳香的东西，不含任何阴郁或阻塞的混合物。要是所有的心灵都能这样的话，这个世界将简单澄净许多！

---

① 尤赖亚·希普（Uriah Heep），《大卫·科波菲尔》中的人物。——译者注

问题在于大多数人都痛苦地意识到自身的双重性或多元性,糅杂着许多不同的要素,充斥着各种相互对立的元素,在脑海里不断冲撞,就像杂物堆放室里存放已久的物品。那我们到底该怎么做呢?我们都想获得真诚——这一世人都赞美的品质或多数人都向往的美德——这是否意味着我们必须将内心的想法和盘托出呢?若我们生性恼怒、卑鄙、嫉妒、自私,在任何情形下都不去努力掩盖,而是充分展现自己,这算是真诚的做法吗?难道我们必须像《巴兰特雷公子》这本书那样,借助小说人物的口吻说出最为真诚的话语"其实,我是一个坏蛋"吗?努力掩盖我们的缺点,这算虚伪吗?有时,伪善是摆脱这些缺点最有效的方法。要是某人感到恼怒,那我们能将此人隐忍的做法称为虚伪吗?抑或他意识到自身嫉妒的天性,为了表里如一,就必须要对此予以赞同或为他人的嫉妒行为鼓掌吗?这显然是很荒谬的,英国人性情中有一点很有趣:他们更倾向于在美德层面上显得伪善,而不是去改正自身的缺陷。我认识一些人,他们羞于表现出慷慨与柔情的一面,我们真是一个天生多愁善感的民族,却非常害怕显露出来。我们喜欢多愁善感的书籍、戏剧以及布道演说,却不愿在交谈的时候出现情感泛滥的情况。我们喜欢让我们哭泣的事物要胜于让我们发笑的事物。典型的英国人就是一副脚踏长筒靴、身穿宽大背心、心地善良的老人形象,他们却会打心底否认这样的描述。我们鄙视其他国家的礼节与喧嚣的吵闹,认为它们彰显出来的情感是虚伪与造作的。但是,我们却是装腔作势这一根深蒂固的坏习惯的受害者。我们假装虚张声势,说些粗鲁的话,实际上我们只是有点羞怯,本质上还是和蔼可亲的。我的一位老朋友曾将这种性情演绎到让人错愕的地步,他是一位友好善良的人,但他早年认定一个事实,言语粗鲁就是男人气概的体现。每当他走进房间的时候,我们总能听到那双宽大的长筒靴跺地的声音,他也会说一些随时闪过脑海的话。实际上他说的那些话,只是适合习惯了他这样性格的人。有一次,我与他一起拜访一位享有盛名的女士,他显得极为羞怯,背身坐着,双膝一动不动,后背弯曲着,神色焦躁,他似乎正在努力驯服一匹脱缰的野马，其中却振振有词地批判着上层社会。他希望给人一种自然、洒脱的印象，但这一切都是徒劳，因为他的表情、举止无疑是神经紧张的表现。毕竟，在适宜的时机与场合表现得大方得体绝非道德怯弱的表现。

我们英国人所处的最糟糕境况是：我们通常觉得粗野中包含着真诚，冒犯的举止中蕴涵着坦率。事实上，真诚的本质，就是我们所说的话要真，而不是要说出内心所想的一切。有一个关于丁尼生的故事是这样的，当时，他坐在茶几旁，他的妻子与某位著名的女作家在一旁交谈着一些毫无意义但无伤大雅的恭维之语。丁尼生盯了她们一会儿，在她们说话的间隙，他以让人震惊的语调说："你们女人都是骗子！"这就不是真诚了，更像赤裸裸野蛮的东西。毕竟，人穿衣服包裹赤条条的身子不能算是不真诚，那么隐藏与包裹自己的思想更算不上是虚伪了。

"虚伪"一词的使用似乎完全被限定在谈话方面。更为有趣的是，我们几乎都将此词运用到只说些愉快或欢喜事情的人身上。若是某人说了一些难以接受的真相，那么我们会说此人很坦诚；若是他说了一个让人开心的真相，我们就会说他只是在恭维别人。我认识的一位老朋友将谦恭与直率完美地结合起来，他邀请一位女士共进晚餐，问了很多关于她及其亲属的问题，显示他对这位女士及其家族的传统有着深入的了解。这位女士最后微笑着问："嗯，发现自己如此受人关注还真是颇为意外啊！你是怎么知道的，××先生？"此时，一个不真诚的人可能会弯一下腰，口中说着某些人就是属于公共人物之类的话。但是，我的这位朋友双眼有神地回答说："我问别人的。"

在某段时间里不去谈论心中所想的话语，谁也不会认为这是不真诚的。真正的难处在于，很多性情温和或怜悯之心强烈的人总是会因一时兴奋，说些言过其实的话语。有些人完全出于自然的本能与让他们感觉自在的人相处，他们自我意识展现的形式没有流露在谈论自己上，而在于希望别人能感受到自己的存在并欣赏自己，愿意与他们碰巧认识的人建立起私人的友情。有些人认识之初便充满了怜悯之心，但他们的兴趣可能只是持续一阵子，在那个时刻无疑是极为真诚的。之后，当他们发现忘记了别人，不想再去延续过往建立起来的快乐友情，失望就降临了。就个人而言，我愿意看到任何对他人彬彬有礼、充满兴趣或怜悯的做法，但我不会无限渴求他人给予的这些恩惠。我们应该满足于别人奉献的，而不应该去索取更多。对深受肤浅情感所累的人来说，这是很难分辨清楚的。很难建议人们去培养一种冷漠、不带怜悯之心的态度，因为，我们必须要为奉献与给予的欢乐付出代价。我们必须要准备应对他人更多的要求，倘若不能满足的话，就会被视为不真诚。对于使用过分美好词汇渲染情感的女士，某位苏格兰看门人说："这些话语太甜美了，不可能是真实的。"但是，这些言语真诚与否，完全视其背后隐含的动机。若是内心充溢着善意，怀着让他快乐的本意，那么别人是不会有什么负面评论的。我认识一些公众人物，他们天生有一种诀窍，让身边一些最不起眼的人觉得他们是极为真诚且充满活力的。人们不能责备这些名人未能给予别人长时间的关注，就如人们不能因为阳光没有照射到煤坑的底层而有所抱怨。太阳一直都在那里，在适宜的季节，适当的地方，照耀着大地。但是，有些被人贴上不真诚标签的人，他们的本意并非为他人的幸福着想，而只是想着自己，他们流露出的情感给人留下了怜悯与深刻的印象，满足了他们的虚荣心。这些人是最难以启蒙的，因为他们根本不觉得自己缺乏什么，也不觉得自己的行为是根植于自私之心的。即便他们真的意识到，也很难再做出改变，因为要想改变自私，只能凭借情感的冲动，而不能通过说理争论来实现。我们可以凭借自律去改正某个缺点，但是，无论多么强大的自律都不能造就一种慷慨的美德。

有时，世人会对那些表面颇有名望的人私下表现出的不当举止感到吃惊，当然，若这些不当的举止是故意的，那么，表面上的美德装饰就相当于一个面具，只是显得更美观一些。除此之外，别无可说，这就是伪善者的虚伪之处。若我们因为软弱而向邪恶屈服，这不一定必然陷入罪恶，谁也不希望自己变成这样。若是某人做错事后，意识到自身罪孽的苦楚之处，他就可能是处于正确的一边，甚至比他人更加确定这一点。为人真诚并不要求人们公开坦承一切，或认为所有人都不应该去鼓吹自身无法践行的美德。若我们降低对更高美德的追求，退化到个人现实生活中的行为，这无疑是鼓励与催生邪恶之气。当然，真正的真诚，就是要改正自身的错误，不是宣扬任何自身无法切实履行的东西。即便在最糟糕的情形下，这也是一种安慰。正如某位作家所说的，毕竟，虚伪只是恶习向美德致敬的方式而已。

真正的区分之处，就是对目标根深蒂固与有意识的专注，每个人都可能会有一些明显的缺点，可能是表里不一，甚至在某些场合表现得大失水准。失败无足轻重，背后的心意最终会显露出去，那些在邪恶中从容获取乐趣，宣称笃信美好事物却只是为了一己之私的人，是不可能怀有一颗真诚之心的。

因此，正如上文所说的，真诚是一种很难去培养的美德，只需播下健康的种子，它就会像一朵花那样顺其自然地成长。

论决心

1781年，约翰逊博士只有三年寿命的时候，他在一本备忘录里写道：

8月9日，下午3点，斯特里特姆的夏日别墅

内心无数次狠下决心，却不断地漠视了，我隐居在这里，计划着日后更为勤勉地生活，希望自己于世更为有用，每天更好地提升自己。在造物主与审判主无限的仁慈前，我谦卑地恳求他们的帮助与支持。

我的目标就是每天花八个小时做更有意义的工作。

说了以上愿望之后，我希望花六周时间学习意大利语，作为固定的学习任务。

我总觉得，这段记录饱含着英勇与冒险的成分，这位烈士暮年的"雄狮"即将走到人生的终点，忍受着失调并发症带来的痛苦。死亡的阴影总是悬在头上，让他深感恐惧，遮蔽着阳光的气息。但是，这位老人还是决定站起来，为自己的人生做一个全面可行的规划，包括每天花八个小时工作，以及用六周的时间来学习意大利语。这些计划是否一一落实，我们不得而知。

在此之后，约翰逊博士没有再写后续，只是在备忘录中驳斥了奥西恩风格诗歌的真实性，人们也没理由认为他就喜欢但丁式的风格。事实上，约翰逊早年因为身体羸弱，极度厌恶所有正式的工作。所以，他的这段文字洋溢着希望、坦率与谦卑。谁也不像约翰逊这样违背那么多的承诺，但没人会怀疑他发自内心的真诚和他对完美孜孜不倦的追求。没人像他在上帝面前那么谦卑，那样激烈地鞭笞着自己的缺点，如此严厉地对待自己的作品。他的虔诚之心不掺杂任何多愁善感的情愫，在别人面前，他从不卑躬屈膝或巧言令色。对于别人的缺点或毛病，他一点都不宽容。他不愿意宽恕别人，他仍然激烈地与他人争论，蛮横地让他人缄默不语，骄傲自大地立下规则，似乎从来不知道有忏悔这回事。他与可怜而虔诚的柯勒律治①形成多么鲜明的对比啊！后者手里拿着一杯冰冷的茶，站在海格特墓地中，失声痛哭："现在的一切远胜于我应得的！"重要的是，我们要像男人那样去面对惩罚，而不要总是去抱怨。若能从惩罚中看到微弱的荣光，不断提升自己感知温顺与耐心的能力，惩罚也就变得更有趣味了。谁能忘记《巴兰特雷公子》中那位自以为是的老仆人呢？他病倒在床上，像一位饱经苦难的圣人默默忍受着。睿智的麦凯勒说："恕我愚见，他犯疾病的根源，在于酗酒。"

我们必须反对就个人行为举止进行永无止境的检查的行为，很多不足挂齿的缺点之所以危险，是因为当事者很容易漠视它。很多缺点其实都是美德背后黑暗的一面，脾气坏的人可能觉得自己只是虚张声势或直言不讳，做事不圆滑的人可能觉得自己很坦诚与正直，吝啬之人觉得自己只是在极力节省金钱罢了，而精神萎靡之人觉得自己只是在耐心等待，与世无争。直言不讳的朋友或让人反感的对手脱口而出的话语时常让我反思，从中获益。在这一个不为人知的过程中，自己是判官、陪审团成员、辩护者、罪犯与执行者。这个心理过程时常让人越辩越有理，逃脱自己的"罪名"。

---

① 柯勒律治（Samuel Taylor Coleridge，1772—1834），英国诗人、文艺评论家。代表作有《古舟子咏》《文学传记》等。——译者注

有人会说，心里下定的许多小决心，最后不可避免地要违背不少，这是一个既没成果也无教益的过程，这个说法很有道理。之所以说是无益，因为这暗示着心灵堆积着许多亟待清理的垃圾。还有，很多人都会谈到"超越行为"这一古老而神秘的教条，其内涵就是很实用地缩短忏悔时间。这个观念的大概意义，就是让故意为之的自卑感过分延长，这并非一个鼓舞人心的过程，人们道德层面的失败最好能及时掩埋。事实上，约翰逊博士是一位很敏捷与理智的先验主义者，可以肯定的是，倘若他之前知道先验主义者是一个充满技术与学院派味道的名字，必然会加以反抗的。正如之前所说的，下定决心与违背决心的过程并非一个收获的过程，只会不断弱化心灵的"纤维"，让下次兑现决心的希望更加渺茫。这种行为多少有点让人窒息，需多一点空气流通，需要更多一点粗莽的开诚布公。我们不会因未能遵守立下的诺言感到羞愧，只会感觉到，若能实现的话会更好。一位朋友很理智地谈论这个问题："不，我不需要下什么决心，要是我有能力去做自己想做的事情，我就不需要这样的决心。要是我们没有能力实现这个目标，那么无法兑现这个心愿只会让事情变得更糟。"

在这个议题上，我的观点是，若某事的确很重要，并且清楚地意识到不能完全相信自己做出改变的能力，那么，唯一的解决办法就是将这份决心告知一些睿智、友善的朋友，并向他们承诺在未来某个固定日期之前事情的发展进度。这可能会给予我们真正的帮助，因为这引入了一些外在的因素，让怀着良好出发点却软弱之人获得他们所需的帮助。无论哪种情形，这种行为都该用庄严、认真的态度去做，而且不能很频繁。毋庸置疑，偶然间扪心自问是很明智的做法，人无法在一个星期内改正缺点，然后在一个月的时间里继续保持美德。要是我们能静心观察一段时间，就能发现自己是进步还是倒退了。

一如在个人所有的事情上，这很大程度上取决于个人的性情与气质。若是下决心这样的行为可以帮助别人，那么也就没有任何理由去干预了。即便如此，我们可能过分纠缠于细节的得失，将微不足道的事情扩展为全部，而不是沿着大的方向前进。有个古老的谚语，说是要看好口袋的小钱，大钱随便花，我对此一直不敢苟同。在我看来，这必然会给人们造成极大的困扰，难有积蓄。但是，巨大的财富都是从着眼于大钱开始的，而不是纠缠于区区几分钱。

  讨论许久，关键还是要有属于自己的目标，为人要厚道，满怀希望，勇于向前，而不要总是谨小慎微地自我指责或沉湎于病态的沮丧之中。请牢记：若通往地狱的道路是由果敢之决心铺就的，那天国就是以这般决心为穹盖的。

论传记

如何去写传记文学，或是怎样在谨慎与鲁莽之间找到严谨的界限，这对传记作家而言是一个很有趣的话题。首要的问题是，光谈某人的事实，这是很容易的，但这种事实性的描述却可能给读者一个错误的概念。若是传记在当事者死去不久就开始撰写，那么，赤裸裸地阐述事实，必然很难安抚逝者的亲人。另一方面，在某位名人逝去不久就开始写传记，这似乎是不可避免的，倘若有所推迟，就可能永远延迟了。在这个速度成为社会主流特征的年代，我们的记忆周期是很短暂的，社会百态如万花筒一般旋转，今日的名人转眼间就成为明日黄花了。那么，传记作家该怎么办呢？他应该让所写的传记吸引对传记主角一无所知的读者吗？若是这样，那他是否必然要遵从他所有咨询的人的偏见呢？而这又引出了另一个更深层次的问题，即一个在社会上扮演了如此重要角色的人，必然会有一些争议内容的篇章适合大众的口味，尽管大众的兴趣也不会持续很长时间。那么，传记作家该在多大程度上着力描述这些事情呢？可以肯定的是，必然会有很多读者期望这些争议的内容越详尽越好。倘若关于这些内容的篇幅不够详尽，那么读者必然会抱怨这书写得不够完整。若是作者更加注重传记人物的性格刻画，而不是生平一些细节的话，那么在大众读者心中就会留下沉闷无聊的印象。这些专用术语是否要向技术派的学生传授呢？或是这些内容只是为了迎合大众读者而进行的总结，然后使之流行呢？这些都是传记作家共同面临的难题。

最大的障碍，在于那些有反对权利的人们，他们往往会反对书中正确的事情。比如，传记主角一生中所遇到的一些传奇或富有冒险的阅历，可能都不会出现在传记的内容里。这些内容可能十分有趣，但它们所激发的兴趣并非源于人物本身的魅力，而是因为这些事情让他们对另一些有趣的人物有所了解。所以，这些内容自然就被删掉了。传记主角的亲属们最反对的，就是不着边际的描述，显得极为传奇。他们觉得，这样的描述让人物显得不够有尊严、缺乏耐心、情感展露得过于激烈，不够全面。在死亡面前，人往往会失去所有的幽默感。不幸的是，人物展现出愈加本色与轻率的一面，那么这些内容就愈可能出现在传记之中。但在重重的压力之下，出版的传记必然会充溢着对逝者家属的过分尊敬，正如乔伊特所说的，有一股强烈被遗忘的感觉。读者会觉得传记中描述的人物画像很庄重、轮廓很美，显得正派，宛如圣人，但对传记主角的亲密朋友而言，这只不过是一幅让人恶心的讽刺漫画，就像一个人在面对汤勺时所呈现出来的镜像。

我必须承认，博斯韦尔[①]所写的约翰逊博士传记也许是目前最为优秀的，但是，有不少显著的优势简化了这本传记的成功因素。约翰逊博士是一位鳏夫，写作时没必要去顺从亲属或周围朋友的意愿。还有，虽然约翰逊博士在一些场合没有表现出作为绅士应有的礼节或基督徒的宽容之心，但在更多的情形下，他展现了高尚的慷慨之情、无畏的勇气以及真挚虔诚的心。所以，透过博斯韦尔所著的这本传记，我们可以直抵约翰逊博士的心灵深处。因此，可以很公允地说，若一本人物传记想要吸引后世人的眼光，那么深思

[①] 博斯韦尔（James Boswell，1740—1795），英国著名律师、日记作家、传记作家。代表作有《约翰逊传》《黑白地群岛之旅》等。——译者注

熟虑的谨慎不仅是应该的，而且是必须的。博斯韦尔作为传记作家的巨大价值，在于他深谙一点，即传记中那些通常被视为琐屑而删除的内容，其实就是人们最感兴趣的。某个地方流传着一则老妇人阅读人物传记的有趣故事，她们阅读传记的方法很简单，当看到诸如"政策"或"进展"等字眼时，就匆匆地一扫而过；当她们看到诸如"天花"或"马驹"等字眼时，就会一字不漏地细细揣摩。传记作家要牢记这点，必须直觉地意识到什么才是最让自己感兴趣的，而不是要去追随那些饱受教育熏陶之人的审美情趣，后者的思想在现实中是曲高和寡的，有时甚至是让人难以容忍的。

我以最近出版的一些人物传记为例，谈一下这些传记成功或失败的因素。乔治·特里富利安①所著的《麦考利爵士的一生》，是19世纪最好的一本人物传记，这本书既没有过多的技术派因素，也没有过分纠缠于细节。但是，麦考利是一位极为可亲、果断且富有魅力的人，他充满了人情味，性情温和，所以，在为他作传记的时候，他人也基本上没有任何冒犯之语，这给一位忠于事实的传记作家留下了广阔的创作空间。

当代的丁尼生爵士所著的《父亲丁尼生的一生》，集中了许多关于丁尼生极为有趣与生动的材料，丁尼生是一个具有强烈个人魅力的人，他的诗人生涯值得人们崇敬。但也有其他一些方面值得我们注意，虽然他天赋禀异，极富人情味，却难逃虚荣的困扰。他还会表现出一种直率、坦诚却又真挚的情感，而且时常不顾一切后果地展露出来。也许，他的这一面没有向儿子展现出来吧，传记也缺乏这方面的记录，让人物形象不够丰满。毋庸置疑，丁尼生是富有尊严的，但他的尊严并非如传记所传达的那般纯粹与坚固，因为这些人物性格的冲突在传记中鲜有提及，倘若有所涉猎，也许会让这本传记显得更为宏大与美好。

马卡伊教授所著的《威廉·莫里斯的一生》以及伯恩·琼斯女士所著的

---

① 乔治·特里富利安（George Macaulay Trevelyan，1876—1962），英国历史学家。代表作有《英格兰史》《英格兰革命史》等。——译者注

《伯恩·琼斯的一生》这两本书，都是值得赞赏的优秀传记。因为，这两本书都揭示了这两人内在的精神层面。在形式上，我觉得《威廉·莫里斯的一生》一书是很难被超越的，作者对内容侧重点的把握颇见功力，在阐述故事之时，笔法娴熟，衔接得天衣无缝，内容的叙述更是行云流水。《伯恩·琼斯的一生》一书则是以人物极具魅力的简朴语言让人印象深刻，读者似乎可以直接与人物进行对话。我听说这两本书出版后，都受到了这两人生前好友的批评。我听他们说，莫里斯本人固执的性格，对工作排除一切杂念的聚精会神，这些都未能在传记中得到充分的体现。而在《伯恩·琼斯的一生》一书中，也没有介绍人物性情上的某些乖僻、喜怒无常的情感。我无从判断这些批评的真实程度。但可以肯定的是，像威廉·莫里斯这样精力充沛与意志坚强的人，在追求某个明确目标的时候，必然会与一些性情相左的人产生冲突，这是很自然的。而伯恩·琼斯的性情则更容易沉浸于沮丧之中，一副憔悴的样子，这必然在他的人生中产生一定的影响。

　　再看看不同类型的传记吧，在我看来，《伦道夫·丘吉尔的一生》这本书中的人物形象得到了客观与忠实的记录。作者温斯顿·丘吉尔展现出罕见的天赋，他不让自己对人物的赞美与怜悯之情压制批判的情感，努力做到了不带丝毫个人情感，保留人物客观原貌。所以，这本书彰显了人物的力量与慷慨大度，同时也揭露了对性格、事业的稳定以及个人发展产生致命影响的情感冲动。这本书写得很真诚，人物形象的刻画极为生动，立场客观，在当代人物传记领域有很高的地位。

　　因为最近一直在进行传记文学的研究，所以还想提一下《父与子》这本书，该书在吸引读者心理兴趣层面上做到了极致，这本书因为在记录微妙情感、哀婉与幽默上的与众不同，受到广大读者的追捧。读者之所以能从该书中感受到更多的美感，除了因为该书作者娴熟的文字掌控能力之外，还有就是作者从没想过在自己不熟知的方面进行过分渲染，放任自己的思绪。因此，这本书可说是批判性观察与真挚情感的完美结合。但也有一些人认为，这样做违背了家庭的虔诚观念与伦理道德,我们不能将这些批判的观点一概视为保守与愚蠢的。无疑,在这些批判声音之中,存在着某些积极的因素,只要人性尚存,就总会存在敬畏与坦率、情感与艺术之间的冲突。

这个不可调和的矛盾永远都难以解决,一方面,若是传记作家缺乏深入的了解,那他必然难以生动地描绘人物形象。倘若他有所了解之后,就不敢那么直率了。倘若作者实话实说,就会被人视为一种不敬。另一方面,每个人都有自己的性格缺陷,就英国作家而言,他们过分看重作品的严肃性,很容易在欣赏艺术作品时掺入道德观念。部分读者有一种倾向,就是要求一本书必须有教化的意味,所以对此的妥协似乎不可避免。要是让所有关于人物传记的书籍都必须有教化意味的话,其实也不是很难,也就不会再有人去指责圣·奥古斯丁的莽撞无礼了。而唯一的规则,就是传记作家不能遗漏或删掉一些关乎人物性格至关重要的片段,然后,他必须还要相信,这样写作的最后效果也必然是鼓舞人心与具有教化意义的。一位怀有理想主义情怀的传记作家真正的缺陷在于:认为大多数人都是脆弱的,觉得读者们在阅读伟人生平事迹的时候,看到他们为自己的失败遗憾,抵抗诱惑,克服人性的软弱这些内容时更有鼓舞意义,而看到伟人们只是在有条不紊地前进,一点点地累积能量,扬帆起航,沿着风平浪静的大海,驶向安静而又光荣的天国这些内容时,显得平淡如水。

闲言碎语

据一位对维多利亚女王有所了解的人称,女王陛下所喜欢的谈话,是那些虽亲密却不带八卦色彩的对话。女王陛下在生活中拥有着区分两者的直觉,做出正确的选择,此人的话语就是一个明证。在谈话这一问题上,关于如何区分八卦的界限,甚是模糊,这并非一个简单的听到什么与说了什么的问题,而是听谁说与对谁说的问题。制定一个总体的原则,规定我们不能去谈论别人,不能自以为比他人道德高尚,这是很荒谬的。若是人类对彼此的行为与话语都不感兴趣,那么很难定夺他们要说的话。有些人认为每个人都不应在朋友背后进行讨论,或不能说一些在朋友面前不敢说的话,而给出的原因却是:无论真相让人愉悦还是苦涩,都最好让他们知道,这样的说法同样是毫无道理的。这个问题最大的难处在于,所有人都会去做或去说一些本不应该做或说的事情,抑或一些让自己之后感到羞耻的事情,一些我们不希望他人就此形成不良印象的事情。另一个很实在的问题,就是很多事情可以大方地说,而很多则不该一味地重复。因为有些听者天生就容易嘴漏,这些人可能听到一些原本私密的事情,虽然他们没有要讲出来的欲望,但是每个人都喜欢说些让他人震惊或是惊奇的事情,他们很快就会忘记这是不可以对他人说的，然后很自然地跟他人说起这些事。

我们过着一种社会化的生活，这是每个人共享的，每个人都有权利去讨论的。而至于一些私人生活的事情，我们则会与一些亲密的朋友分享，但要说我们没有权利将一些私密公布出来，这是不对的。一些人给他人的印象很不错，但是在朋友眼中则很糟糕。若是朋友们不努力去改变这种印象，那么，他们之间友谊的意义就不大了。我听一些名人说过，若是每个人只谈论他人好的一面，不仅沉闷，而且显得不真诚。有时，若逐渐了解一位涉世未深的人，发现他身上有不少缺点，那么给他一点劝告，似乎是我们义不容辞的责任。除此之外，我们每个人都有缺点，即便不是很严重，还是会被朋友或反对者津津乐道，视为谈资。也许，不论是出于恶意还是无心，假如所说的都是事实，这样做会让被谈论者要比他们显得可憎与荒唐。倘若一位因虚荣或粗野而臭名昭著的人被谈及，人们就不该列举他虚荣或粗野的典型例子，这一想法是不符合人性的。而一个天性善良之人在此时就会举出一些例子，说明这些特点更为温和的一面，以免纠缠于此。而最难以原谅的，是在当事者面前，告诉他批判者与反对者曾说过的话。当然，这样做可能是出于良好的动机，或是某位好事者自觉是出于良好的动机。但上天都不准我们这样去想！我知道这些事情经常发生，而且这只能带来痛苦、猜忌与屈辱。就个人而言，只要我不知道他们所说的批评话语，那我就不怎么关心所有人——不论是朋友还是反对者在我背后所说的话。我深知自己的缺点，也急切希望去加以改变，但是知道自己的缺点被别人说三道四，只能平添耻辱。相反，若是毫无察觉别人的想法，或感觉到别人的宽容眼光，反而会激励我做得更好。当然，世上肯定会有一些性情早已灰暗的人，但这并非他们的过错。有时，健康状况不佳是其中一个原因；有时，是因为沉闷与无聊的环境；有时，则是因为缺乏与他人亲密的人际关系或正常的社交活动。无疑，在此等状况下，八卦只会逐渐蜕变为一个具有腐蚀与充满恶意的过程。某天，我坐在一家酒店的椅子上，旁边是三位年长女士的聚会，我想，她们也许是身在旅途，似在搜寻着谈资。但在那个特别的晚上，她们却赤裸裸地将一些八卦抖了出来。在朋友背后，说了一些毫无保留与极为琐碎的八卦，她们的谈话展现了人性很丑恶的一面。当我看到这些女士们，我想起一位诗人所说的："真不希望这发生在自己身上。"

说了这么多，主要还是一个直觉与风度的问题，而非原则与努力的问题。一位心地善良与宽容的人可能不带任何冒犯语气说了一些事情，但在一个心怀恶意的人看来，就像是下了一阵泥雨。总而言之，所谓八卦，不过是自己对他人产生兴趣之后的自然过程。我们还是最好对彼此产生兴趣，即使有时要抵挡一些尖锐的批判。有一句很不错的格言可以概括这个议题，在本章行将结束之际，请允许我引用这段话，虽然我不知道其出处：

最坏之中存最善，
最好之中存最恶。
人非圣贤谁无过？
泯然一笑是非消。

这段话思想宏大，要比马洛克①所著的《新式共和国》中一个人物所说的那句漂亮犬儒话语更有力量。后者为八卦丑闻正名的理由是：这样做是基于最为神圣的真理出发，然后以最具美感的想象构建而成。

---

① 马洛克（W. H. Mallock，1849—1923），英国小说家、经济学家。代表作有《新式共和国》《人人都是自己的诗》《论平等》《论繁荣与进步》《社会主义》等。——译者注

圆滑不易

这只是一场没有结论的谈话,一如《柏拉图谈话集》里的人物对话。在一场聚会上,不知谁谈起"圆滑"这一话题。某人说:"你们觉得谁是最圆滑的人呢?"人们一阵沉默。然后提问者兴高采烈地说:"能不能说一下你们中哪个人是最圆滑的?"甲君的名字被说出来。"哦,不!"另一人说,"甲君为人并不圆滑,他只是谨小慎微而已。他一味地谈论事情、问题与事实,从不提及他人,不敢冒任何风险。让自己远离'风暴的旋涡',这并非圆滑的做法,关键是如何让别人成功'抽身而出'。"众人颔首赞同。接着,乙君的名字被提及。"哦,天啊!"还是之前那位反对者出声了,"此君所谓的圆滑,是因为他过分洋溢着这种气息,仿佛他在展现这种伎俩。他总是让我想起一个关于已逝的三一学院院长的故事,某人在他面前谈到一位很受欢迎的牧师说:'我喜欢这位牧师的布道演说,他的演说真是充满太多的味道了。''是的,'院长说,'但这是难闻的味道。'"这位严肃之人的话还是为众人所接受了。丙君的名字被提及,而这人又说:"不,他不能算是最佳人选,真正圆滑之人应能够收放自如,丙君只是一味地'收',而忘了'放',他只会平息争论,而没有刺激心智。"

聚会中的某人语气柔和地说:"嗯,我们都进行了坦诚的交谈,我自认为是一个圆滑之人。"众人一片沉默，就在沉默之际，之前那位好批判的人思虑片刻说："约翰逊博士也曾说，他认为自己是一个很有礼貌的人。"众人爆发出一片笑声，我们也知趣地放弃了发现圆滑之人的谈话。

之后，对话更趋综合与概括，也没有得出任何结论。我们在谈话中进行了简短与抽象的概括，我总结一下谈话的主要内容。

诚然，圆滑就如谦卑，这种美德都是存在于自身并不察觉的基础之上的。当某人意识到自身这些优点，抑或别人对此有所感知，这些美德就不复存在了，甚至还变得让人反感。因此，圆滑这一美德的存在，必须像沙拉中的洋葱那样不为人所察觉，若是被人察觉，那就过犹不及了。很难说圆滑是由什么组成的，就如所有微妙的品质一样，这是一种本能的天赋。倘若具有这般潜质，是可以去提升的，却很难去习得。圆滑之人有某种神秘的风度，能在心中将很多事情进行有序的安排，然后加以应用。他心中不会想："这一话题不能谈及，因为甲君不喜欢。"也不会想："这一话题会引起大家的兴趣，能让乙君有所发挥，所以我将引出这个话题。"圆滑之人并不想去冒犯别人，也不想让某些人出风头，或是平息他们之间的争论。他只是表现出一贯完美自然与善意的形象，他没有要取悦谁的念头，只是希望大家都能觉得舒适自在罢了。在圆滑之人所举办的聚会上，客人们离开时，口中不会说："我们的主人将对话引导得多好啊！"内心只是感觉到他们都展现出了自己最好的一面。因此，圆滑之人并不总能获得别人的赞赏与感激之情，却能增强他人的幸福感。很多人都察觉不到这点，因为圆滑之人总能让你发自内心地感到自在。他们不会在沉默一下之后，向一位性情羞怯的专家提出一个在其研究领域中艰深的问题。当他人提出一个比较"危险"的话题，他不会去打断，而是不经意地将谈话引向更加安全的地带。因此可以说，圆滑之人能调整乐器上的键，不会使其奏出不和谐的曲调。

圆滑绝不意味着在谈话中制造一种"黄昏效应"，似让金色的阳光普照万物。倘若圆滑之人知道争论双方都能心情愉悦地对事不对人，通常会提出一个争论，甚至鼓励大家进行热烈的讨论。他希望看到人们进行公平的较量，既能控制双方的辩论时间，又能充当裁判。他能敏锐地感知众人是想要倾听还是要说话，能够以综述的语言，毫不唐突地去谈论。关键的一点，就是他绝不能引起谈话者的嫉妒与猜疑，不能让大家觉得谈话是他一手操控的，哪怕是最轻微的操控。因此，圆滑之人很难满怀热情，因为热情本身就意味着某种"侵略性"。但是，他必须有欣赏他人的热情之心。更为重要的，他还要阐释热情的内涵，使之和谐，让一切都显得自然可亲，而不给人高高在上或狂热的感觉。圆滑之人之所以极为稀缺，是因为圆滑集合了很多优秀的品质：对他人声调、面部表情乃至小动作的迅速洞察，良好的记忆力，真心的怜悯，幽默的气质，行事敏捷，为人公正。圆滑是对志趣的考验，因为这需要对当前社会的很多方面都有所涉猎，而具有如此综合素质的人，实属罕见。

以上就是我们谈话的主要内容，真的很有趣，让人不觉一丝的疲惫。我们都能从中获得一些发人深省的思想。离别之际，我们都立下誓言：以后要像第欧根尼[①]那样去找寻圆滑之人，真正找到之后，要小心翼翼地不去将他说出来。

[①] 第欧根尼（Diogenēs，约前402—约前323），古希腊哲学家、犬儒学派主要代表之一。——译者注

真我的风采

　　听到某人不假思索就对他人下结论，总让我怀疑此人对这个世界的洞察力。某人曾说，孩子总是第一眼就知道哪些人爱他们，哪些人讨厌他们；而所有的男孩则是慷慨大度的，所有的年轻人则满怀自信，所有的女人都是无私的。我并不期望从此人的谈话中有所获益。对人性了解愈深，就愈感其中的神秘与莫名不解。很多人在接受正规教育之后，踏上社会之时，会有相同的一种感觉。彼时，在接受严格的考试之后，我们都很清楚自己的智力处于何种程度，很清楚自己的运动天赋。对于自己的外在风度也不再存任何幻想，只是残存着一个模糊的想法，即在某个特定的角度或柔和的光线之下，我们还是很有魅力的。几乎每个人都深信，我们都有属于自己的有趣与高效的一面，我们时常会想，要是能将内心的观点与想法表达出来，就会显得很合理，具有某种魅力。很多人都深信，要是在顺境下能提供适当的物质，就必定能实现真正的高效。每个人都不想过快地刺破他人的幻想，因为幻想会在心灵中投下一缕阳光；若是没了这点阳光，快乐之心境与心满意足地工作就不大可能。但甚为有趣的是，真正自满与自大的人，一般来说都不会是那些真正有才华的人。也许，这些有才华的人聪明地意识到，他们最优秀的一面其实也不够，相反还看到了自身很多的不足。自满并不是依附于赞美与掌声之中：自满是一种心理状态，在一般情况下都是不受所有结果与相互比较影响的。即便我们并不自满，很多人在从事工作之时，都对成功怀着渺茫的预想，原因很简单：就是成功绝不只属于那些才华横溢之人，一般人也是可以染指的，只要能将坚忍与圆滑结合在一起就能实现。世上很多工作并不要求多数人拥有异乎常人的禀赋或天赋，所需的只是良好的性情、耐心、勤奋与忍受苦楚的能力。

我们肩负起自身所要承担的重任，踏上这个世界的旅途，筛选蜕变的过程马上就开始了。少数人从一开始就有好运气，拥有良好的开端，获得了他们本不该得到的任命。这些人认识一些有影响的人，人生一开始就一马平川。但多数人只能身处普通的位置，挣着一份薪水，有个地方可以落脚而已。也许，几年之后，我们会对此有所不满，觉得自己没有被公平对待。但接着，我们突然发觉，要想将自己这份简单的工作做得让人满意，也需要尽全力。我们开始觉得，不能再去奢望什么显赫的名声，好运也是不能期盼的，接着，时间似箭般飞驰而逝。我们安心于自己的工作，结婚了，薪水可能有所增多。之前，我们一直将自己视为年轻人，感觉前路上充满了无限的可能性，突然一觉醒来，已经进入不惑之年。关节比年轻时稍微僵硬一些，双鬓多了一丝银发，也许还有秃顶的可能。然后，我们会惊讶地意识到，之前对人生与财运的所有美好预想，早已破灭。我们只不过是平凡之人，默默无闻。我们所处的地位，所获的薪水与能力都为身边的人所熟知，心中不再侥幸地抱着想要成为其他人的特别愿望了。

我想，正是萌生了这种念头，人生的重压才开始落在每个人的肩上。他可能再也没有之前那些有趣与浪漫的想法了，之前一息尚存的欲望也被扼杀了。再也没有什么所谓的"江山"要去征服了；即便还有的话，他也不知道怎么去征服了。他处于左右为难、进退维谷之中。也许，他能认真与忠诚地完成工作，却不再抱有"一览众山小"的豪迈气概了。

我想，此时，正是该做出人生真正选择的时候了，倘若某人明智、性情幽默与心地善良，他会耸耸肩，脸上露出一丝微笑，心想，虽然自己没有什么丰功伟绩，但在人生沿途中也找到了许多美好的东西。也许，他有一个贤惠的妻子，还有几个身体健康与举止适宜的小孩；他拥有各种社会关系，与朋友、同事或仆人之间都有良好的关系；他有一个舒适与自在的家，还有一两个很有趣的业余爱好。自己的生活并没有什么受人仰望或特别的礼遇，也没有累积很多财富或成为名人，但他却处在一个完全适合自己的位置上，身前身后都有一些需要兢兢业业去做的工作。也许，这没有什么值得吹嘘，也不至于过分悲伤。诚然，他有自己的烦恼、悲伤与焦躁。也许，这一切教会了他不能期望好运的眷顾。要是他发觉有必要超越眼前的视野，找寻远方微弱的曙光，觉得应该去证明信仰的价值，那么他会生活得更加幸福。若是他睿智的话，就会默认生活中一些不可避免的烦忧，笑对责任，与人为善，对身边的小圈子更加感兴趣，而不是一味地去认识新鲜的面孔。他会认识到，那些一开始迷乱他双眼的闪光与明亮，怀揣着美妙成功与重大惊喜的念头，事实上并非他所要去找寻的。最终，他心平气和地找到了真正的自我。

但有时，这样的一个找寻真我的过程会让人走上另一条道路，他开始会觉得，自己缺乏运气，对那些取得重要成就的同龄人感到羡慕、嫉妒、恨。怀着满心的苦涩，他开始将自己蜷缩起来，将那位担任大教堂教士的朋友称为饶舌之人，而将那位成为议员的熟人视为趋炎附势者。慢慢地，他觉得是因为自身的正直与不加修饰的真诚让自己命运多舛，寸步难行；而这个世界只是奖赏那些"江湖郎中"与投机者。沉湎于如此不健康的想法中，他失去了对生活的所有热情与兴味，更加注重自身的舒适，对家人更加专制。他成为一个被悲苦之心控制的人，当别人因为他无聊而疏远他时，他反倒将别人视为高傲自大，认为这个世界与他作对，而事实却正好与之相反。

此时，出现的问题是，如何才能避免让人感到如此忧郁的局面出现呢？要想给出回答是很难的。难道对诸如失望者、收入微薄者、孤独而又青春已逝的女人、猜疑心重之人、命运多舛以及身处逆境之人来说，这个世界就真的是一个如此沉闷无聊的地方？走向沉闷单调的途径是很诡异的，其中，很重要的一个原因是健康不佳、缺乏锻炼与没有从事自己喜欢的职业。最糟糕的，就是没有了希望。当人陷入这般境地，就很难将他拉出来，要说有治愈的妙方，那就必须在出现苗头之时就要开始了。首先，这种痛苦始于一种低等的欲望，希求物质的成功与个人的舒适。其次，这种痛苦源于凭着冲动而生活，而非靠自律来维系，只是一味地随心所欲，而不是以自身所知的规范去做。若是某人找到医治中年人愤懑不满的妙方，这必将是这个世界上最伟大的发现。有些人从宗教找到依托，倘若以宗教一词最为广泛与高尚的语义来阐述的话，那也只有从宗教之中找到妙方。若是善男信女笃信所有凡人的生命与灵魂在上帝眼中都是亲切的；若是能看到只有在诚心皈依本身这一美妙的事实中，方能找到真正的力量；那么在融合了破碎的希望与残存的宏图的人生里，平和的心境会慢慢潜入。我们唯一能做的，就是要认识到，我们存在于世上，就是要认知与欣赏某些事情。平和只能存在于这种心境——而不在所累积的财富或赢得的名声。否则，一旦遭遇让人绝望的悲伤，就会发觉根本没有让自己转移悲伤或支撑自身的一丁点儿力量。而在诚心的皈依里，则有不足为外人道的喜乐。心灵展开疲惫的双翅，等待着过往迷失的真理重现。自那之后，生命中每一个至为细小的时刻与琐事都开始慢慢变得重要。当心灵中所有的抱怨都沉寂之后，这一信息迅速闪过脑海。不论我们身处何处，工作多么卑微，都不重要，因为我们开始领略到上帝的礼物，而不是人们的赞美。这条小小的溪流，流经岩石嶙峋之处与狭隘的航道，悄悄流入了湖的中央深处，潺潺的水声与翻涌的泡沫再也听不见，见不着了。终于，它找到了真正的自我。

内在的人生

今日，春天倏忽一跃，走进了乡村深处，向我们走来。这里经过一个漫长与沉寂的冬季，天气阴郁。雨纷纷而下，大地如海绵般尽力吮吸。漫步田野，碎步小道，涓涓细流与破浪堤的身影，是之前从未见过的。花朵绽放，而灌木丛与树篱仍萧索一派，不见一片青叶。昨日在一片桦树丛中偶见几处紫色的树丫，隐隐待发；背后就是一片森林，透出一股复苏的活力，生命的力量在回归。昨日，从西南方向吹来的风呼啸扑哧，此时也已不见踪影了。今天，阳光灿烂，万物似因生命而欢欣，但对我这样与北极熊喜欢相同气候的人而言，并不觉得怎样雀跃。春天的慵懒是某种疑惑的乐趣，在吉布尔所著的《基督年鉴》一书中，这位内敛作家唯一难消的抱怨就是春天。他写道："我喟然长叹，真希望春天这倦态能马上死去。"

我并不认同他的这一思想，若是人们手头上没有要紧活，春天自有其美妙的味道。但我深深专注于自己的工作，我甚至埋怨那些不需要工作的日子。若是人们外出踏青，就会深谙荷马所说的"人的双膝与心灵都会自然松散"这句话的内涵所在了。人的思想链条会松懈下来，不再那么果敢，意识渐趋模糊，不再劳神专注于某点。我不喜欢三摄氏度时那种恹恹欲睡的慵懒——济慈曾将这称之为春之"奢华"。所做的只是需要心灵强烈的专注或发挥自身的优势,我喜欢偶尔地"冷冻"一下自己的思绪,当然,这只是我个人私下的感想而已。

今天,当我漫步在乡村小路,沿途是莽莽的灌木丛,内心深深意识到,某些美好与奇妙的事情正在发生。鸟儿甜蜜地啁啾,樱草花似星星一般从灌丛中爬满苔丝的须根中悄悄探出头儿,可爱的淡紫色的杜鹃花在小溪旁绽放出清新的花朵,一年一度的奇迹正在出现。天啊!这一切是如此迅疾与美好!万物皆因生命而欢喜。树木舒展绿色的嫩芽,花朵迎着阳光张开花瓣。我看见一些小孩手中拿着一簇簇鲜艳的花朵,随着自己年龄的慢慢增长,我越来越不愿看到这种情形。我不禁想到,花朵本身都有属于自己模糊的意识,而自然舒展花蕾必然洋溢着欢欣的兴奋。我猜想,原本自然的发展过程被打断,健全的四肢被撕扯断裂,这必然是很疼痛的事情。即便被扯断的根茎并不感到疼痛,但自此之后无法面朝阳光,之前所有获得阳光的快乐念头都被那双小小的手扭断了,这必然带来深深的失望。我不愿看到林间角落里布满枯萎的花朵,我心血来潮拾起一片花瓣,它们都曾呼吸着甜美,之后就凋落,枯萎了。

我边走边想,年年如此,岁岁如今。童年的时光是多么漫长啊!而现在,一年下来,似乎一事无成。我深爱着生活,眼见美好的时光如此飞驰奔跑,内心甚是惶恐。去年的复活节,我与两位乐天的年轻朋友待在科特伍德,那段日子从头到尾都是极为美好的,每天都充满了欢乐与愉悦,但是,这些日子一去不返了。当一个人到了知天命的岁数,发现一年年下来,自己的脚步愈加沉重,步伐愈加缓慢,岁数慢慢叠加之时,就会感知,那些远离日常生活轨迹的美好时光确实是值得珍惜的。

让我一直百思不解的是:为什么在这些美好的时光里,人们似乎总是被催逼与驱赶,琢磨着如何尽快地打发过去。万物似乎都在急促地追赶着什么,追寻着渺渺无期的梦想?人有一点很奇怪的,就是他们有一种想象的能力,可将某些事情视为永恒与持续不变的。身体沐浴在温煦的阳光下,野蔷薇丛中飘来一阵清香的微风，与朋友懒散地说了几句，双方都深知彼此的过去、计划与人事关系等；小猫咪钻进月桂树丛中，既惶恐又喜悦，来回跑动，偶尔会跑到人们身边，需要别人的一点安慰。苍头燕雀在布满常春藤的墙垣上啁啾，不时咯咯几声，唱一段流畅的歌。这一切会永恒吗？一辆马车呼呼而过，人们穿过草地，人必须要起身出发，与那些话不投机的拜访者恭维几句。邮递员拿来一些信件，我需要一一回复。难道事情总是这样吗？难道人就真的没有日思夜想的平和时间了吗？

　　我在清幽的村落里漫步，意识到两种怪异的自然本性在心灵中活动着。表面上，这是一个不停运转的大脑，充满了思绪、计划与工作，思虑着一些小问题，想着如何去回答一些恼人的问题，念着别人的事情，总有做不完的事情要去做，努力地将思想转化为现实。虽然大脑所想的很多事情都不是特别有价值的，这点是必须要坦承的。大脑里堆积着太多的杂念，就像一个国家在遇到问题的时候，就不断地增加军备，却希望永远不要真正去使用。倘若人们能将脑海中那些毫无用处的念头都清除掉，满足于简朴的住宅，耐穿的衣服，粗茶淡饭与几本好书，那么，就能挤出时间来真正生活。在某个突然自我的时分，在脑际反思之时，就会意识到在表面忙碌的大脑下面，隐藏着更为深刻的东西：一个安静而缓慢按照自己路线前进的自我，在秘密做着一些很古老、简朴而又坦率的事情，倾听着每个人烦躁的计划与狂妄的欲望，正如我们聆听着小孩喋喋不休的话语，并深知真正的人生并不在此。更深层与内在的自我，充满爱的意念，活力四射，控制着人的情绪，感觉到更为奇妙与深沉的情感——而通常别人所感受的内容是不一样的——这似乎是不可避免与本能的直觉。这摆脱了任何职责与理智的羁绊，源于内在的自我。而深层次的自我会对某些场景与地方怀有一种强烈与深刻的激情。比如，若是我前往一个美丽的村庄或攀登高山。浅层的心绪就会被嶙峋怪状的山形、褶皱的"脸孔"、一望无际的荒野以及飞流直下的溪流所激荡，深感高兴与喜悦。但是内在的自我则是平静与缄默的。正如我今天在英国的乡村散步时，两旁的树木成荫，茫茫无际的耕地，和美温馨的农舍，古老的村庄，内在的自我洋溢着生机，以一种超越理智的激情深爱着这一场景，深层的情感不时在疾声呐喊。但是，我却无法解决这般心智的"神游"。除了在这里居住过几年，也没有什么特别的关联。但内在的我似乎完全处于一种自由的状态，敞开心扉去拥抱周围的群山，浓厚的爱意饥渴般地撕咬亲吻每一寸土地，这是如此亲切啊！

我想，这一内在的自我就是人的精神，由对过去的沉湎与对未来的期望所构成。人无法去塑造或是控制它，因为它就是人本身，一直在指挥，从未去服从。它只是存在着，而不去进行理智的分析。若是我失去了记忆与希望，忘怀了过往的努力与苦楚，那大脑还不如死去！因为内在的自我无法承受这一切。

一旦涉及灵魂更深的思想，真正去研究、洞察、争论、权衡与表达的，是外在的思想。但是内在的自我拥有选择的权利，知道哪些会让自己欢喜。为什么我们会走入歧途，为什么会猜疑、斗争、性情暴躁、愤愤不平，是因为很多人都是活在心灵的肤浅层面上。世上的狠毒不幸，源于看不清真正的人生安放于何处。当我们浅层的思想处于强烈与旺盛之际，是很容易犯错的。世上最不快乐的人，几乎都是听从浅层思想的建议去反抗内在心灵呼唤的人。我们要更多地活在深刻与让人高兴的事情上，更多地追随直觉与信念去生活，而不是凭争论与计划去活。诚然，过多地活在浅层意识之中，只是在浪费时间，阻挡自身的进步。我们要敢于相信内在心灵的平静，不要让我们的理智与想象吓唬自己，这样，心灵就会实现真正的平衡。有时候，被动也是一种明智的选择，接受淡然的印象，笃信自己那颗强大与不受侵扰的心灵，就可涤荡生活的烦忧。

昨天，我与一位睿智与性情温和的医生进行谈话，这位医生是我多年以来的知心朋友，他将他与一位科学界杰出人士就生命起源与演变的谈话告诉我。"他对我说，"我的朋友说，"他可能将生命的起始追溯到原生质的腹状物，那时，细胞只是在不断地进行自我复制，仅此而已。"听他讲完，我发现人无法再继续上溯了，但生命的力量就在那里，任何思绪都无法将其遗忘，而是始终在那里——不生不灭，一如上帝的思想。

今天，在散步之时，这些话语进入我的脑海，这就是上帝的思想啊！这一思想洋溢在我的四周，弥漫在树林与四野之间，在空气与光线之中游荡，在生命这一巨大的伟力之中，我属于其中，深陷其中，与之一道运转。我的不情愿、羞怯、对死亡的预期，所怀揣的欲望与野心，都只不过是一缕浮云。我所拥有的每一种力量与能量，都是一种天赐，一种只有上帝能够创造与转移的，一种无法摧毁、无法破坏的力量。难道我不应在这般思绪，如此丰富的阅历，激荡心胸的美感、兴趣、情感与能量之中感到欢愉吗？"是的，应该大喜特喜。"内在的心灵如此喊着。当你一页页地翻开上帝启示录之时，就会看到：安静不语地前进，抛开遗憾，洗涤与净化人生，保持乐观的心态，满怀希望。内在的心灵会说："这是你所能感受到的无限欲望，一种拥抱一切的情感，若你愿意去接近它的话，全身心去爱。"

我想说，这是心灵真诚的诉说，因为我发现这要比我所能想到的任何话语都更为宏大。

人的意念能帮助一个人，人可以决定将生活中那些让人心情低落的琐事或恼人的忧虑统统赶走。当然，烦恼还是无法规避的，但人可以对此一笑而过，不在其中逗留，不要深陷其中。要顺其自然，不能因此而羁绊，不能过分地索取，不能互相指摘，不能因此而内心不满，不能让羡慕、嫉妒之心泛起，也不能装作一本正经。人很容易觉得自己错失良机，很容易怨恨同胞们的成功，很容易觉得自己没有获得公平的机会。这些都是错误的衡量方法，这只是浅层自我所编织的一张欺骗之网，正如蜘蛛在窗格玻璃上所编造的网一样。每个人都有阅历人生的机会，物欲要求越简单，欺骗我们的欲念就越少。来到这个世上，我们是要去学习的，而不是好为人师，是要去洞察自身的损失，而不是算计自己所获的东西。

"是的，"读者们可能会说，"一位生活舒适和有成就的人，当然可以在一个平静的乡村小舍里，饶有兴致地写下这些内容，也许这些都是很容易的。但他真的知道人生的艰难与痛苦吗？"面对这些质疑，我只能极为坦诚地说，我的人生也充满了许多悲剧成分——悲伤、失败，长久以来挥之不去的疾病、绝望、恐惧与苦楚。我觉得，只有贫穷这一人类苦痛是我所没有承受过的。但我并没有因此而觉得生活舒适或一帆风顺。我可以很谦卑地说，唯一让自己感到安心的是，在上帝宏大而仁慈的双手下，虽然其中历经许多进退维谷的窘境，面对着失败与错误，但我总感觉自己并不孤独。现在，我更多感到的，只是一种兴趣，而没有什么快乐可言。因为我脆弱的内心相信，每个人身处这片乌云压顶的天空下，在度过莫测的日子之时，还是会有丰富的人生与伟大等待着我们。

  此时此刻，时值春天，万物复苏，鲜花不加思索地绽放，在我的身边洋溢着活力。倘若在这片舒适与安静的空气之中，继续让遗憾、争执与苦闷之心萦绕脑际，那就不仅仅是愚蠢本身可以去开脱的！若是我们能透过事物的表层外壳，就可发现生命的清流在下面涌动。我们总是待在城市里，只能从潺潺的水声中感受到音乐的旋律，而其源泉正是一个个简朴的人生汇聚而成的。若我们的慧眼能洞察得到，此时此地，每个行为，每句话语，就是喜乐。

朋友，你为何缄默了

多年前，我有一位无所不谈的好友，我们可以谈论书籍、人物趣事、地域风情、事件影响与思想深度等方面的话题。大学毕业后，他改变了许多，他受了一些影响——具体的影响，我不便明说。我逐渐意识到，再次遇见他的时候，再也很难与他进行坦率的交流了。我想，他可能是对很多事情抱有一定的成见吧。要是谈到某件事情，他会说自己不喜欢八卦；若是某人的名字被提及，他会说此人是他的朋友，所以不想进行评论；若是某个想法被提出来，他会说，显然这个想法在他眼中是神圣的，不容他对此进行任何评论。他这样说的时候并没有显得语气唐突，而是相当谦和，因此，我们的交流完全失去了以往的坦诚。可能所有美好的事物，都会慢慢逝去吧。我觉得，我们对彼此的尊敬没有任何改变，我毫无保留地信任他。若是有需要的话，我会毫不犹豫地给他提供帮助，一定会尽力地给予满足。我想，遇到相同的情形，他也会这样做的。

但是，因为害怕触碰到他的情感与敏感的神经，所以谈话、讨论与发言的自由随和的感觉早已不见踪影。

我说这些，并不是为了说明自己仍保持着一颗开明的心，我甚至愿意准备相信，在此事上，他是处于正确的一方，而我则是错误的。我并不质疑任何人有那样做的权利，所以，真正的问题不在于我们该在哪个层面上将事物神圣化，而在于我们在何种程度上有权利要求别人对此保持沉默，让别人同样觉得这是神圣的。问题的关键在于，人们是否在这个过程中有所得失，抑或牢牢地守住自己的一个观点，始终无法去认同别人，或因任何反对的声音而倍感痛苦。

当然，这纯粹是如何对事物进行界定的问题，谁也不敢说自己所拥有的信念、感想或观点都是十分神圣的，不允许他人对此有所质疑或进行讨论。我所疑惑的是，将自身所持的观点看得那么神圣，然后要求其他人都不准对此反驳或质疑，这种做法是否明智呢？这个世上，很多事情只是我们主观上的一己之见罢了。世上一些最为美好的东西，诸如宗教、美感与情感都属于这一类性质的。一些人可能对某些观点有深沉且不可动摇的信念，可能真心希望别人能分享他们心中的这些信念。但是，毕竟这些信念只是个人从人生阅历演绎出来的想法而已，他人可能会有不同的人生经历，就会有不一样的人生观感。在我看来，倘若所有人都认为自己是绝对正确的，那么进步就无从谈起了。讨论某个观点的时候，我更倾向于给任何的反对声音一种支持，想听到任何合理的反对意见。这种反对的意见可能让我信服，改变我之前的观念，但我绝不赞同交流中任何的支配与操纵。我想，无论任何话题，在人生早年就将自身所有的观点打包封存起来，不愿再做任何改变与增添，这算不上是一件让人欢喜的事情。真正的坚持，并非去固守一个观点，而是看到道理摆在眼前，随时准备去做出改变。

过去，那位朋友跟我说的很多话都是极为真实且富有意义的，我能明白他的观点，也知道他那样说是有道理的。但是，倘若人们不愿意做出妥协，是很难真正获得全面的视野。我记得曾与一位朋友发生过争执，当时彼此的立场都很坚定。我对他说："我并不赞同你的观点，要是你能深入解释的话，也许，我会另有一番看法。""不，"他说，"我无法去加以解释，在我看来，这些观点都是不可置疑的，它们是如此神圣，我甚至都不想向那些没有与我分享这一观点的人诉说。在这个话题上发表自己的想法，我觉得是一种亵渎的行为。"

在我看来，他这样说就故意将谈话中的坦诚抹杀了。他似乎深信，人与人之间是无法进行经验交流的。我们必须承认一点，人生尚有许多深沉宏大的莫测与神秘有待挖掘。每个人的阅历都是有限的，要想获得真正的内涵，唯一的希望就是不要以自己的标准来衡量世间万物，而要看到别人到底是如何制定出他们衡量的标准。让我获益匪浅的人，基本都是那些心智清明，愿意倾听别人的观点，坦诚地说出心中所想的人。急躁、鄙视甚至嘲讽都是彼此进行友好谈话的障碍。对交流真正有所帮助的，是双方真挚的怜悯之心，认可对方有不同意自己观点的权利。

当然，肯定有人会说："要是某人对一个信念的感受十分强烈，那么他就应该语气强硬地表达出来，这是赢得道德制高点的做法。"我对此不敢苟同。也许，一颗软弱的心在某时沿着坚强意志的道路前行，能够有所获益。但是人生与进步的真谛在于，我们可能在某个时刻获得属于自身真正的观点，而不是全盘地接受别人的观点。

所以，我觉得，要是某人发现自己对反对的声音越来越不耐烦，总想将持不同意见者斥之为愚蠢或不敬，觉得自己越来越容易感到震惊，那么，他不应该觉得这是一种坚守原则的信号，相反，这可能是他失去与人友爱与基督教徒怜悯之心的前兆。教条主义带来的危害是巨大的，让彼此慢慢疏远，让人退守到个人的思想堡垒之中。这样做给人带来极大的灾难，眼前所得的一时利益并不能与失去的东西相提并论。

但是，有人又会说，努力让自己拥有更为宽广的怜悯之心，难道不会弱化果敢与决心吗？答案是：绝对不会！无论何时，表现出骑士般的风度，才是个人力量最为优雅的体现。对自身力量毫无感觉的时候，就是其力量最为强大的时刻。一旦我们意识到可以让别人顺从自己的意愿，让他们缄默，让他人服服帖帖，此时，我们正深陷可怕的诱惑之中。这个诱惑的微妙之处，在于让我们意识到自身纯洁、高尚的动机，我们可能会采取果断坚决的行动去抵制这种诱惑。若是我们强迫别人服从，最好还是给出自己的理由。有时，若不得不要求别人去顺从自己，最好也要认识到，我们真正需要的是别人发自内心的服从，而不是嘴上的唯唯诺诺。

要是这种"自我禁闭"的思想盛行，这将给彼此间真挚的关系带来莫大的伤害！在此，我并不是指那些"熟人"——与他们相处时，我们必然要谨慎。即便对"熟人"而言，这种思想带来的伤害也是无法估量的。我想，彼此间越来越亲密的时候，就该敞开心扉，坦诚相待，这有益于所有人。遇到一位可以让自己抛开所有姿态与做作的朋友，不理会这些成人的社会礼节，无话不谈，把酒言欢，言及心中所想，谈及心中所忧，这是怎样的一种快慰啊！让人毫无拘束、放开心胸的人具有一种神奇的力量，能将他人最好的一面激发出来。谁也不愿意生活在一个虚伪的世界里，我们展现的谨慎与羞怯，只是远古那个充满战争与敌意时代的残存而已。那时的人们出于原始的恐惧感，不敢说出内心真实的想法。对年轻人来说，某种程度的缄默是必须的，因为年轻人有时要比老年人更容易"口不留情"，喜欢挖苦别人，举止还不够成熟。当人的年龄越来越大的时候，最好试着慢慢地褪去伪装的羞怯与自私的谨慎，卸下对别人的提防，活得就会更加开心舒畅。

某个晚上，我与一位名人坐在一起，他很有礼貌，显得很友善，却不愿意说些真诚的话语。也许，他觉得我将话题转移到个人信仰或观念问题的做法，是十分鲁莽且唐突的。但这些只是我的猜想。他从不谈及个人的喜好，也不说一些坦率的话，所以，我感觉自己就像坐在一尊精美的雕像旁，雕像是由坚实的大理石做成的。晚餐后，我遇到另一位名人，好运最终还是降临到我头上，我与他就如何平衡社交与独处这一问题进行了有趣的交谈。我们言谈甚欢，他说了很多极富魅力、让我耳目一新的话，让我获益匪浅，这些都是我希望去铭记的。他并没有让我感觉自己人微言轻，也没有让我感觉他与我交谈似乎是给我荣耀的印象。他只是让我觉得很和蔼,能够用极富魅力的语言坦诚地分享自己的信念与经历。我觉得他与我是同道中人,彼此都走在朝圣的旅途之上。他也深知,这是一段极为有趣、奇妙、充满欢乐与神秘的旅程,希望以惊奇的阅历、无尽的希望以及强烈的欲望来掩埋路途的冗长乏味。遇人则满怀欢欣、坦率、不猜忌,也不急于张扬自己的个性,这才是获得真正影响力的秘密所在。

平凡之美

　　我觉得，世人将定义美的标准视为一件过于正式的事情了，我们不害怕也不耻于反对别人的观点，而是从未想过改变年轻时对美所下的定义，抑或我们根本就没有认真地观察事物，对美提不起兴趣。因为上文提到的这些原因，或是一些没有说服力的借口，我们只是沉寂于温顺的生活，没想过要进行任何尝试，只是沉湎于往日的思维习惯中。我认为在这个议题上，前后矛盾恰是美德高尚的体现。我的意思是，掌握了充分的证据后，可以去改变自己原先的观念，并且将努力获得全新的观点视为一种真正的责任，不时地思考他人的观点，审视一下自己是否真的有把握，或是他人的观点是否在自己的心灵中生根发芽，抑或只是闷在脑海里，就像插在花瓶里的鲜花。

　　罗斯金公然反对所有工厂与铸造厂的建筑，这些消耗大量劳动力的地方，耸立着高高的烟囱，升腾起滚滚的浓烟，一般英国人都想当然地将这些建筑视为丑陋的。我认为，这是一个错误的想法，工厂巨大的建筑，高耸的烟囱，一排排的窗户，轮齿交错发出的吱吱声响，这些都饱含着真正的威严。首先，这些建筑毫不伪装，毫不掩饰其所从事生产的工作。因此，这些建筑首先就有一种适宜之美，它们就像巨大的工业堡垒，给人一种庄严宏伟的感觉。我认为，要是换上哥特式的窗户，建造一个仿吉奥拓式钟塔的烟囱，可能会增添几分美感，但这样做只是在掩饰其本质的存在。一些"热心"之人将锡耶纳市政厅的塔楼比作根茎上生长的百合花，让我感到很恶心。一座塔楼就该有塔楼的模样，而不该像百合花。在建筑方面，则又是另一码事，我想，在烟囱上做一些装饰，用白色的砖头堆砌成光滑的圆筒，在烟囱顶上装一个软管，这似乎让烟囱显得有点文雅，我却觉得没什么必要。伦敦雷根特公园附近有一座发电厂，电厂烟囱顶部用一些好看的砖石作为装饰，我觉得看上去的确很美观。明媚的早晨，我可以看到慢慢升腾的烟。阳光灿烂的日子里，远远望去，可见许多塔楼上都耸立着烟囱。这番景致有种独特的魅力，让人觉得没有必要跑到意大利去领略一番。

  我想从一个更为朴实与平常的角度来看这个问题，倘若本书的读者知道伦敦西北部铁路的话，那么他们一定会记得，乘车经过卡尔莫斯车站时，可以看到一座巨型工厂，我想那应该是一个铸铁厂。那是一个宏伟的铸铁塔楼：钢铁外层沾满红色的泥尘，显得很斑驳，一根巨大的软管形成怪异的球形，轮子在高高的阶梯上驱动着细长的杆棒，高高的底座，耸立的脚手架，这些都跃出了簇拥的小房舍，俯瞰着一大堆矿石与并排的卡车。夜幕降临后，这里熊熊的火光染红了天际，火苗在空中张牙舞爪。白天，这个地方似乎板着脸，一副憔悴的模样，满地垃圾，一个劳动后的场景。对一个持温和观点的文人来说，这完全是一个充满神秘的建筑。我不知道这些软管、蓄水池、轮子以及脚手架有何作用，但是，人们显然在这里进行着真实与充满活力的劳动，我觉得，这是一种真实与深刻的印象。这些工厂建筑面积庞大，气势逼人，形状古怪，甚至让人觉得甚为阴森。这些建筑有一种真正的庄严感，我差点想用"雄伟"一词来形容。请看看镀铁的钟楼与狂热的机器吧！这激荡起奇异、震惊、恐惧等情感，一如教士所说的"高处不胜寒"的感觉！建筑的轮廓有自身的气势之美，我会满怀喜悦的心情去欣赏，只要它还在视线之内，这些建筑就会牢牢地吸引我的注意力。

我与一位颇有成就的女士交流了这些观点,这位女士居住在乡村,她对山川、悬崖以及奔流的河水充满热爱(我对此也同样钟爱)。她听了我的观点后,耸耸肩,微笑着,说我总是那么喜欢"自相矛盾"。我无法以内心真正的想法去说服她。最后,她说工厂烟囱排出的烟气杀死了附近的植被。我回答说,这个地球并且每个地方都要被植物覆盖,毕竟,农夫的耕作,其实只是换了一种方式而已。

当然,我并不希望铸铁厂破坏地球上美丽的景色,莱德河畔与格拉斯米尔河畔之间,人们肯定并不愿意看到铸铁厂的身影,因为这会破坏当地优美的景色。但是,这些铸铁厂自有其存在的地方。我认为,在合适的地方,它们是可以散发出美感的。

一个有迷雾的清晨,我从剑桥出发前往圣·潘克拉斯,在剑桥附近,有一个大型制造厂,那里有两个多层的白色砖石建筑物,一条长长的走廊将两个建筑连接起来,它们看上去饱经岁月的风霜。建筑师在那里进行最后一层的装饰,其中一个建筑的尽头是一堵经典的山形墙,尽显优雅之气。但是,我敢肯定这些建筑因其高度、体积以及功用而具有应有的美感,至少,我个人能感觉到其中的美感。我觉得,很多人都能发现其中的美,只要我们不以陈旧的眼光看待,不抱着从中取乐的心态,就必然会有这样的感想。顺便提一下,我敢说圣·潘克拉斯酒店的这幢建筑有一股岁月的醇香,不少旅行者都会从大老远跑过来欣赏一番,迷雾笼罩下的这一切都有一种自然的美感。在我眼中,这些建筑的美感不因其代表的劳作、生活以及能量而减少半分,绝没有给人懒散、奢华或高雅的感觉,它们的存在不是为了让休闲之人大饱眼福的。

铁路沿线有一个巨大的工厂(我记不清具体位置了),高高的塔顶俯瞰着一片树林,塔顶滴落的滚烫液体所流经的表层,显得斑驳。在我看来,无论从建筑轮廓还是质感来说,这座建筑都可称得上雄伟。我深信,要是人们能够敞开心扉,抛开成见,就必然会被其蕴含的艺术美感所震撼。

我并不是说，我们应该故意建造一些工厂以营造艺术的气氛，对抗哥特式风格的教堂建筑。春日的早晨，艾利大教堂在果园上突出出来，显得如此可爱，而那些过分装饰的提灯则让我感到粗俗。我想，人们不会因哥特式的尖顶、尖状的石块怪异的摆列而感到烦躁。艾利大教堂西边的大塔楼显得如此沉静、简朴，远胜于五十座装饰精美的教堂。这些教堂坐落的区位一般都远离人烟，虽然教堂在慢慢地变旧，但对它们的维护却是进行着一些毫无意义的装饰。在艾利，我看到一座庞大的多角形砖制水塔，做工精细的拱形与朴素的轮廓，散发出真正的美。

　　我可以肯定，将我们对美的感受局限于哥特式圆形拱顶以及花饰窗格，无疑是肤浅的。我认为，圣·保罗大教堂这类经典的建筑才是真正高雅、美观与庄严的。这些建筑坚固的构造满足人类的需求，同时彰显凛然不可欺的尊严。哥特式建筑通常就像雕刻在石头上的糖果，不实用。人年龄越来越大的时候，就会越发喜爱朴素、平淡、实用的建筑，越来越厌恶装潢与人为的摆设。关键的一点，还要拓展美感与宏大的概念。当我们谈到图画、玻璃以及木雕这些代表人类智慧结晶的精美作品时，我们其实是在讨论另一个话题了。这些巧夺天工的艺术品能够激荡起人类的情思，其中所蕴含的优雅是我们苦苦找寻的。在谈到建筑之美时，就会与另一种情感相冲突。我们必须思考这些建筑的意义是什么，抑或是否浸透了人类劳作的汗水。我时常觉得，干草堆与谷仓旁的乡村老舍要比刻意装潢的别墅与庄园、人为营造的公园或花园更有美感，更让我感动。因为，后者代表着人类慵懒的休闲，而前者则体现了人们的生活与劳作。最为实用的建筑，一般都是让人最为欢愉的，而那些为寻求快感而营造的建筑则不然。要是朴素的建筑都能具有足够的美感，并向世人证明原来造物主也喜欢这些实用的建筑，并以此为傲，我想那时每个人都会拥有最真诚的品质了。

　　看到北部或西部的河谷、古老的工厂、历经岁月风霜的砖块，走在铺设在小溪上的那条很有韵味的木制走廊中，望着钟塔上白色的窗扉、做工精美的圆屋顶，让人感觉这一切都是那么悦人耳目、如此和谐。而钟塔旁的泥土与垃圾放得都是那么随意，一点都不让人觉得邋遢。必然会有一位饱受教育的"肤浅者"看到这些建筑的时候，不屑一顾，觉得非常丑陋。当然，现在盛行复古之风，在我们建造东西的时候，都想着如何增添古色古香的元素。但我认为，这是一个错误的标准。若建筑物结构坚固、完全实现其功用，那么它就没有不美的理由。我经过英国制造加工区的时候，看到许多极为平常的建筑——大块的砖石层层叠叠，一排排的窗户以及突兀而出的烟囱。当我说这些建筑都带给我某种深沉的满足感时，我并没有显得自相矛盾。因为这些建筑的存在都是有其功用的，在落成之前，人们就已经在脑海中有所规划与想象了。

  我没想过要改变任何人对此的看法，但是我必须坦率地说，现在的我有更多享受美感的途径，可从更多事物中感知愉悦。要是我认为上述那些事物都是不正常或丑陋的，只是对着瀑布或峰顶而惆怅，那就得不偿失了。让我更坦诚地说吧，我觉得，山川景色有一种妙不可言的魅力。山川拥有让人陶醉的特性，虽然这种特性并非完全有益的。相比之下，田园简朴的景色带给我更加持久的震撼。因为那一片片的树林、苍绿的牧场以及簇簇的村舍，都让人流连忘返。正如人们在剑桥郡所见到的英国乡村，一般都有果园，古朴的教堂，宽广的农场，广袤的牧场等。在我眼中，所有这些都带给我至为甜蜜与柔美的感觉。因为这一切都是从人类的爱意与劳作中自然生发出来的，然后在这片土地上默默地生根发芽。即便如此，我仍然坚持工厂所具有的美感，因为它们的存在是极其自然的，融汇了人类的生活与劳作。宣扬这些建筑的美感绝非是对其他事物的反对，只是希望善男信女们能睁大双眼，让心灵感受更加简朴的东西，不要觉得美感只是存在于豪华的装饰或精美的装潢中。

浅谈灵感

不久前，我坐在一张手扶椅上阅读一封信，左手边的一位朋友正在伏案写作。我说："我刚刚收到乙君一封很有趣的信。"他看了一下我，似乎十分惊讶。我说："怎么了？"他回答说："这真的太神奇了，我已经几个月都没有想起乙君了。但刚才你还未说出他的名字之前，他突然闪过我的脑海。"

很多人都会遇到这样一个让人震惊的例子，无论是朋友或熟人之间，无须任何言语就能直接进行思想交流。一般情况下，我所经历的这种情形，都是发生在毫无缘由地想念某个朋友，也许好长时间都没有联系了，但在第二天就收到此人来信的情况下。这种情形发生的频率在亲密之人身上更高。许多人都会有同样的感觉，在与朋友交谈的时候，时常会揣摩他即将说的话。无疑，后者出现的部分原因是因为熟悉朋友的思维习惯，这也算是一种无意识的感知吧。

我想，任何关注"精神协会"研究的通情达理之人都不会怀疑这种力量的存在，现在科学管这叫心灵感应，虽然其存在与发生的条件，我们仍知之甚少。要是一些人专注于某些预想的物体，然后描述给那些有心灵感应能力的人，后者就能准确无误地描绘出这些物体，虽然他也不清楚自己画的东西代表着什么。有一个试验的记录曾登在报纸上，我想这个试验是让人信服的。试验是这样的：一群人都同意要再现一些物体，一个女孩来描绘，她在纸上所画的东西就像甜瓜，有细长的茎，然后，她在纸中心附近画了四条平行线。接着，她有点犹豫，但最后还是在甜瓜两边的横线之外写上了两个大写的"S"。女孩不知道这些图画代表着什么，背后的谜底是小提琴。甜瓜与茎代表的是乐器，四条线则代表弦，而大写的"S"则是刻痕，因为刻痕的形状大约就是如此。为了产生共鸣，小提琴放在弦两边。人们可以想象那些不知道谜底的参与者在得知结果后，内心的想法：这是小提琴，这是手把，这是弦，这是两个刻痕，就像"S"在弦两边。关键的是，虽然潦草的字迹本身难以辨认，但是一个乐器最为显著的特征还是粗略地描绘出来了。

这个试验本身并不如之前的电话与无线电报那般让人觉得不可思议。一百年前，要是某人预言人的声音能通过电线穿越大西洋，或在没有任何电线连接的情况下，在异地通过接收器收到发射到空中的电报信号，那么此人必然会被视为荒唐可笑的异想天开者。要是心灵感应的法则能被人们所探究，那么说不定在以后的某天，人们相隔一定的距离，也能在没有视觉或听觉信号的情况下，进行思想上的交流，这也不是不可想象的。某人死去的时候，影像会浮现在他的朋友心中，这一"重现"的现象不容科学家们去质疑，显然，这预示着某种能量的存在。我们还不知道这种信息交流所依赖的媒介，也不了解这种交流在何种状况下才有存在的可能。但是，某些和谐与怜悯的思想似乎有一个极为重要的基础，就如正常接收无线电报都需要一定的物质存在基础。

当人类第一次进行电的试验时，出现了一系列的零碎现象，比如出现闪光，琥珀在猫背上摩擦会产生电火花，这些现象都是如此熟悉，却又难以解释。没人曾将这些现象归结为相同的一个常识，也没有人想过将这些能量转化为人类所用。要是有人暗示说，从琥珀的摩擦中获得的能量，终有一天能驱动引擎，点亮房屋，让信息在大洋两岸之间迅速传递，那么此人必然会被视为天马行空的梦想者。现在看来，这些现象都是再熟悉不过的了，就如国民的运动一样，恐慌如闪电在人群中散播出去。话语的治疗影响，催眠术的作用，这些都可能是某些广泛存在的精神力量。对这种精神力量的深入研究可能对人类的进程起到极为重要与深远的影响。我毫不怀疑，此时我们正处于一个探索未知精神领域的初期阶段，探索的结果可能会最终改变人类的心灵发展与促进人类的进程。但另一方面，我想这方面的探索研究最好还是留给那些训练有素的科学家们，这并不是一个业余的人可以涉猎的领域。诚然，一个心智脆弱与轻信他人之人很容易沉迷于这些臆想的情感之中，这可能摧毁他的智慧与生活的快乐。无论这是一种什么样的力量，现在还是显得那么神秘，但它们存在的条件某天可能会被获知与界定。这种力量现在还未能确定是何方神圣，但它们的存在却是毋庸置疑的。我本人深信，那些缺乏基础科学知识而又敏感的人们宣扬的所谓精神现象，都只是在瞎搞，这样的行为本身就是心理病态的症状，应该尽力去抵抗与遏制。我想向那些观察细致与训练有素的专业人士表示敬意，他们怀着极为认真的态度去研究所能获取的一切证据。

有些性情特别之人并非为了去获得这些经验，而只想忠实地记录下来，这也是完全可以理解的。若某种奇妙的精神体验降临到一个理智之人身上，那么，他完全有必要去仔细地记录下来，然后寄给精神协会这样的机构，让他们去做专门的分析。

我深信，正如这个地球存在着一种物质的联系，所以，尘世间任何物质发生轻微的位移，都会对整个空间产生实在的影响。也许，还可能存在某种精神上的联系。因此，我们脑海闪过的每一个念头或思想，都对整个精神领域产生一定的影响。我们再也不能因为肉身的桎梏而限制思想的漫游了。当然，我们还是会感到自身个体的存在，每个人的身体结构都在散发出一种自身没有意识到的吸引与颤动的物质。要是我绕动一下手指，这个世界就与刚才不一样了。而在精神领域内，亦是如此。要是我的脑海泛起一个善念或恶意，那么其带来的恩惠或灾难则并不仅限于我。这种思想就像一层涟漪，无论多么不起眼，都会缓缓地泛过精神之海的尽头。意志、冲动、思想乃至祈祷的作用限制，我们都还不熟悉，但无论我们的思想或祈祷看上去多么没有结果，其泛起的震颤还是在肉眼看不见的空间里飞逝，穿越永恒的精神维度。我们不敢说所有的祈祷都会在现实中灵验，精神与物质的交错着实让人捉摸不透。但这种精神力量的作用则是不会消退的，无论这是何种作用。倘若世上最为寂寞的灵魂，身体饱受病痛躺在病榻上，精神混沌之时，向夜空无声地许下了一个心愿，那么这个世界就与没有祈祷之前不一样了。

爱的宽恕

一天,我在教区教堂里聆听一位年轻助理牧师的布道演说。这是一个无论在情感还是形式上都可称之为上乘的演说:情感表达自然,措辞得当,我很久都没有聆听过这样的演讲了。对于这位牧师在演说中所持的立场,我无意去反驳,但我真心不敢苟同。

这是一个关于宽恕主题的演说,按照这位牧师的说法,上帝虽然自由大度地宽恕所有的罪孽者,但他们仍然要接受严厉的惩罚。

令我不解的是,此处是否可以使用"宽恕"一词,因为按照人们约定俗成的语义,"宽恕"一词与这位牧师使用的语意是完全相悖的。"宽恕"一词的本意是,即使某人犯下了一些错误,但受害者并不打算让侵犯者接受应有的惩罚。受害者不愿对这些不愉快的事情耿耿于怀,而想尽快忘怀,就好像自己根本没有被别人冒犯过一样。宽恕某人的债务,就是让欠债者以后都不需要偿还了。要是债主对欠债者说:"我可以宽恕你的债务,但你还是要乖乖地偿还所欠的每一分钱。"我不能将这称为宽恕,在我看来,这与《福音书》中对"宽恕"的定义是相悖的。在那个债主与欠债者的寓言故事里,当欠债者说:"要对我有耐心,我会偿还你的。"他这样说不仅是希望债主能延长他还债的期限，而且还希望债主能赦免他的债务，以后不再提这事了。当债主没有展现出仁慈之心，仍强迫收入卑微的欠债者还钱时，欠债者终于知道自己要遭受惩罚了！主的祈祷之语与下面这句是相对应的：请宽恕我们的僭越，因为我们也会宽恕那些冒犯我们的人。要是我们选择去宽恕那些伤害过我们的人，而上帝却仍然让我们去为自身的罪孽接受惩罚，那么这并不意味着上帝宽恕了我们。凡人对宽恕本质的理解，不就是债主既往不咎吗？但宽恕的定义是不可能如此片面，难道上帝只是在道德层面做出让步，以此来为自己正名？当儿子偷了父亲的钱，要是父亲对儿子说："儿子，我原谅你的偷窃行为，但是我还是要将你送到警察局，让你接受法律的制裁。"难道这是基督教倡导的宽恕吗？这样做能称之为宽恕吗？

更重要的是，随着世界的发展，谁也不能保证惩罚会得到公正与适当的执行。一时的粗心大意通常会受到很严厉的惩罚，而故意的犯罪若能细心掩盖的话，就可能逃脱所有的惩治。心肠狠毒而举止谨慎的犯罪者可能让人察觉不到，甚至完全不用因他们所犯的罪行接受惩罚。而一些无知莽撞的少年则可能只是因为犯了一个小错误，结果一生都蒙上了阴影，让人生所有美好的前景都成了泡影。我自己也曾遇到过这种情况。我所能说的是，倘若一些罪行真的应该接受严重的惩罚，那么给予冷血、残忍却又谨慎的犯罪者们的惩罚，就应该是残酷得超乎我们的想象。当然，大自然并没有总是因为罪行而惩戒人类，它所惩罚的，只是所有过犹不及的行为。上帝也会惩罚那些因无知而僭越法则的人，严厉程度好比惩罚故意犯罪一般。但我们必须坚信一点，自然的法则也是上帝制定的。

一个少年堕落到犯罪的深渊，发现自己日后的人生都将因所受的惩罚而蒙尘，看不到半点希望，他诚心祈求上帝能宽恕他。要是他知道上帝这样说："是的，要是你诚心忏悔，我宽恕你，但你的一生都将因你的罪行而背上耻辱与骂名。"他会有何感想？也许，他是被一些心肠更为歹毒的人引入歧途，而那些人似乎还在吃香喝辣，百事无忧，生活一帆风顺。你叫他如何去相信世间公理与正义的存在呢？事实上，我们该如何去解释这个事实：即上帝时常会很严厉地惩罚那些因一时疏忽而犯错的人，似乎对一些恶贯满盈却又善于隐藏的人放纵不管呢？

我想，要是不正视类似这样的疑问，那就是一个极为致命的错误。只是让这些念头从人们的脑海里闪过，然后获得某些若有似无的微弱满足感，是毫无用处的。要是漠然视之，那么当我们真正遇到与此相关的具体问题时，就会发觉整个信仰系统会轰然倒塌，手足无措，感觉前途一片茫然。

我认为，要想解决这个问题，首先，就不要拿自己的处境与其他人做比较。我们所处的境遇，只有自己最清楚。事实上，很难找到哪几个人会觉得上帝不公正地惩罚了自己的例子。事实恰好与之相反，我时常惊讶地发现，原本我以为会对上帝的惩罚有所抱怨的人，都显得很平静，甚至为自己接受的苦难而感恩。在我看来，他们似乎正在遭受过分严重的惩罚。

其二，我们必须笃信一点：上帝的惩罚绝非残忍与变化莫测的，在接受苦痛洗礼的时候，有机会让灵魂不断升华，而这是其他途径所不能达到的。就我个人的观察与经历来说，可以肯定一点：苦难不仅能带给人性格的转变，而且还能让人获取真正的幸福，让人因此萌发耐心、勇气以及怜悯之心。心灵也有一种神奇的力量，可将过往遭受的苦难统统遗忘，即便这些都曾刻骨铭心。当人们蓦然回首，敞开心扉，过往那些充斥着烦恼与痛苦的日子，早已化成了一缕缕甜美的芳香。

因此，我们必须要笃信一个事实，即上帝的宽恕是真实存在的，没有任何戏剧成分。要是我们所遭受的惩罚看似超越了自身所犯的过错，这并非因为上帝是一位锱铢必较的惩罚者，让我们饱受苦难。上帝这样做，只是让我们得到一些无法以其他方式去获取的东西。

我们所犯的错，在于将上帝视为自律主义者了，要是某位父亲对儿子说："儿子，我原谅你，但我还是要惩罚你。"我们可能只是觉得，这位父亲还不知道宽恕的真正含义。事实上，他还要惩罚儿子的这个行为，就说明了他内心并不真正相信儿子的忏悔之心，而是要通过惩罚来保证儿子的忏悔不是为了逃脱惩罚的托词。有时，我们还是不得已这样做，或是觉得自己必须这样做，这是因为我们无法真正读懂别人内心的真正想法，要是我们知道别人的忏悔是真挚的，那就根本不需要任何惩罚。人类在上帝面前，是没有任何隐瞒可言的。要是某人忏悔自己的罪行，然后洗心革面，改过自新了。倘若这个过程中没有出现任何让他感到恐惧的惩罚，那他会因上帝大度的宽恕而深深感恩。要是真的遭遇惩罚，那他也会自我反省，是否自己的忏悔不够真诚，抑或只是一个为了逃避惩罚的权宜之计。

最让人难以去面对的，是无知的父母对无辜的孩子所犯下的"罪行"。这似乎超出了人类对正义观念的范畴。要是我们能将之视为上帝的一份礼物，那么就不会再有这样的困惑了。诚然，我们必须要运用人类所有的能力与知识来缓解或移除一些可治愈的痛苦。否则，我们最终只会陷入诡辩术这一可悲的泥沼之中，甚至还会认为，只要能取得好的结果，给别人带来痛苦也是无所谓的。

而我们所犯的最后一个错误，就是虽然我们都宣称对永恒充满了信念，但事实上却并不相信这一套。对于上帝正义的思想，我们还是只局限于肉身在这个世上存在的短暂时光。要是我们能意识到，这是更为宏大、宽阔与渺远的事情，那我们就会心平气和地面对困难与烦恼，学会去慢慢等待。

倘若我们要向上帝学习，那么在落实行动上，就必须坦诚自由地给予他人宽恕。要是我们能展现出完全信任他人忏悔的真诚，那么于人于己，我们都是得益的一方。即便我们有时会失望多次，也要胜于某些人假惺惺地宣称，别人作假，他们必须接受惩罚，因为后者的做法根本就不是基督教"宽恕"应有的本义。我们不能说："我已经宽恕你很多次了，而你每次都再犯，这次我再也不相信你了。"相反，我们要这样说："你让我失望了很多次，但这次我还是选择相信你的忏悔。"有人会说，这只是温顺与软弱的情感体现。我认为这样的说法是错误与低俗的。在世人眼中，这可能显得愚不可耐，但这才是真正让灵魂觉醒的力量。我并不是说，要不顾一切不假思索地去这样做，即便真的这样做了，也要比不信任的猜疑更为高尚与纯美。有一种考量是这样的：觉得应该出于抓典型或震慑作用而去实行惩罚，以为这样对犯错者更有好处。这样的出发点必须给予极为严谨与真诚的审查，我们要确保个人的报复心理没有裹上一个冠冕堂皇的理由。我还记得小时候在学校因违反纪律被一位老师惩罚的经历，这位老师宣称这完全与个人恩怨无关。但我还是感觉到，他在惩罚我的时候，内心深感高兴，因为他终于为困扰自己的烦恼找到了一个发泄的渠道。当他说这样做，其实是"打在我身，痛在他心"的时候，我内心充斥着一种被欺骗的感觉。我知道他说的话并不是真的，我只是觉得大人们在这些事情上所说的话都是不可信的。

  因此，要是我们铁了心要去惩罚别人，那最好还是不要去谈论什么宽恕了，这两者是不能同时存在的。通常来说，宽恕最好的方式，就是去遗忘；或至少要表现出我们已经忘怀的样子。也许，最为宏大与美妙的解决之道，就是秉持那句法国谚语的精神去做：爱，就是去宽恕一切。

自怜有用吗

大家都熟知那喀索斯的故事吧，他在林间的泉边饮水时，看到自己在水中的倒影，竟为自己的美丽所倾倒，将自己短暂的余生都用于自我欣赏，这个寓言故事彰显了志得意满的虚荣心。但自人类感知到自我意识之后，就想方设法地以巧妙的方式来进行自我欣赏。现在，不仅那些伪善之人乐于展现自己的高尚之处，那些官员也陶醉于自己的谦卑与卑微的公众形象，这与中世纪人们那种忏悔的故作悲伤之情是截然不同的。当时，柯克斯托尔修道院院长图尔吉斯尔斯就是代表人物，在今天看来，他为自己所犯的罪孽表现的悲伤似乎过于夸张。一本年代久远的编年史曾这样记载："他的懊悔之心是无边的，在平常谈话的时候，他也难掩自己的泪水。而在祭台庆祝的时候，他更是难抑眼眶里打转的泪水，与其说是暗自垂泪，还不如说是挥泪如雨。因此，几乎没人会在他面前谈论关于宗教的话题。"让人不解的是，在历经九年这样的"梨花带雨"的情况之后，柯克斯托尔修道院的其他僧侣们觉得，还是应该让其他更有才干的人去当他们的院长。

我想，图尔吉斯尔斯的眼泪毕竟是因为感觉到自己还远未实现理想而落下的。而在这个时代，实在是泛滥着太多"四十五度仰望星空"的哀怨与感叹了。我不会偏激地说，当代关于自怜的艺术已发展成司空见惯的现象，但是，这种现象的确难以尽数。这种自怜的本质是某种自满的痛苦，一种在比别人遭遇更多且更严重的问题而生发的优越感和与众不同感，还有就是比他人更为敏感的性情。我还记得曾与一位几年前去世的老妇人见面的场景，她一生遭遇了很多苦楚，我想，她选择去面对这些苦楚的方式完全是出于一种本能的心智力量，让自己从中获得缓解。她无法忘记或摆脱那些悲伤的事情，所以她选择让自己为遭遇这些事情而感到骄傲。每当她听到别人讲述他们所遭遇的灾难时，她总会说，这些与自己遇到的相比，根本不值得一谈。她没有在忧郁的沼泽中闷闷不乐，而是很喜欢社交活动。当看到别人都玩得开心时，她也感到很高兴。她不愿见别人落泪，她会说，别人落泪勾起了她对过往不快的经历的回忆。一直以来，她都是一位内心善良的女人。我觉得，当她坐下来，给那些失去亲人的人写安慰信的时候，是她感到最快乐的时候。这种流露出来的悲伤曾一度让我倍感困扰，我现在终于明白了，我这样说没有半点犬儒的意味，而完全是出于坦率之心，这就是她转移自己悲伤的一种方式：她对生活中一些小的戏剧情节深有兴趣，正如别人从其他方面获得乐趣一般。她觉得自己是一个浪漫与有趣的人，被神秘与让人印象深刻的悲伤情感笼罩着。而她所察觉不到的，是那些遇见她的陌生者认为她的生活充满了悲哀，圈子里的一些朋友觉得她有些让人厌烦，甚是怪异。

诚然，自怜是一种病态，一个深受自怜之苦的人，与身染其他让人不悦缺点的人一样，都是值得怜悯的。这有点像羞怯，羞怯是让人不悦且阻碍人前进的顽疾，但是没人想故意成为羞怯之人，帮助羞怯之人的唯一途径，就是鼓励他们对外在事物产生兴趣，使用另一半沉睡的大脑。因为当我们获知更多关于心理或道德知识的时候，就会发现，羞怯只不过是大脑分子的排列不当所致，意味着一些脑细胞还没有得到充分的调动，让羞怯之人的举止不能像常人那般自然与自信。

其实，自怜就是人人皆有的虚荣心外露的表现而已，不论听到或见到什么，虚荣之人总是以己之长去与别人进行比较。一个对自己外貌虚荣的人，身处一群丑陋之人中间，内心甚是高兴；要是某人不安地发现别人更英俊，就会觉得所谓帅气并不仰赖于外观的比例，而在于表情的丰富程度，然后为之沾沾自喜。所以，诸如此类，自怜之人总是拿别人的"穷丑矮挫"来与自己的"高富帅"相比。要是他人的缺点比自己更明显，他就会感觉到自己的优越。

我想，女人要比男人更容易受此问题的困扰，一旦男人患上这样的毛病，则是糟糕透顶的，因为男人往往比女人更为主动。我记得，一位年老的绅士在晚餐时总是乐于表现出让人悲伤的顺从行为。他帮桌上的其他人舀汤，但当别人给他端汤的时候，他却摆手说不需要。然后，桌上的一些女士们纷纷说一些安慰的话，而这位绅士语气庄重地回答说，希望别人不要注意到自己，他没有吃晚饭的食欲，但他不想让自己的不安情绪影响别人。然后，众人纷纷劝他，最后他宣称为了大家就勉为其难，只好吃点饭。他极具风度地舀了一碗汤，最后声称这是一顿很丰盛的晚餐，因为他敏感的性情已经得到足够的奉承。

一般来说，男人要比女人更少患上这种"疾病"，原因很简单，因为男人有更多的事情要做，必须要走上社会，与人交往，这样就没有精力过分去关注自己了。但是寂寞的女人或家庭主妇们，来访者少，也没什么外在的兴趣，除了准备三餐之外，也没什么家务活可干，因此有很多时间来感伤一些事情，就容易陷入这种自怜的思想之中。这种自怜的情绪特别容易出现在丧亲之痛时，真正的情感让生者对逝者产生一种错误的忠诚感，而那被拉长的悲伤感似乎是忠贞之爱的最好证明。正如查尔斯·金斯莱夫人曾庄重地对一位朋友说："每当我发现自己过分想念查尔斯的时候，我就去阅读最感伤的小说。心是要去爱的，而不是为了破碎而存在的。"这的确是一句真实而又勇敢的话啊！

即便人们曾意识到这种过分敏感其实是一种病，要想根治又是何其困难啊！要是人们不打算去获得一些治愈的疗法，那么进行探讨也是无益的。在上述这种情形下，最好的治疗方式，就是千方百计地找寻一个外在的兴趣，或至少是一份责任。若是某人去从事一份职责明确的工作，一份与他人打交道的工作，让自己不要总是沉湎于个人的幻想之中，那么，这种疾病可能就会得到遏制或根除。当然，这是一种解决方法，虽然通常是比较痛苦的方法。沉迷于悲伤之中不能自拔的人总是觉得，别人应该给他们足够的空间，此时的他们并没有能力去面对一些事情，应该让他们暂时缓一缓。但是，让他们去尝试一下吧！比如，让一个女人去从事一份职责明确的工作，当然这份工作越适合她肯定越好，即便这可能会让某些人感到不安，也没关系。在每一个小村落里，都有一些人需要去照看与安慰，通过投身这些工作，人与人之间的关系就有了拓展与扩充的神奇力量，如星星之火，慢慢燎原。因此，生活慢慢就变得更加亲切，更加喜人。即使事情并不如此发展，但在完成某件事情或实现某个目标时，还是会感受到乐趣的。

当然，那些真正深陷痛苦之中的人，是不必匆忙地从中抽离的。每个医生都深知，当某种压力减弱或伤口愈合之后，当事者却仍会沉浸在无力的习惯之中，觉得自己还是无法去做任何事情。某天，有人告诉我一个关于某位年长大主教的有趣故事，大主教陷入了忧郁之中，导致无法履行自己的职责。每天，他坐下来尝试写作和阅读，但总是不经意地陷入忧郁的思绪。数月过去了，他的医生从一些显而易见的状况察觉出，他其实已经完全从忧郁的阴影中走出来了，却无法唤醒他沉睡的心灵。一天早上，有人说另一位常驻的大主教突然生病了，没人来主持仪式了。这位老人马上从椅子上起来说："我想我能行。"于是，他穿上白色的衣服，就出去了。让人惊讶的是，他享受着主持仪式这一过程。从那时起，他又恢复了往日的健康与活力。

这个例子证明了基督科学的内涵，即我们多数人都能忍受比自身想象更多的苦难或去做更多的事情。而让自己摆脱精神恐惧最有效的办法，莫过于让自己动起来，消灭负面的情绪。那么，十有八九，最终被消灭的，就是精神上那些臆想的恐惧。

　　深陷自怜之中并不可怕，心灰意冷才是致命的，这两者的出现都是因为心灵的组织框架出现了问题。要想让许多人从自怜的泥潭中摆脱出来，就要让他们意识到，自怜会表现出多么丑陋与难堪的一面，让人倍感寂寥。心灵痛苦之时，展现出内心悲剧的情感，这是让人印象极为深刻的，但是，人不能因此而备受困扰。志得意满地彰显自己矫情的悲伤，这在道德层面上是极为恶心的。耶稣基督劝诫我们，那些想在公众场合展现自己祈祷的人，最好还是回家，关上门，自己慢慢进行吧。同样的道理也适用于发自内心的悲伤，而难以自拔的悲伤更是如此。当然，很少有人会觉得自己阅人无数，心境淡然，觉得这是一个纯然美好与舒适的世界。但沉湎于自怜之中，人其实是削弱而非增强自身的忍受能力。一个世纪前，妇女们喜欢在公众场合下晕倒，这还是一种时尚呢；而那种不时晕倒的能力更是一种让人骄傲的资本。后来有些人坦言，照顾一些时刻晕倒的妇女，直到她们清醒，实在是太烦人了，所以后来这种流行的风尚就慢慢消失了。沉湎于自怜，不仅是对勇气的有害克制，而且也是对这个美好、有趣以及让人兴奋的大千世界的一种侮辱。倘若生命有什么意义的话，那么必然意味着，我们拥有获得一些人生阅历的机会，可走一段属于自己的人生旅途。而我们若是呆坐在路边，双手捂脸，啜泣摇头，只是为别人的朝圣之旅感到兴奋、激动与共鸣的话，那我们可能就已经落下太多了。最后，当我们整理好衣装，发现别人早已不见踪影了，只能在黄昏时分，迈着无助而又羞愧的脚步，慢慢跟随。而我们原本应该与他们并肩同行，享受旅途中真挚谈话与分享美好愿景的快乐。

夜半钟声

这是将近四十年前的事情了,当时,我们全家还居住在伦敦,父亲在这里担任主教。我们这群小孩子之间有一个不成文的规定,就是当大家聚在一起的时候,就会在假期的第一天里,向父亲索要教堂大门的钥匙,然后走进中央塔楼的钟楼上。赶在中午之前,亲眼看一下大汤姆钟,并听听它报时的钟声。

我们这群小鬼时常跑到南面的耳堂,那里有一个蜿蜒的楼梯可往上走。耳堂里很凉快,砖石散发出怡人的味道,仿佛进入了某个静寂与黑暗的世界。我们沿着楼梯往上走,突然看到了一个小洞,透过此洞,可窥见屋顶、花园与飞翔的小鸟。环顾左右两边,通往拱形圆顶的通道还在上面。接着,沿着楼梯,我们就进入一座宏伟的塔楼,走廊上有让人目眩的栏杆,还有点亮的提灯;我们往下可以看到排列整齐的风琴管,唱诗班分布的位置就像一幅地图。沿着楼梯继续往上走,最后扭转一下钥匙,就进入了高高的、布满灰尘的房间,金色的阳光从方形罗浮宫式的窗户透射进来。

虽然,大钟安放在一个许多栏杆围成的圈子里,我们还是可以看到大钟的模样。随着时间越来越接近正午,时间在嘀嗒的钟声下一分一秒地流逝,我们显得越发紧张了。以前有人讲过一个故事，是关于一个不幸的人在钟声响起的时候，站在钟下面。当钟声刚开始响的时候，大钟就掉落在地上，血从那人的鼻子与耳朵上迸溅而出——当然，这只是一个传说，不过，此时还是一片安静。

  这就是大汤姆钟的本尊了，巨大的轮子使钟摆来回晃动，而其一边有一个巨大的黑色锤子，用来报时；在另一边则是另一个锤子，用皮革捆扎着。要是某个教会名士去世了，就会奏起声音含糊的钟声。在这两个小钟之上，是报半刻钟的和谐钟，虽然它也很大，但与大汤姆钟相比，还是小巫见大巫。某个女生胆子很小，就想着到楼梯口那里躲避一下。时钟最终还是指向了十二点，接着就是訇然一响，其中一个小钟的锤子似被什么神秘的力量突然一拉，猝然向后，静止，然后突然一转，其他的锤子也跟着一转。震耳欲聋的钟声呵！这样的钟声重复了四次，接着是可怕的停止，回响慢慢地消失。大汤姆钟似乎深思熟虑了许久，然后从容地敲响钟声。凡人似乎不敢从容地等待这一钟声响起的时刻，最终锤子一颤，猛然一搅动，似往回拉，接着又是巨大的震荡，悠扬的钟声瞬间在空气中流淌。有时，人们能够避而远之，但待在楼梯口那里是最糟糕的，因为那里的回响就像回荡的海浪一样，来回荡漾。我慢慢觉得，小钟的撞击发出的声响要比大汤姆钟本身洪亮的声音更让我震撼。

  不知多少次，在大法官办公室那个有竖框的卧室里，我与哥哥望着窗外的敏斯特·格林。在某个起风的夜晚，四处静寂之时，突然听到大钟撞击发出的浑厚声响，漫过屋顶，悠悠荡荡。

  我认为，没有什么能比听到习惯性的钟声，更能激发人对某个地方的精神与记忆的认同感了！在伊顿公学，那里的校钟发出某种碎裂质感的声响，我不知如何用言语去描述，总之是无法在钢琴上重现这种声音的。直到现在，我仍清晰地记得，作为学生的我在伊顿度过的第一个迷茫的夜晚。对陌生环境若有若无的恐惧，重重地压在我的心头。而不远处的大钟，在清晨破晓之际响起钟声，激荡着心绪，让人敢于投身到认识新面孔与承担未知的责任中去。当我听到那钟声的时候，根本没想到，自己日后的人生——无论是作为学生或校长——都还能听到这样的钟声，诉说着快乐或忙碌的时光。每当我听到钟声，内心就泛起一股无以名状的情感，觉得自己应该在这里鞠躬尽瘁，死而后已。

春日的早晨，远处教堂的钟声，浮荡在苍翠树林与繁花盛开的山谷间，飘入耳畔，内心会泛起一股多么强烈的情感啊！很难去解释它们所唤起的微茫情思——半醉半醒的清新感，让人惊讶的愉悦之心。就像布谷鸟的鸣叫，让人的思绪回到那段纯真懵懂的岁月，原来生活充满了新奇的阅历与激扬的活力；或是钟声在头顶回荡，仿佛婚礼的队伍行进到了门廊，风管琴在不断地吹奏；抑或在日薄西山的孤独时分，塔楼上响起浑厚的钟声，似让心绪脱缰，飘向未知的远方。当钟声断断续续地响起，就好像即将举行隆重的葬礼一样。

剑桥的一大魅力就是有很多钟，这里有圣·玛丽大钟发出的悠扬和谐的钟声；在夜晚，宵禁时，钟声指引着晚归的人越过栅栏，返家。国王学院的钟声并不浑厚，但我本人很喜欢。小教堂的钟声不够庄重，不符合场合的需要，很嘶哑，甚至有点尖刻的味道。三一学院则有一座新的大钟，声音很洪亮，还夹杂着数不尽的铁质器具击打后的声音，在塔楼或钟楼上，有很多这样的大钟。最近新建成的罗马天主教教堂，那里的钟声洋溢着严谨而又浓郁的宗教旋律的味道，每过一刻钟，就响一次。时间就这样悄无声息地溜走了，人们根本没有感知到钟声的存在，更别觉得被钟声打搅了。大脑具有一种独特的能力，能完全忽略任何平常的声音或重现的调子，除非这里面包含着某种人类难以理解的东西，或超出了常规的范畴。

诚然，钟声要归属于人生的平和之音，钟声里糅合了这个地方的生命气质与艺术氛围。正如我所说的，钟声饱含着神奇的力量。在长久远离钟声的日子里，耳畔突然传来一阵久违的声音，内心那早已忘怀的感觉再次涌上心头。我所铭记的时光，充满了欢乐，不留一丝的愧疚之情。

身处小学院的一大乐趣，就是我可以在一个古色古香的礼堂里挂上一个小钟。每当报时的时候，一个小钟发出银铃般柔和的声音；而两个小钟则在每刻钟到来之时同时响起；当三个钟一起响起的时候，就像拉赫玛尼诺夫①创作的前奏曲一般。那些去过圣·保罗大教堂的人们都对此很熟悉，因为那里有时会演奏他的曲目。

我所喜欢的，是这三个钟可能会成为我对此处记忆的一个缩影。直到最近，有一个钟发出刺耳而又散漫的声音，没有任何的庄重感，也没什么回响，只是一个单纯的报时器而已。但是，一想到这些新建的大钟日后可能交织出后代人的欢乐与梦想时，又感到很快乐。阔别数十年后，熟悉的钟声可能让人突然回想起往日某个阳光温煦的午后，在小院里玩耍的情景，唤起了故友的声音，孩童时渺茫的梦想与欲望，畴昔的意气风发，无忧无虑的轻狂岁月。人不能沉湎于追忆过往，不管人生翻滚的浪潮如何迅猛——随着时日的慢慢流逝，这股浪潮会更为迅疾与专注——因此，回忆起往日的岁月也是大有裨益的。我们可以审视一下，自己的梦想实现了多少，是否有忠实于自己的目标。这绝非多愁善感的做法，而是以更宽广的胸襟与磊落的态度去面对，让我们可以满怀感激之情去希冀未来。只有这样，我们才能探寻人生的秘密与神秘之处，意识到其重要性，窥探到目前还未露出端倪的伟大序曲。

---

① 拉赫玛尼诺夫（Sergei Rachmaninoff，1873—1943），俄罗斯作曲家、钢琴家。——译者注

八哥只是一只鸟吗

今天,我长时间地观察着一大群八哥,它们聚集在一片栅栏围起的专属羊群活动的田野上。八哥是一种很有趣的鸟类,一身靓丽的外衣。八哥身上的颜色总是顺应"潮流"的,在一个蒙蒙的早晨,它悠然地栖息在灰白色的巢穴里,活像一位受人尊敬的农民;阳光灿烂的日子里,它如鸽子一样改变光泽的表面,展现彩虹七彩的颜色,或如喷溅的石油着火时展现的艳丽。它的喙又尖又长,却运用得那般英勇。看到八哥在忙活,真是甚有兴味。它从不淡定或默默地面对任何事,喜欢极尽喧嚣之事。它似乎总是在赶路,始终在忙活,仿佛追赶一列即将出发的火车。它大口大口地吞着食物,似乎这是几个星期来的第一顿,也可能是它这个月来的最后一顿。其实,与其他鸟类相比,八哥是举止最为鲜明的鸟儿。要是你将一些面包碎屑撒到草地上,就会发现自由散漫的知更鸟第一个赶到,蹦跳着望着眼前这一幕,最后才觉得自己可能要分一杯羹;然后麻雀挥舞着翅膀,愉悦地咯咯叫起来;接着就是雀科小鸟绅士般翩然而至,动作优雅地叼起属于它们的食物。突然,一阵扇动翅膀的声音传来,一两只八哥气喘吁吁地赶来,它们恐惧与兴奋交加的表情,似乎已下定决心,要在为抢食物被打死或饿死之间做出一个选择,它们决定选择前者。它们奋力地将全部食物一把抓起，然后迅速飞走了。

八哥栖息的时候，却非常害怕无聊的侵袭。它们集合在一起，然后像意大利主教那样，临着薄雾，唧唧不停地感叹着时间的流逝。它们睁开双眼的那一刻，就开始对听到的各种声音进行怪里怪气的模仿。对它们而言，人生就是一场永不停歇的游戏。

多年前，我在苏格兰一个狩猎小屋里度过冬季，八哥喜欢在湖中的一个小岛上栖息，小岛四周生长着密密麻麻的杜鹃花。在白日将尽的下午4时，它们通常聚集起来。首先来到集合点的八哥通常绕着巢穴的上空不断盘旋，迟到者加入进来，在空中一起自由地舞蹈。夕阳慢慢沉没之时，可见八哥从四面赶来，在那里聚集着厚厚的一层，环绕着小岛，翱翱飞翔。一里之外，一群密集的八哥如流变的气球，时而厚厚地叠加在一起，时而散开，就像一面招展的旗帜。最后，八哥集合完毕，在发出某个信号后，默默地飞回小岛。一两分钟内，它们都已回到了栖息之处，然后发出一阵喧嚣的声响，每只八哥都扯着嗓子，颇有唱响晚祷赞歌的味道。几分钟后，似乎又在某个信号的指挥下，歌声突然停止，没有半点缓冲，如冒气的蒸汽闸突然被关闭。要是某人靠近一点，拍一下手掌，八哥群又会大声喧闹起来，一大群八哥如箭射向天空，恢复它们的队形。声音消失之后，又徐徐地飞回栖息处。

今天，我静静地看着数以百计的八哥在草地上寻寻觅觅，似乎在研究着什么，附近几棵树都挤满了八哥，发出叽叽喳喳的叫声，如一壶煮开的水。我蹑手蹑脚地靠近树篱，想要近距离地观察，它们也继续在那里觅食。突然，一只八哥似乎嗅到了危险，仿佛一道命令下来了，数以百计的八哥飞到半空，驻足在树梢上的八哥也飞过来加入这个队伍，然后一起飞到旁边的休耕田地里，在那一片安全的地方继续觅食。

也许，那个信号在八哥群中是极为清晰的。让我迷惑不解的是，它们到底如何完成这种演变的呢？它们以极为有序的方式飞向开阔的天际，彼此间保持着一定的距离，根本不存在相互碰撞的可能。这其中蕴含的方法着实让人不解，真不知道谁能定下如此有序的步调与精准的方向。当八哥飞离的时候，节奏是那么同步，展翅飞翔的时候没有一丝困惑或失措，人们会简单地将之称为它们一种本能的反应。我认为，即便是幼小的八哥身处这样的环境，也会觉得这种行为是完全自然舒展的。但是，整个动作过程暗示着一系列非凡的心理过程：敏捷的观察力，快速的推论，即时的演算，对某种指引的无条件服从。很难看出是哪只八哥担当指挥的，也许根本就不存在着谁指挥谁。因为，一大群八哥在田野觅食的时候，充当指挥的八哥开始带队，飞跃出来，跟在后面的八哥必然瞬时获知了一套明确与预订好的程序。要是人为地将八哥驱赶，前面的八哥似乎要比后面的更快一点飞起来，似乎就是领军者了。事实上，整个过程是一个完全有序且极有系统的演练，甚为优雅。我见过一大群八哥自然地飞翔到靠近树篱的地方，突然被一个从干草堆里冒出的小男孩吓着的情景。人们可能会觉得，受此突然的惊吓，它们会乱了阵脚，但是，八哥却整体笔直地往上飞起，仍保持着完美的队列。

我记得担任校长的时候，有一次指挥男孩们进行队伍的演练。虽然，他们都很愿意听从指挥，也想做出正确的动作，但是，最难的还是让他们准确地完成表演。男孩们根本无法保持距离，要是第一排的人突然停下来，后排的人就会有惯性地挤过去。要是尝试一下稍微复杂的队列变化，整个队伍会瞬时乱成一盘散沙。男孩们都知道自己想要达到的目标，他们应该有八哥那样的智慧吧。

这就是动物非同寻常的地方，它们的推理能力在某些方面似乎极为出色，在另一些方面却让人深感绝望，它们要花很长时间去养成新的习惯。同时，它们又似乎很快就能接受新的思想。比如，山鹑学会了不再害怕经过铁轨的火车，人们能见到它们在铁轨旁的田野上，面对着呼呼而过的火车，泰然自若。它们似乎已经知道了，这不会对自己造成任何危险，所以，它们对此全然不顾。山鹑年复一年地光顾打靶场，来来去去，但却从来察觉不到需要去避免一些潜在的危险。即便一只小山鹑之前在此受伤，一两周后，还是会有一群鸟儿照样光顾这个打靶场。我猜想，可能随着时间的推移，它们慢慢区分出驱鸟者与猎手的不同之处了吧。但是，它们这种不完整的推理能力仍然让人觉得甚是奇怪，而它们的直觉又是那么敏锐与精确。

我记得，有一次观察一只雌性山鹑守护着一窝雏幼的山鹑的情景。山鹑全副心思都投入到照看这些幼儿上了，要是有谁胆敢靠近栏舍，它就会怒不可遏。而那些"小家伙"也意识到这是它们的母亲，都会跑到它的身边寻求庇护。但是，在一周的时间里，它却将这些小家伙全部踩死了。事实上，有一次我亲眼看到它将一只小山鹑踩死，只是为了让小山鹑免于因我靠近带来的危险。

八哥在公共利益面前所展现出的智慧，值得我们做一番有趣的探讨。八哥是一种极为喧嚣与自私的鸟类，要是其中一只八哥找到了食物，数十只八哥就会赶过来争抢，直到瓜分完毕，它们对他人的权利没有一丝的尊敬。它们虽然如此自私，但又是一种喜欢群居的鸟类。它们的社区感与彼此陪伴的欲望是难以阻挡的。它们心中崇尚帝国主义式的"联邦"，它们对某种指挥的顺从是无条件的，但它们又是完全无序的，一刻不停地彼此作对。

我想，八哥这种社区模式也许是主张人人平等的社会主义原则的实践产物吧，虽然领导这场运动的八哥必然是走错了方向。八哥生活的模式是让它们满意的，它们显得很健康，通情达理，却又很贪婪与强壮。八哥从不会有莫名的忧郁，也不会无精打采。要是哪只弱小的八哥辛苦觅到的山雀被一只更大的八哥抢走了，它也不会花时间为之感伤或感到愤懑，它只是迅速地去找寻其他的食物而已。它们似乎感受不到社会问题带来的压力，它们的常识与行动都处于一个很高的水准。显然，它们应归属于中产阶层的生活模式。我们无法想象八哥在月亮之下如夜莺一样引吭高歌，它们必须要为生存而不断努力。在清晨的休闲时光里，它们就会对所有声音进行粗劣的模仿，如正常人在工作之后，晚上到俱乐部或音乐厅里放松一下。八哥是出了名的勇敢与幽默，云雀与夜莺这些孤独的灵魂似乎对生命之美有着某种深藏不露的乐趣。显然，八哥将云雀视为傻瓜，因为云雀将很多力气与时间花在唱歌与飞翔上；八哥显然也是鄙视夜莺的，因为夜莺在原本应该进入梦乡的时分，还有闲心对着明月，闻着花园的香气放声高歌。

我不完全赞同八哥的做法，它们的生活是井然有序的，显得忙碌又合理。它们能将自己的利益与"公民"的责任完美地结合起来。我欣赏它们难以置信的演变过程，羡慕它们对任何隐私的无视。但是，八哥究竟只是一个快乐的"学童"。它遵守秩序，乐于享受食物，不像蜜蜂那样总是忙碌，也不像黑鹰那样热爱群居。它只是一个因循守旧的"坏蛋"而已，要是人类走上了八哥这条"幽默"的道路，我将深感遗憾。

格言的真谛

某天,我尝试去研究一幅无名画像的历史,只有一句格言给我一点线索。这句格言是:"我受难,这样我可能受益"。我翻看了许多文章式的座右铭去找寻这句话,发现佩顿家族有这样一句格言:"我受难,我受益。"最终,这句座右铭被证实是斯坡迪斯乌德斯家族的。

我要坦承一点,在翻阅许多格言后,我发现格言都是由极为平淡的语言构成的,我深感震惊。这些格言通常是许久之前流传下来的陈词滥调,本身没有任何特殊与出彩之处,却以一个有趣的角度展现了英国人的性情。之前,我从未想到的是,收集这些格言会对认识国民的性情与动机有如此重要的帮助。倘若人们想一下,那些以这些格言为人生导向的人,也许是他们从人生阅历中总结出来的。因为,人不大可能将一些无法代表自己人生理念的话作为格言的。在研究英国这些著名家族的格言时,有几点让我很震撼。这些格言都将美德视为成功的基础,极为看重荣耀与信守格言,其中很多都带有浓厚的宗教与基督意味。"基督的十字架"这样的字眼在这些格言中并不少见,而且一般还是出现在"十字架"一词占据最重要意义的格言里。但这些格言也并非都充满了理想主义与想象力,抑或充满诗意与隐喻,大多数格言都显得很得体与坦诚，有一定的实用价值。其中不少格言都对财产的神圣性这一观点表达了肯定的态度。因此，朱什的格言是"寇松①有啥，就让他有啥呗"；里德尔家族的格言是"我希望与人分享"；德·塔普利的格言是"我将保持"；德尼家族的格言是"丰收应属于我"；而爱克林的格言则更加坦率，"不能两手空空"；德·特拉福德斯有一句古老且颇具侵略性的格言，"狮鹫，抓紧了，不要掉"；格里维斯的格言则是"我不敢说这些东西是我的"；考珀家族有一句既优雅又庄严的格言，我想这句话的意思是"这是你的"。

让人印象最为深刻的一些格言都只包含一个单词，汉密尔顿公爵的格言是"穿越"；霍克爵士的格言是"击打"，这的确很适合一位著名的棒球运动员；圣·文森特爵士的格言是"因此"，透出饱受教养彰显出的深沉优越感；艾尔默家族的格言是"哈利路亚"；埃利斯布里的马奎斯家族则有一句让人深感悲情的话语"我们曾到过那里"，这无疑是一句充满哀伤的格言，我想，这句格言暗示家族门第荣耀已成为历史的一部分了，但这句话却总是有某种"人事已矣"的味道。

还有很多有趣的双关格言，都是与家族的姓氏有关的。沃斯雷斯家族的格言是"人就该像狼一样对待别人"；菲尔法斯爵士的格言是"言与行"；蒙斯尔家族的格言是"幽默地给别人建议"或"睿智地劝诫"；弗农斯家族的格言是"春天并非总是绿意盎然的"或"弗农家族永远昌盛"；博尚家族的格言是"命运之神待我不薄"；福特斯克斯家族的格言是"领航者的安全就是最牢固的盾牌"；多伊勒斯家族有一个很有趣的格言，"不要说多伊勒斯的坏话"；最巧妙的格言当属翁斯洛家族的，格言大意是"欲速则不达"或"慢慢来"；卡文迪许家族有一句很厚重的格言"小心驶得万年船"。

也许，最为有趣的格言当属恩斯金家族的，"以审判获得清白"，显然，这是家族第一代那位睿智与幽默的法官大人所想的；达斯乌斯家族有一句充满

---

① 寇松（George Nathaniel Curzon，1859—1925），英国保守党政治家。——译者注

宪法意味的格言,"捍卫大宪章①"。

还有不少充满想象与美感的格言,艾格顿斯家族的格言是"即便如此,但……",这其中蕴涵了一个语言上的顿绝;葛弗爵士有一句关于取得伟大胜利的格言,"勇士们,向前冲",我想,这是他在战场上指挥士兵所说的一句著名话语;还有一句是"一步一步地征服",下一句对称的是"假如天助吾以力",威廉·莫里斯将后者作为自己的座右铭;奥斯特鲁德斯家族的格言是"要是我不能坚持的话,就会灭亡",抑或表明另一种意思,"要是我没有失去的话,就会失去生命";哈利法克斯爵士有一句颇为安于现状的格言,"我喜欢自己的选择";马斯威尔斯有一句很有美感的格言,"思考";蒙特菲欧莱斯则有一句更具美感的格言,"思考与感谢";拜伦的格言则是一句充满豪情的战争呐喊,"要相信拜伦";雅尔德·布勒斯也有"苍鹰不捉苍蝇"这样一句有趣的格言;德·巴特斯家族有一句充满犬儒意味的格言,"吾不固执于琐事";马斯里斯家族有一句很有哲理的格言,"狼的死亡预示着羊群的生存";皮克斯家族有一句很优美的格言,"大师来了";德拉摩尔爵士的格言则暗指自己擅长挥球;多宁顿爵士有一句很悲情的格言,"点亮黑暗";敦肯贝斯家族的格言是,"这并非我们独自的功劳";埃勒斯弗德斯家族也有一句很美的格言,但是很难将其翻译过来,大意是"在纯然的真诚中生活";莫尔伯勒公爵的格言是西班牙语,大意是"虽受辱,不改忠诚";卡莱尔爵士也有一句发人深省的话语,"我想,却做不到";卡多根斯家族的格言是,"羡慕他人之人,自降身价"。

在我所提到的饱含基督教义的格言里,巴兴爵士有一句格言是用古希腊文书写的,现在这种语言早已没人使用了,大意是"从十字架中获得救赎",现在,人们所理解的意思大约是"上帝冥意,吾将荣耀";莱奇米尔家族的格言也是与众不同的,大意是"基督耶稣在鹈鹕",稍微涉猎到鹈鹕用自己的血

---

① 大宪章,1215年订立的宪法,用来限制英国国王的绝对权力。——译者注

肉之躯去喂养幼鸟这一古老的传统；卡拉轮敦爵士有一个很古怪的格言，"十字架是对信仰的考验"。

我希望上面所举的例子足以表明一点，这些美妙的格言包含着生活与希望的结晶，充满趣味与启发的意义。我并没有过分地看重其存在的意义，却真切地重视这些古老而神秘的家族格言。在心力交瘁、欲呼天抢地或需要振作之际，这些格言的确能带给内心某种安慰。家父年轻时也曾有一句很优美的格言，"以光为我的指引"。但在担任特鲁罗的主教时，他戴上了新的徽章，因为有些人对他佩戴这个徽章颇有非议，于是，他又以一句法国的家庭格言为指引，意思是"从善如流，无所畏惧"。这句话刻在那枚伴随我多年的金戒指上，现在这些字迹差不多都被磨没了。我相信，要是有一句伟大、睿智或是鼓舞人心的格言能流传下来，让后世人能以此作为行为准则，是让人振奋的。这些格言所代表的情感也许有点脱离常识，但心智与灵魂都被这些象征真理的话语所震撼，让人以一种古老的骑士风度来升华自身的希望。我觉得，在这个世上，情感所起的作用甚为巨大，虽然大多数人都不愿承认这点。很多善男信女的人生支柱，就是自己家族与其他家族相比所带来的微茫的优越感。要是别人直接指出这些，他们一定会矢口否认。事实上，他们暗地里总是认为，自己的做事方式、穿衣打扮、举止的风度、就餐的食谱、摆设的家具，无一不彰显出一种自尊，而这是外人难以理解的。因此，家族的荣耀可能只是一件范围狭小且不带怜悯的事，却是这个世上一种颇为积极的力量，引导人们出于某种高尚的原则，饱含尊严，极具风度地生活下去。在现实生活中，我们更多的是受直觉支配，而不是理智。让人感到庆幸的是，在公共场合，我们会贬低这种家族传统，称之为一些多余的情感。但世人却被直觉所控制，因为直觉会让人们觉得，家族的传统要求自己要有高尚的举止，要是我们的行为不能达到自身教养所要求的标准，就会暗地里谴责自己。

外面的世界

我想，对忙碌的人来说，这个世界没有比他人无谓的打扰这一"无伤大雅"的毛病更让他们难以接受了，似乎哲学也无法给出合理的解释。下面这个例子就很好地阐述了这句话的道理。不久前的一个晚上，我终于有闲暇时间去做之前落下的事情，我刚要开始工作的时候，一个我之前只知道名字的人走进来，询问是否可以与我交谈一下。几周前，我与他通信时，已经商议好了见面的时间，当时，我给出了三个日期，他要做的只是选择其中的一个。他走进来，说自己碰巧路过剑桥大学，觉得要是能亲自见我一面，会让他更加满意。他说："当面交流一些问题，真是让人轻松啊！"接着，他谈到了我回信中的一些内容，喋喋不休地说起了反对我提出的那两个日期的"正当"理由。我说，这对我来说都是一样的，要是这样的话，可以选择第三个日期啊。他接着说，对于将要探讨的话题，他深感兴趣，希望能听一下我在这个问题上所持的观点。在接下来的半个小时里，他滔滔不绝地谈论着他对那个问题的看法，显然，他的观点与我不同。但当我刚想回应他观点的时候，他抬起头说："对不起，请让我说完自己的观点，待会我再听你的反对意见。"他接着又讲了半个小时。之后，他说："我不能再占用你的时间了，我很高兴可以有这个机会与你就这个问题进行坦率的交流。"接着，我俩谈到了一些无关大雅的话题，彼此恭维了几句，最后，他彬彬有礼地向我道别。

当我回想起这次"打断"带来的烦恼时，内心就很不舒服。我意识到，那人的出发点也许是善意的，我猜想，他可能还觉得那样做能让我免于写作之劳苦呢，并认为我希望聆听他关于那个话题的见解。我觉得，他始终没有想过一封信是可以在两分钟内写完的，也没想过我根本就不想听他对这个话题的想法。倘若从最实在与功用的角度来看，他的来访不仅占用了我的时间，而且还影响了我的收入。我所做的工作是要挣钱的，作家的一个劣势，就是很多人往往认为，写作是可以在任何时间去做的。他们在面对医生或律师的时候，就不会抱有这样的想法。

上面阐述的这个例子无疑是极端的，但我真不知道该如何去应对。要是拒绝不见的话，会显得很无礼。要是我在相同的场合下——当两位来自威尔特郡的绅士想要去拜访罗德大主教的时候——他说自己没有时间去听他们的恭维之语，就从另外一扇门走了，那么，那个人肯定会觉得自己很唐突无礼。

当然，人还是要允许一定程度的"打断"，作为一个大学官员，我深知每天都要去处理新的问题，随时会遇到让人中断手中工作的事情——一个打来的电话可能是关于商讨见面的时间，某人可能需要去借一本书，一些校对的工作需要去做，抑或某人要到图书馆去悬挂一些画作——每个人都知道这些是很琐碎的事，但人每天都要机械地去处理这些工作，就像在下雨的时候，自然而然地撑开雨伞一样。我记得家父在担任主教的时候，曾经历过最让他难以理解的事，就是要将很多时间浪费在旅途中，只是为了去履行一些社交或仪式的责任。一天的时光就在旅途或与人恭维中度过了。我想，也许家父过于低估了自己出场的作用，也许他会给在场的人带来精神上的某种提升呢。该做的紧迫事情一再延后，没有空闲时间静下心来思考一些重要的问题，因此，那些忙碌的人怎能不抱怨说："这样浪费时间到底是为什么呢？"

家父每当有空闲时间，就会全身心地投入工作，不注重身体的健康。所以，我觉得日常的这些打断对他而言其实是好的，因为这样可以强制他去休息。还有一点更值得我们深思：这个世上没有比始终以平静、幽默的心态去面对琐碎烦人的见面、访谈或是打断，全身心投入到这些事情中去，不让来访者觉得敷衍了事或感觉唐突，更能锻炼人的自律性了。我记得，威尔金森主教曾满脸严峻之色地对我某位迟到的朋友说："你应该守时，如果你做不到，最好不要七嘴八舌地去找借口，否则你就犯了两个错误。既然你来了，我们就算你准时，仔细认真地讨论这个问题吧。"

毕竟，很少有人时间能如此宝贵，活在世上，并非要一个不落地完成自己的目标，而要不时地与人打交道，增强彼此间的怜悯之心，让别人感到舒适自在，为人生增添几分舒适愉悦的感觉。当然，我们不能任由别人随意打扰，从而将自己要做的工作堆放在角落里。也不能像我的一位朋友那样，总是到处拜访别人，然后抱怨社交活动让人无暇去阅读与思考。但是，正如我们所说的，大家都生活在一个充满"打断"的世界，这就是生活的一部分。

某天，我在一个小型商会里遇见一位大企业的老总，我知道他的工作，也不想占用他的时间。但见面的氛围并没有想象中那么严肃，而是感觉自己似乎又交到了一位朋友。这位老总自然地坐在沙发上，以简洁的语言回答我们的问题。接着，他坦率地谈论着接下来提出的问题，接受别人的批评与中肯的建议。当我离开时，另一位拜访者刚好进来了，我不知道那位老总是否会在心里哀叹自己今天"人品不佳"，但他表现出来的，仍旧是友善与亲切的笑容，与人友好地握手，并很有礼节地邀请我们说，要是有什么事情还不够清楚的话，还可以下次面谈。

真正重要的是，我们不能失去对生活的把握。对于热衷忙碌且又精力充沛的人来说，他们很容易过分高估自己的工作，低估与别人关系的价值。没人能免于单调乏味的工作，而另一方面，乏味的工作是没有任何价值可言的。《福音书》陈述的最为清晰的一个原则，就是我们不能因沉湎于生活的细节，失去更为宏大与高远的视角。一个完全沉浸于工作的人，以致无法忍受任何干扰，这样的人就好比吝啬鬼，只是想着自己的金钱罢了。过于劳碌之人与吝啬鬼都深受一个扭曲的"美德"折磨：他们一开始觉得这是节约，最后都变成了一架机器。

　　通常而言，打断只不过是让人性的浪潮涌进有序的人生罢了。我们今天所面临的危险，就在于每个人都想变成"专家"。而这种过分追求"专业"的做法，意味着心灵失去了应有的平衡。一位忙碌的父亲没有时间去关心自己孩子的事情，无论他出于多么崇高的动机，或是因为多么重要的工作，他还是没有履行父亲的职责，而且是完全失职了。贺拉斯曾说，当一季的傻瓜也是很有趣的。其实，这既有趣，还能培养与他人友善的关系，让别人感受自己的友爱，这完全是基督教义的基本要求。我记得一位很杰出的校长总是急着去认识新的学生，要是往届的学生去拜访他，他却不安地坐在椅子上，嘴里哼着，左右摇摆，不时盯着手表，手里还拿着报纸，给别人一种他的宝贵时间正在被浪费的感觉，所以，别人也不敢再来第二次了。某天，我也得到了一个深刻的教训，我希望自己以后能铭记于心。剑桥大学一位同事对我说，某位大学本科生想就一个小问题征询我的意见。我说："为什么他不来找我？"同事回答说："他也想啊，但是他害怕打扰到你。"我很感激那位年轻学生的礼貌与周到的考虑，但我将这视为一个重要且富有价值的批评。我可不想因为别人几句"勤奋"之类的赞美而牺牲应有的人性。

　　整个问题的关键，就是我们必须让自己明白，被人打断不一定是坏事，而要视之为与这个世界交往的有趣纽带。我们必须予以欢迎，而不要去抱怨。我们必须养成决不让自己过分沉湎于工作，或是做事匆忙、脾气暴躁的习惯。要记住，无论我们的工作或职业多么重要，首先，我们是人。无论多么热烈地去追求任何理想，都不能取代生活中日常的义务、责任以及应有的礼节。

民主好简单

据说，某人在与泰德主教谈论教堂事宜的时候，使用了"当前的危机"这个词语。"危机？"主教说，"教会事务一直都存在危机，从我懂事以来就有了。"也许，同样的话语在政治或宗教领域都是成立的。当前，国民对政治的兴趣及其普遍存在危机所持的忧虑感，就是一个活生生的例子。民众没有获得足够的权利，也没有努力地去争取。他们只是发现如何使用他们梦寐以求的权利罢了。问题在于，这将在多大程度影响我们的社会生活呢？这也是普通民众对政治仅存的一点兴趣。多数人所希望的，就是能尽可能自由地按自己的想法活着，尽量不受管制。诚然，对深谙政治游戏之道的人来说，这是一种很带劲且让人兴奋的游戏。

普通民众对专业性政治的兴趣还比不上对烹饪厨艺的兴趣呢，他们只需要一位手法娴熟的厨子，薪酬合理就行。只要他们能享受美味的食物，就不会太在意这些食物是如何整出来的。要是晚餐的菜肴不好吃，厨子索要的薪水又高，主人就会走进厨房，大发雷霆，打翻锅盘，甚至炒了厨子，而放在政治领域，就要闹出一场革命来。但是，普通民众只是希望生活能更精彩一些，更丰富一些。在让人生精彩的过程中，最糟糕的是，不少人只感到愤懑与单调的劳累。我们不能默认这些负累的存在。有一位高尚的老者关闭了原先向公众开放的公园。他说，每当看到游人在他家五百尺内的范围内游览，就让他感到很苦恼，觉得私人空间被打扰了。当然，他完全有权利这样做，只要这样能带给他舒适。但要是在一个人口众多的国家里，每个人都这样想的话，那么，也将没有那么多的私人空间可供享受。

当然，一个国家的宗旨应该是保证大多数人的权益，哪怕可能要牺牲极少数人的利益。诚然，这个过程必然会不时出现诸多的不便，要是某人得了天花，他自觉地待在家里接受治疗，这肯定是皆大欢喜的结果。但是，社区里的人也完全有权利要求他住在被隔离的医院里。多数人不愿意冒染上这种疾病的危险来成全此人的舒适。确实，多数人强迫少数人牺牲自己的利益，这包含着某种程度的不公。相比起让少数人强迫多数人，这样做显然又更为合理。国家有义务让所有的国民都享有平等的权利，让他们人尽其才；同时保障弱小群体，教育国民对他人的权利抱有一种合理、理智与健康的态度。

也许要想最大限度地满足一个国家的利益，就要尽可能地鼓励一切富有才华与勇于进取之人。国民一心想着发展自己，挖掘自身的才华与智慧，那么这个国家也会更加健康与强大。要是国家过分压制民众，要求每个人都付出等量的劳动力，罔顾他们的才华与兴趣，这是一种毫无生命力的平等主义，对一个民族的活力与进步构成致命的打击。查尔斯·金斯莱到美国进行访问的时候，一位编辑对他说："金斯莱先生，我听说你是一位民主主义者，其实我也是。我的格言是'枪打出头鸟'。""天啊！"金斯莱说，"这是对人类智慧多么恐怖的认识啊！这种观念不是想着激发每个人发挥自身的潜能，而是压制一切的潜能、创造力与高尚的举止，让所有人都处于死气沉沉的状态。要是这算民主，那我就不是民主主义者。"

某天，我与一位名人进行交流，他说自己的妻子对政治所持的女性观点总让他感到惊讶，让他充满了兴趣。他曾阅读过一些政治演讲的材料，他的妻子对此进行了饱含蔑视意味的批评。他对他的妻子说："我觉得你对民主并不感兴趣。"他的妻子沉默了一下说:"是的,的确如此,我只关心民主激发出的那些领军人物。"这是一个符合常识且富有教益的批评。很多人不愿去谈论民主,是因为他们觉得这似乎让普通人蒙上了一层光环,不见伟人的身影,而普通人似乎很难引起别人的兴趣。不久前,《斯特兰德杂志》上连载了一些图片,我觉得,这些图片是在同一敏感片上拍摄的,图片里是数百人的合影,让读者对普通人有某种印象。在我看来,这些相片的有趣之处,在于它们制造了一种极其平凡甚至模糊的效果。相片中的普通人不仅没有半点魅力,而且显得卑鄙、表情呆滞、相互猜疑、甚是无聊。很多人最不愿意看到人性的本真,就以无趣的方式使之排列起来,显得极为单调。

普通人的观点就形成了人们所说的公众舆论,公众舆论是很有趣的,值得去研究。很多人无法将自己的观点表达出来,一般而言,他们显得沉默寡言,甚至不知道自己到底在想些什么,只有当别人需要他们表达的时候才会说出来。但他们很难被说服或信服他人。要是他们听到某个与舆论共鸣的观点,就会说:"是的,我也这样认为!"要是他们听到一个与舆论相悖的观点,就会说:"那是瞎扯!"多年以后,当年那些被他们谴责的观点也许会获得他们的共鸣,此时,他们就会说:"是的,这样的说法很有道理。"但是,这种转变到底从何而来,潜移默化的过程到底是如何开始的,这仍是一个谜团。一切就这样发生了,公众舆论对任何生动或可悲的事物都极为敏感。单个震撼的事件要比一大堆理论推敲更具说服力。有趣的是,舆论倾向并不一定就是合理的,而是带点戏剧化与多愁善感的味道。有时,舆论会被某人的个性、外貌、姿势或流畅的语言所影响,然后就据此笼统地给予分类。"某某人这样说过,所以这肯定是正确的。"事实上,这很像一种孩童的本性,总喜欢那些让自己快乐与自己觉得有趣的东西,而根本不会理性地看待。也许,人们为后世做的最大贡献,就是以简明与富有吸引力的方式尝试一些合乎常理的原则,借此推动公众的思想启蒙。

就个人而言,最糟糕的是趋向于悲观的恐慌心理。事情的转变不可能一蹴而就，而是缓慢渐进的。即便法国大革命疾风骤雨般地来到，也没有深刻地改变法国普通民众的日常生活。某一个阶层时常深受这种恐慌成见的影响，事实上并没有出现财富均化，社会平等也并没有得到显著的增强。普通公民的职责，就是怀着友善的心态做出适当的让步，然后专注于自己的生活。这并不是说大多数国民赞同动荡的局势或掠夺的惨乱。"不，绅士们，"在史蒂文森著名的寓言里，甚至连残忍的海德都这样说。"都希望避免一场混乱。"大多数理智之人所渴望的，是工作、秩序与和平。大多数具有常识之人都热爱工作，觉得要是没有工作的话，生活会很枯燥。几乎所有人都渴望一个井然有序、平和的家庭。民主本身所感兴趣的，就是让所有人都能摆脱哪怕最开明专制者的统治。民主所要求的权利，就是提升工作环境，让人不会陷入无助的苦累之中，让和睦的家庭成为现实。但是，民主不能靠恐怖的政策来获得。民主的确值得夸耀，但不能陷入懒散、无序、蔑视或压制这些"副作用"之中。舆论已经让人们察觉到这一点了，而且研究还有更加深入的趋势。一个国家的希望，在于努力改变国民的生产环境，在职权范围内带给国民全面与高尚的乐趣，让国民专注于简朴的生活与彼此间真挚的关系。这些都不是一时就可以实现的，也无法通过一些我们无法控制的运动，抑或让人们带着怨恨之心勉强去默认它的实现，我们必须爽快地答应。正如《福音书》所说的，最好还是要满足适宜的要求，也不去索取哪怕多一点。

心不在焉怎么了

心不在焉本身并不具有魅力，在我认识的人当中，心不在焉之人几乎都是富有魅力的。一般来说，心不在焉与坦诚这种美好的性情为伍，夹杂着某种幻想的成分。心不在焉会给当事人及别人带来诸多不便，但这种性情之所以还能继续存活，是因为当事人一般都察觉不到心不在焉带来的苦恼或健忘带来的荒唐。要是某人对自己时常心不在焉感到苦恼，就会马上意识到，必须克服心不在焉这种习惯。心不在焉体现心灵上某种程度的童心未泯，还意味着敏锐的心智能力，耽于自己的思绪，不能自拔。诚然，心不在焉要是与恼怒与愚蠢的举止结合在一起，这将是最糟糕的性情。

在我认识的最为心不在焉的人当中，最为熟知的当属一位稍有名气的教士。我小时候常到他家去玩，他年轻的时候就曾有诗名。在我的记忆中，他就是一位说话很有分量的牧师了。但他也不局限于此。他在布道演说时很随性，总是讲一些自己感兴趣的事情，他似乎对极为枯燥的事物也能产生兴趣。他的布道演说让人陶醉不已，整个过程下来就好像阅读一本书，时常会觉得这本书的内容非常优美与有趣。有时，听众会觉得极为震撼，似乎之前没有听过如此熟悉的话语。我还记得他曾以极富情感的话语讲述基督的诞生。"因为小旅馆再也没有空间了。"我至今也不知道这种效果是如何传递出来的。他在演说的时候，脸上挂着忧郁而狡黠的笑容。那些无法进入会场的人，深知自己错失了什么。

我的这位老朋友留着浓密的头发，似乎从来都没有梳理过。一双深邃的眼睛，沙哑的嗓子，说话时声音仿佛从远方传来一样。他的衣着总显得很寒碜，但却给人某种高远庄严的感觉。对我们这群小孩来说，他曾让我们恐惧又让我们开心，他似乎从来都不理会我们。若是遇到我们，他也会轻手抚摸我们的头说："小屁孩，我知道你们是谁，但我不知道你们叫什么名字！"而小孩无法做到的一点，就是在公众场合说出自己的教名与姓氏。我不认为他是一位很称职的牧师，因为他很少会见所属教区的信众。但人们还是怀着尊敬与怜悯之情去对待他，他的一位朋友曾告诉我说，当他与妻子坐在一起的时候，就会完全沉浸在自己的思绪里，然后找一些莫名其妙的词汇来阐述自己所处的状态。当他走进来的时候，会卷起袖子，给人一种他似乎做出了什么重大发现的感觉。他看着自己身上的外衣，才发觉原来这件衣服真的很小。于是，他想要是能够以这件衣服为材料，应该可以做一件漂亮的夏日短上衣。他眼神中闪烁着睿智的神色，深情地说出了这个建议。在他的家庭里，他的这种很有爱却又有些无助的性格获得了赞许，家人会细心地照顾他，希望世人能更好地了解他。

德国小说家弗莱特格[①]曾说过一个很有趣的故事，我记得这也是一个讲述心不在焉状态的故事。故事的主人公是一位貌似不食人间烟火、喜欢沉思的教授。有次，教授到一个朋友家拜访，不幸的是，为准备晚餐而即将被宰杀的家禽发出了哀鸣，这让他听到了，这完全倒了他的胃口，他不愿动桌上的任何食物。细心友善的女主人在他离开的时候，坚持用纸包裹一些鸡肉让他拿回家，以防他路上感到饥饿。而一只忠诚的狗在厅室里看到了这位教授

[①] 弗莱特格（Gustav Freytag，1816—1895），德国戏剧家、小说家。——译者注

的口袋。它的那颗自以为聪明的大脑就觉得，此人就是小偷。于是，小狗就悄悄地跟上，咬着他的口袋不放。每当小狗咬一次，教授就脱一次帽，而小狗还是继续咬着不放，教授只好说："亲爱的，谢谢你，我向你鞠躬了！"事实上，这位教授与姐姐小时候外出散步的时候，遇到一些他本应致礼的人时，姐姐都会给他一个信号，扯一下他的外套，提醒他脱下帽子。

我年轻时曾见过一位著名人物心不在焉的情形，这也是相当让人费解的。当时我走在前往白厅的路上，时任首相格拉斯通从唐宁街走出来，出现在特拉法格广场。我在身后慢慢跟着。他似乎全然沉浸在自己的思绪当中。他的衣着寒碜，只穿着一件老旧的长袍，帽子也没有打理过。我还注意到，他的裤子太长了，每走一步，裤脚都会被鞋子踩在地上，衣料的布线也脱了出来。在走路的时候，他一只手紧紧放在一边，突然张开手指，然后又紧紧合住。那时正处于政治纷争的时候，我猜想所谓的纷争是地方是否自治这个议题引起的吧。看到别人对他的问候，真的很有趣，甚至让人捧腹。有些人在他经过的时候，站立不动，脱帽并放在手里。维多利亚广场上两位穿着时髦的女性转身盯着他，其中一个女人还对他伸着拳头，但他依然往前走，完全无视这一切。只是当他见到他人极为有礼地致敬，才偶尔脱帽回敬。我还从没见过谁对周围的环境如此心不在焉。总之，这是让人印象极为深刻的一幕。

我想，19世纪最富争议的有趣人物，当属诗人柯勒律治了，柯勒律治晚年居住在海格特墓地附近一位医生的房子里。他曾以晦涩的语言对一群崇拜自己的听众发表长篇大论。在卡莱尔所著的《杰出人物传记》里，对"仪式"这一过程有着饶有趣味的叙述。这是卡莱尔所写的最妙趣横生与幽默的段落了。卡莱尔对那些自认为传达神谕的人既充满了兴趣，又非常鄙视。他说自己听着柯勒律治整整谈论了两个小时，仍是一头雾水，不知所云。查尔斯·兰姆则以更幽默的笔触阐述了类似的故事。他曾在汉普特斯希斯遇到了柯勒律治，后者将他带到一个小峡谷，抓住他外衣的纽扣，以极为认真的态度阐述一些抽象的概念。兰姆记得自己在别处还有一些事情要办，却想着逃离的办法。最后，他拿出一把小刀，割下连接外套的那粒纽扣，让柯勒律治继续拿着纽扣，自己悄悄溜走。兰姆几个小时后回来了，听到柯勒律治的声音依然在山谷的树林间回荡不绝。兰姆立即回到原先所站的位置，柯勒律治仍旧在讲话，根本没有注意到自己曾经离开过，手中仍然紧紧地抓住那粒割下的纽扣。

也许，这种心不在焉是柯勒律治先天遗传下来的吧，我记得，他的父亲与祖父都是牧师，都曾因在礼拜仪式过程中走进法衣室后忘记走出来而闻名，他们似乎没有察觉接下来还有其他事情要做。他们脱下外袍，然后返回自己的住处，让教堂里的一群听众苦苦等待。

一位朋友曾对我说，当他还是小孩的时候，有一位很友善的读者也是一位时常心不在焉的人，经常过来与他父亲共度周末。朋友的父亲是一位乡绅，习惯在教堂里朗读教义，一天早上因为感冒而没有去教堂，父亲让那位读者替他到教堂朗读，读者很高兴地答应了。读到晨祷诗篇结尾处，这位"陌生者"不顾众人的目光，径直走上讲台，让教堂里所有人都很震惊。但是，当场的牧师还是显得很镇静，他身体前倾，以很谦和的态度对这位渴盼者说："我们想过了，还是先讲《圣诗》吧。"他的语气似乎表明这样做已经背离了日常的仪式流程，算是一种破例。这位读者一点也没有不安，礼貌地鞠了一躬，然后说："随便你怎样做，都可以。"然后，他泰然自若地返回自己原先的座位。也只有这样心不在焉的状态能带来极为冷静的心态，使他感受不到丝毫的尴尬，也消除了任何荒诞错误所带来的痛苦。

尽管如此，心不在焉仍是一种非常有魅力的状态，这种状态很难通过锻炼获得。心不在焉之人应在早年就努力将自己拉回正常的轨道。人并非一定要去做重要的事，或是需要及时去完成某些事情。很多事情不一定需要心不在焉的人去做。心不在焉的状态时常会让人在度过人生时有点迷糊，怀着良好的心态，思考着无伤大雅的有趣事情。心不在焉之人的主要价值，在于让周围的人能以全新的眼光看待貌似一成不变的日常生活，逃离僵硬与古板的规则，激起让人发笑的爱意。心不在焉之所以显得美好，是因为这种专注散发着如此浓重的孩童气息，展露出如此纯真的性情，而且当事人还从未发现自己这般诚实与无私。

平和的心

某天,我坐在教堂聆听牧师就"上帝的平和"这一主题做的精彩布道演说。原文有这样一句话:"我的平和赐予你,我的平和属于你,即便世界并非如此,我依然如故。"我觉得这是一篇语言优美的布道演说,句子清晰,语义明朗,蕴涵的思想如此细腻内敛,演说洋溢着优雅的情感。牧师说,基督徒要尽力找寻并创造平和的心境,但绝不能因此而牺牲原则,或背离自己所笃信的东西。他举了一个刚果暴行的例子,并说这个例子很好地证明了他的观点。基督徒必须抵抗专制与错误的行为,即便他们的反对危及整个欧洲的和平。接着,牧师继续谈到关于信仰的教条,并说人们绝对不能因为安抚反对者而掩饰或假装放弃自己的立场,尽管这可能会引起冲突或争执。

牧师继续讲到问题的另一面——即真正让信仰者内心感到的平和,是源于忠诚完成工作的感觉,在某种祝福的心态下,静待上帝选派给自己的任务。此时,我一如往常那样希望向这位牧师提出一些问题。要是他可以的话,就可帮忙解决这个问题,在我看来,他似乎将"平和"一词的语义压缩了。这也是使用一些语义模糊的词语的难点所在,因为这些词背后蕴含着很多模糊的引申义。首先,我觉得自己对"平和"一词缺乏清晰的认识,要是单纯使用牧师定义的语意，可能会招致一些人的不满。我首先试着去解决这个问题，讲一下自己对"平和"的认识。就其普通含义而言，"平和"一词蕴含着争执与敌意的消停或终止。这是一种让人沉静下来的安全感，时常降临在处于不可开交的争论或是你推我攘的相互敌对之人身上。"平和"的本质内涵似乎是，人们能够持久地感觉到安全休闲，内心充满善意，让自己全身心投入到工作与思想之中，而不干扰他人的权利与乐趣。更进一步，"平和"就是一种不惧怕别人侵犯自己的权利，不怕暴力与威胁的心态，认为自己的邻居也怀着同样的善意与仁慈来对待自己。因此，我以为，"平和"从根本上就是事物的一种状态——让人们愿意放下分歧，本着彼此的怜悯与善意联合起来。

但我觉得，要是敌对双方互不相让，就很难称得上"平和"。当某人说："×××是一个蛮不讲理、错误成性的人，总是固执于自己错误的想法，无法看到事物的另一半。但是，与他打嘴仗或就此进行攻击也没有多大意义，他迟早会发现自己的错误。"在我看来，这根本就不是平和的态度！我觉得，平和的态度至少应该是，某人说："无论发生什么，都不要与人产生什么敌意。很明显，别人是以不同的观点看待事物。但这也只是观点上的不同而已，这些很难完全凭科学去证明对错。别人与我一样都有权利去坚守自己的观点，我自己的观点可能是错误的，但这是我所能想到的最好的，日常的观察让我认为自己的观点是正确的。我必须跟着自己的感觉走，正如别人也是如此。关键的是，我们在重要的原则性问题上达成了一致，就可以在和睦友爱的氛围下继续生活！"要是看到两位善良、积极、无私与具有美德的人在一些事情的细节上争论不休，一般而言，我们都可以肯定这些细节实际上是无关紧要的，或是他们俩都可能是错误的。让人忧伤的是，细节上的分歧破坏彼此间的合作，要远胜于彼此原则上的一致让我们团结起来。我还记得，教堂的信众就是否应该在教堂里竖立十字架而产生了分歧。其中一派坚称，十字架是获得救赎的一个美丽、高尚的象征；另一派则更为强硬地声称，这个象征只会鼓吹偶像崇拜。诚然，双方都有些道理。就这个例子而言，我觉得那些持赞成的人应该向那些持反对意见的人让步，因为在教堂里，没有十字架也是可以进行礼拜的。但是捍卫这个十字架的人们则认为，反对之人是在亵渎主的荣耀。所以，双方一直在延续着不愉快的争吵。

平和制造者所谓的"至福"，在我眼中没有一丝意义，除非一个基督徒准备做出一些牺牲与妥协，抑或能够不再如过往那样认为自己是千真万确的。人们内心还是相信自己所持的一些原则是不可动摇的，而不愿意强迫那些持反对意见的人向自己屈服。举个例子吧，比如在新生婴儿是否应该接受洗礼这个信仰问题上，有些人可能信仰所属教会的传统，称很难向婴儿灌输一些严谨的道德事实，当他长大之后，意识到自己是一位受礼者，就可从中汲取巨大的力量。另一方面，有些人则认为，将这种仪式视为某种具有魅力的迷信，凭这样机械的方式获得救赎是很危险的，应等到孩子有自己的思想后，让他自行选择。后者的立场是基于一个很负责任的观点。要是持这种观点的人是出于真诚的话，就应该得到尊重。《福音书》中有很多关于爱、互助以及和解的内容，而没有关于要固执坚守一成不变的教义或对他人蛮横不宽容的内容。

我不禁想起一个古埃及两位隐士的故事，他们对彼此处于一个极为平和的环境感到有些害怕。其中一人说："让我们像世俗之人那样争吵吧，这样我们就会懂得如何勇敢地去捍卫自身的信念。我拿起一块石头，竖立起来，然后宣称这是我的，你就说这是你的。然后，我们就可以为此争论起来了。"

"好主意！"另一人说，"这对我们俩都很好，我们现在变得越来越懒惰与冷漠了。"

于是，前者就拿起一块石头说："这是我的！"后者说："我肯定你一定觉得很开心。"在停顿了一下后，前者说："我送给你，现在这块石头是你的。"后者说："我真心地感谢你。"然后，前者说："虽然这是你的，但我从你这里拿走，留给自己使用。"后者说："能够为你服务，这是我最大的荣幸。"最后，两人都笑了，不再试着去争吵了。

现在，我想谈论第二点，试着去探寻上帝的平和——这一可安抚人类心灵的能量。显然，这绝非一种自以为是的骄傲之心，让人难以去接近。有一个18世纪主教的故事，他的一生仕途顺畅，平步青云。他临终时，人们看到他嘴角边露出微笑，教士问他何以这般平静，他说："我意识到自己一生没有白活！"但是，这不应该是基督徒真正向往的上帝的平和，这不能源于意识到这个世界是一个舒适的地方或是一种觉得善意是有利可图的心态，而应该是更为深沉与纯净的东西，一种涤荡了所有价值存在的安静感。不以物喜，不以己悲。这应该是某种谦卑与忏悔的心态，为仁慈而感恩，笃信任何的考验与烦恼都不是偶然降临的，而是出自天父仁慈的双手。这样的平和之感并不渴盼宣称自己的信念，也不急于捍卫自身坚持的信念，更不愿去评判别人的教义或将自己觉得有趣的结论强加给别人。这样的平和之感不愿执拗于争议与纷争，而是看到协调、怜悯的一面。无论发生什么，一个基督徒对自身的信念与希望抱以一种挑衅的态度，都是不对的。人要坚守自己的信念，一定不能强加于人。在《福音书》里，人们唯一要抵抗的，就是专制与伪善的性情。要是基督徒在被别人痛击的时候，不予还手，之后就不能假装以原则之名，对侵犯者进行猛烈的攻击，还希望对手能让自己痛揍一顿。在《福音书》里，有很多关于"非抵抗"的内容，虽然我们不大愿意去承认这个事实。除此之外，还有比这更为实用的途径，让我们得以迈向那迟迟不能企盼的天国吗？

谈话的艺术

最近,我独自一人在乡村深处的小路上骑车,突遇倾盆大雨,只好躲在一间装饰简陋的小旅馆屋檐下避雨。旅馆外有一条石阶,墙上涂抹的颜料有点脱落,木制的长凳显得老旧。与我一道避雨的,还有两位乡村老者。他俩正在进行一段很长的对话(假如那可以称为对话)。他俩都循着自己的思路,每人的话语在别人眼中都没有半点意义,甚至谈不上是对一些想法的打断。

这两位仁兄谈论到天气,我无法一一重述他们一来一往的对话。一人认为,打雷时落下的雨水比不打雷时落下的雨水更对健康有害。他说:"似乎雨水中掺入了某些有害的物质。"在他讲完后的一两分钟里,双方一片沉默。接着,他又继续刚才说过的话语,让我既惊讶又觉得有趣的是,第二次谈话的内容与第一次几乎完全一样。另一人回答时也表达了相同的观点,即打雷时落下的雨水是有损健康的。一如之前,他的这个回答也被另一人以沉默相待。

他们说完之后,我想自己也可以掺和进来。于是,我说:"有些人说雷阵雨过后就是晴天。"他们俩友善地看着我。思索片刻之后,刚才第一个说话的人说:"是的,他们的确这样说过,这只是过云雨而已。"我脑海里试图去理解这句话的含义,但是始终无解。而第二个人则似乎想在谈话中引入新的元素,说在雷阵雨的时候雨水中有一些损害健康的物质。我们诚挚地互相道别,彼此都甚为尊敬。当我要离开的时候,第二个人以肯定的语气说:"真的,这只是过云雨。"

一两天后,我来到伦敦的一个俱乐部。这里有大型的聚会,四周都有扶手椅与沙发,桌子上铺满了报纸,书架上还有书籍,供人们喝下午茶的时候去品读。一位头发灰白的老绅士就坐在我附近。坐在他旁边的,是一位戴着假发、扶着眼镜的绅士。他们友善地互致问候,坐在一起品茗。那位头发灰白的绅士翻开之前出版的报纸,对旁边的人说:"我们失去了最为幽默的作家!"另一位绅士回答:"我们最伟大的什么?"前者说:"最伟大的幽默作家!也就是说,这个时代最幽默的作家!""啊!"后者回答说,似乎瞬间抓住了某个抽象的概念,"我敢说,你是在指吉尔伯特吧?""是的。"那位戴假发的绅士说,"你说得对,他的确是一位很幽默的作家,而我们失去了他。"头发灰白的绅士说:"现在,我觉得,再也没有谁能够将如此引人发笑的诗歌与美妙的音乐结合起来,使之融合为滑稽的歌剧了!""照你这样说,"戴假发的绅士说,"我敢说,你是指苏利文吗?""是的,"前者说,"吉尔伯特与苏利文,这就是一个很完美的结合。"

这场对话就以这么简单的方式进行了很长时间,直到那位戴假发的绅士站起来说自己必须走了。对他们来说,双方都能从这次友好的谈话中获得乐趣。

在世界各地都能发现类似的情景,的确让人眼前一亮,这就是谈话的乐趣。我也会寻思一下,觉得平常的谈话是一件很有趣的事情。谈话中可以不涉及任何思想的交流、情感的传递以及经验的对比。在每个对话中,参与者都能让心智获得一些渺茫的印象,然后转化为谈资。未受教育与饱读诗书之人的不同之处,在于谈话者是否想要改变他人对事情的看法。两位村野农夫没有时间与精力去聆听别人的高谈阔论。而在谈话俱乐部里,那位戴假发的绅士从心智的探索中找寻到了乐趣,准确地猜测出那位头发灰白的绅士内心的想法。

据我观察,在这两个例子里,谈话过程中似乎都没有涉及任何思想的交流，而只是建立起人际关系而已。我们很多人就像坠入迷雾之中，四处乱碰，深感孤独之痛苦。突然，我们遇到另一个性情相近的人，彼此慢慢地走近，互相握手，彼此交流内心的一些想法，兴奋地发现原来别人与我们一样有教养，而且就在我们身边。之后，我们可能会分别，再次坠入陌生的"迷雾"之中。毕竟，所谓社交只是一个组织，让我们明白每个人都并非孤独的，我们的迷惑与孤独都有一些与我们遭遇相似的人与我们共同分享。

　　当然，要是我们有快乐的想法，然后还可以与别人分享，那我们会变得更加快乐。但是，最为重要的，还是要建立起彼此间的人际关系。这才是谈话最为重要的意义，甚至超过了思想的交流。某人非常爱一个人，却可能从不与他交流任何想法，因为双方可能处在不同的思维轨道上。某天，我看到一位母亲与坐在她膝盖上的小孩，母亲很担心孩子的健康状况。他们俩之间爱的纽带要强于任何两位男性知识分子之间的！他们都因彼此的亲近而无比快乐。一方面，他们完全信任对方，彼此都深爱着对方。但是，小孩却不知道自己母亲在想些什么，而母亲也不知道这个小家伙的脑袋里究竟在想些什么或在回忆什么。但是，他们彼此间这种深厚与神圣的爱的纽带，要胜于两位具有批判意识之人所结下的友情，尽管他们都熟知对方的缺点与不足。

　　显然，所有这些都一目了然，但我们却时常会遗忘。他人的一个眼神，一句问候，或是安静地坐在身旁，我们都能很快地与人建立起真诚的友情。我们很少会因追捧或赞美别人的思想，而去与他们交朋友。所以，与人建立关系并非局限于志趣层面的，更像在一个狭小的篱笆圈里，灵魂在孤独地漫步，透过篱笆去窥探到底有谁经过。这种智慧只有在岁月的年轮慢慢叠加之后方可获得。年少之时，我们常常以为交友只是一个心理过程，觉得自己必须说出心中的想法，获得朋友的观点，想知道别人的想法。当岁月流逝之后，我们慢慢地不那么计较别人的观点与思想了，越来越希冀朋友相处时的感觉。我们会发现，不带志趣的情感要比有意识的怜悯之情更加可贵。即使别人的观点与自己所持的完全相左，若是双方都能安然相处，还愿意继续成为朋友，这才是最为重要的。我之前对自己所看到的一些非同寻常的结合觉得不解，比如一位充满志趣与怜悯的丈夫与一个性格沉闷却体贴的妻子，或是充满艺术才华、敏感的妻子与一位精力充沛与宽容的丈夫在一起。而这些貌似"不当"的搭配实际上却是最完美的结合。外人会觉得，他们对彼此的爱意，通常都不是由对另一方的赞赏来支撑的。才华横溢的丈夫能看到自己成功之外肤浅的一面，而对自己妻子所具有的常识与实用的判断力给予感激；而妻子也能不带嫉妒地赞美她的丈夫那鲜明生动的想象力，虽然她有时无法理解。我们很容易忘记必要的转换与休息，无视整件事所蕴含的意义。生活中最为重要的，是彼此间的互信、联合感、尊敬与希望，而非思想与欲望。很多人之所以在生活中感受不到快乐——而这在知识分子身上尤为典型——就是因为他们过分注重友情间肤浅的成分，错误地认为生活只是意味着工作与谈话。但是，人生要比这更为深刻与坚强。工作只不过是让溪流经过的渠道，而谈话也只是溪流表面上泛起的涟漪罢了。

  我并非贬低谈话的价值，能够找到坦率地说出内心的想法，又能耐心聆听别人真心话的人，并与之交谈，这是世间为数不多的真正乐趣。另一方面，人要学会忍受很多场合下无聊与冗长的对话，似乎只是以恭维之语填充彼此间无话可说所形成的尴尬气氛。但是，人还会发现，即便如此，还是会有一些东西沉淀下来的，让我们感觉到在一片被浪费的孤单时日里，依然与人同行。与人亲近的感觉将沉闷无聊一扫而空。很多人的思想都处于模糊混沌的状态，无法用言语将内心迷茫的情感准确地表达出来。重要的是，假如可能的话，让这些友情的涌流与联合感一道，缓缓流淌。我最好的一些朋友，在一开始与他们谈话的时候，我都觉得很无趣。而也有一些谈话时谈笑风生、魅力四射的人，我却无法与他们建立起任何友情。人们不能漠然对待理智，或是抱怨理智带来的棱角与枯燥的一面。总之，我们要保持鲜活与坚强的情感，抓住所有伸出的双手，回应每一次呼唤。不要将遇到的每个人都视为潜在的对手，而应该是潜在的朋友。

工作与娱乐

有一句古老谚语是这样的:"倘若某事值得做,就应该做好。"其中的道理不言自明。但是这句谚语却常被引用为"若某事值得做,就不应该做得很差"。对此,我真心不敢苟同。倘若使用这一意义的话,这会变成某些严厉、让人厌恶的老人手中一根短棍,总是找机会去干涉或责备别人,让他们显得愚蠢。因为,他们通常不敢对成年人这样做,于是就将目标瞄准未成年人,而后者又无力进行有效的反击。多年前,我们家有一位让人颇感沉闷的朋友,此人属于那种阴沉的病弱者,乍看还以为刚从森林里走出来的。我以前经常想,他最喜欢扼杀我们的乐趣了,他就是古书中所描述的那种"快乐杀手"。我还记得,有一次他发现我独自一人在弹钢琴,觉得我弹得很烂。他听了一下子说,要是一个人不能弹得比这更好的话,最好还是不要去练钢琴了。当时,我很想回答说,要想弹得更好,就只有不断练习啊。但当时我只是默默合上钢琴,迅速逃离。当时,我不知道他的出发点是有恶意的。我猜想,可能他觉得有必要在道德层面上数落我一番。事实上,某天我自己也收获了一个教训,就是最好不要沉浸于别人的批评。一个小女孩给我看她写过的几首诗歌,我给予了适当的表扬,然后指出一处不合语法规则的地方。

她从我手中拿来诗歌，看了一下，满不在乎地说："我认为不需要修改。"当时她妈妈也在场，就说："要是你知道哪些地方错误了，最好还是改正过来。""不！"这位年轻的"女诗人"说，"毕竟，这是我自己的诗歌。"

人活于世，至少要有两三样擅长的技能，而在享受休闲的时候，人就没有理由不自娱自乐一下，即便某事做得真的差劲，也没关系。拥有一个或多个爱好，这是好事。

就自己而言，漫不经心地弹一下钢琴，挥舞一下笔墨，让我更有热情，淡忘许多功名的思想。但对自己在这些方面的能力，我从来都不抱任何幻想。现在我已年过半百，仍觉得自己毫无长进。我始终觉得，要是这样做能让我觉得快乐的话，为什么不继续做呢？人不可能总是拿起笔去写作，或埋头阅读。学会快乐地浪费一些时间，即便别人无法感受这种快乐，也是很重要的。当人年事渐高，就会发现保持自娱自乐的心态是多么重要。那时，人再也不可能轻易地爬上树，或去玩一些跳跃的游戏。但是，人始终可以拥有快乐的心态，不需要每时每刻都保持着理智的态度。爱玩的性格显示出对生活健康的态度与有益的热情。若是有可能的话，应该鞭策自己在早年就培养这样的习惯。我认识一位年老的女士，她对生活始终保持着高涨的热情与浓厚的兴趣。她有一个被称为装订所的房间，她喜欢在那里装订书卷，那些装订的书卷都做得很差，一旦打开她的"杰作"，就肯定会弄烂书的背面。要是真正翻阅这些装订的书时，一些对折的纸页就会掉下来。书的内容排序也几乎是乱来的，而且书的背面也没有多余的版面来印刷题目。她完全意识到自己制造的荒唐结果，却从中感受了极大的乐趣。这样做让她获得了很多快乐，并声称这样的爱好是她人生不可或缺的部分。

努力做好某事的念头，完全符合人类的自然天性。我觉得，所有的孩子都应从小去学一门手艺。要是学校能提供这样的教育，那就真的很棒，但是这似乎组织起来并不容易，特别是当我们制定了一些并不完善的规则。我们认为所有男孩都应该参与体育运动，不管他们是否乐意。我觉得，无论男孩是否有体育天赋，都应该积极去参与体育活动。他们必须多加锻炼，在空旷的地方呼吸新鲜的空气。但诸如板球这类运动，除了极少数擅长击打的男孩子外，对其他人而言几乎是一种浪费时间的游戏。在我看来，那些认为擅长木工手艺的学生不应该继续钻研，而明知自己无法打好板球仍要继续坚持下去的想法，是十分荒唐的。

在很多方面，英国都可算是一个既有趣又古板的国家。很多人理所当然地认为，参与体育运动并不是浪费时间，无论他们玩得多烂；阅读也不会浪费时间，不论阅读多么劣质或是没有营养的书。一天，我与一位年老的绅士坐在一起，当谈到周六是否该开放博物馆这个问题时，我的这位老朋友高兴地说，他认为不应该开放。"坦率地说，"他接着说，"我觉得参观博物馆对人们没有益处，实际上，只是在浪费时间。要是没有这些博物馆的话，人们会变得更好。周六开放博物馆只会扰人心神。""但有人却觉得，"我说，"这不是一个在周六开不开放的问题，而是应立即关闭所有博物馆的问题。""不，"他说，"我想，那些有信仰的学生应该到博物馆看看，但是，其他人则没有这个必要。那里堆放的只是一些极为肤浅的'垃圾'。"此时，我沉默着，不予回应。因为，与一个在心中坚持个人如此"戒律"的人争吵是毫无意义的。

我对人生的看法与这位朋友完全不同，我发觉自己很难说多么厌恶一些东西。我相信每个人都应该有属于自己的工作要做，并且应该乐在其中。但我觉得，很多人都成了工作狂，几乎没有休闲的时间。要想改变这点的困难之处，在于我们对工作形成了一个错误的观念。我们理所当然地认为，若是某人专注于明确的工作，那他就是有所作为的。我本人也算是一个忙碌之人，时常要参加很多会议。有时，我满怀痛苦之心地回想，不知有多少美好的时光消耗在诸如委员会讨论之上，纠结于一些冗长且不重要的细节问题。这一切的存在，只是因为这是大多数人所能理解的一种工作方式。这种错误的观念造成的结果是，对很多人而言，在没有真正生活之前，人生就溜走了一大半。我们对身边这个美妙的世界知之甚少，自然美好的一面，人与人之间展现的真诚相见，这些都无法吸引我们的兴趣。举个例子吧，在剑桥大学时常能听到一些大学生说没有时间去散步之类的话，我对此感到震惊。这些学生只是走着，谈论着，吃着饭，玩着游戏，一天的时间都被填充得满满的。对他们来说，悠闲地散步似乎根本就没东西可看，无聊得很。

所以，我想回到最初的主题，我们应更自由合理地安排休闲时间。我们都有一个沉闷的信念，就是要不断地前进，多多赚钱，获得别人赞许的眼光，受人尊敬，觉得这就是每个人的责任，我不敢肯定这些追求绝对是错误的。但是，每个人都应该有自己的想法，并乐在其中。之后，他们也应该去享受一些纯真的快乐，受人爱。一般而言，一个细心周到与受人尊敬的人知道如何获取并保持生活的乐趣，而且以从容的心态去享受生活的乐趣。

因此，在我看来，那句"若某事值得去做，就不应该做得很差"的谚语似是一句沉闷且自私的格言，代表着英国国民性情中最坏的一面：缺乏创造力、无法常抱轻松的心态，无法与人友善地交往。总而言之，这是一句充满商业味道的格言，通常来说，格言本身都是众人的智慧与个人的睿智凝练而成的。但那句格言，似乎只是众人的愚蠢与个人的犬儒拼凑组装的罢了。

论活力

某天，与一位朋友聊天的时候，我说，最有出息的人几乎都是从事着让自己感到有乐趣的职业。朋友并不这样认为，称这是相当肤浅与纯朴的人生观，因为这会让人看不到伟大的目标、认真的努力以及奉献的精神。但是，我仍坚持自己的观点。我并没有说这样的人生就是最为完美或最具英雄主义的。但总的来说，这样的人生必然最能发挥自身的才华。我补充说，其实他在现实生活中赞同我持的观点，但他可能对"乐趣"一词有着不同的见解。我所指的这些人，都能热情洋溢地投入工作，内心充满乐趣，因为他们喜欢自己工作的理念以及每个细节。以这种精神投入工作的人会对同事或属下有榜样的作用，将热情与发自内心的爱好都注入了整个工作，让人无坚不摧，克服困难，藐视障碍，怀着一颗欢乐勇敢的心去面对烦忧，这已然削弱了一半未知的恐惧。这些人让我想起那一个欢悦的段落（顺便提一下，虽然我经常这样暗示，但我从未向自己任何担任教职的朋友推荐过）："大卫在主面前，旁若无人地舞蹈。"诚然，米甲[①]厌恶大卫总是急着要跳舞的样子，但是米甲无

[①] 米甲，大卫之妻。——译者注

疑是属于循规蹈矩的人,将事情的适宜性置于首位,显然大卫是正确的。

在我看来,这般性情与认真的努力及无私并没有什么出入的地方。我最喜欢这种性情的一点,就是它并没有遮蔽生活的阳光。而过度认真则时常让人沉浸于沉重的庄严情感之中。我重视庄严感的价值,但是这种情感出现的频率应该是很低的,而且出现的时候应该是让人印象深刻的,理应只在重要的场合或时刻才表现出来。假装宣称人生只是一场游戏,是毫无意义的。若某人在工作之时,嘴角带着微笑,淡然面对,就可从周遭环境中品尝到少量的"美酒",提醒自己原来浮躁并不总是适宜的。尽管如此,但我想,人生还是充满了有趣、让人兴奋的东西,人们应该发自内心地享受其中。芸芸众生,人们的行事方式,他们的话语,他们的观点,都是甚为有趣的。事先就知道自己将要走哪条道路,知道自己会遇到哪些熟悉或没有必要的注意事项,抑或自己会面对毫无意义的阶段与话语,这都是让人觉得很有趣的。正如知道钟声在某个点必然会敲响一般,内心甚为满足。而同样让人期待的,是我们不知道别人会说什么,会做什么,与他们的原则及观点是否一致。能够理解这些,并享受其中,就是幽默的本质所在。

但另一方面,若是某人怀揣着高傲且正直的态度去从事工作,深信自己就是要去改正别人的错误,让他人不断提高与进步。那么,通常来说,这样的工作是极为沉闷单调的!

我不知还有什么比这样的一种工作心态,更能让人停滞不前,让人感到矫情压抑,正如我们总是与那些反对自己的人在一起。我不倡导以犬儒或轻率的态度去面对任何事情,更不是说在与人交谈的时候,就应该不顾礼节与适度地缄默。我更没有说,要以笑话的心态去面对一切事情。我不知道还有什么比一刻不停地纠缠于所有事情不放,更让人神经紧绷或沮丧的了。我所看重的,是一种轻轻触碰的感觉,有点如蜻蜓点水般的感觉,就像阳光与微风,一种易变的情绪,在开心、有趣与认真之间不断转变,有张有弛,保持怜悯之心。当然,这不是每个人都能做到的,这是一种非凡的魅力。但是每个人都应该下定决心，无论发生什么事情，都不要去摧残或打断别人的思想，也不要以自身所专注的事情来打搅别人，或是让自己的忧虑流露在每一次谈话之中。

　　我觉得，在与别人一起交谈时，不能一味地谈论自己的工作，抱着轻松与愉悦的心态去工作的人就没有这样做的倾向。他们享受自己的工作，当完成工作之后，他们虽感疲倦，但心情是快乐的，希望可以去做其他事情。我时常想起之前提到的罗迪——那只可爱的柯利牧羊犬，它就是我们面对生活的最佳榜样。一般人都会觉得，午后散步并非什么大不了的事情。但是，罗迪在奔跑的时候，总是要欢乐地吠叫几声，转着身子跳一下。在走到一个路口时，它总是十分兴奋地张望，不知要向左转还是向右转。不论主人选择哪个方向，它都会发出另一阵吠叫，似乎在说："又是右边，这正是我的选择！"然后，它会自个儿找乐子，钻进灌木篱丛，透过大门往里窥望。无论到哪，它都能发现许多让自己感到兴奋的景象。散步结束后，回到自家的大门前，它又是一阵欢乐的吠叫，似乎在说："真好，我们终于到家了！主人你真是世界上最聪明的向导。"接着，它很快就在牌桌下找到属于自己的角落，然后美美地睡觉啦！

　　当然，我们不能期望人类有狗那般无与伦比的圆滑与怜悯之心。虽然我们聪明、有用或重要，但这还是超出了能力范畴！但我们却可以凭借实践，甚至可借助对此的赞美或渴盼，来慢慢习得这种轻松愉悦的心态。

　　我的那位严肃认真的朋友并不这样认为，他很肤浅地说，我们每个人都应该为别人而活。这是肯定的，我们就是这样子的！试问，谁能不为别人而活呢？但是，我们没有必要在沉闷与自我意识之中度日。那样做的人，是因为他们发自内心地喜欢这样做，因为他们对别人很感兴趣。至少就我个人的经验而言，这肯定要比一些从严格的责任感出发，然后喟然长叹的人更具效率。我没有否定这是一种高尚与沉默的自我奉献——人们肯定可以这样做的。但当我想起很多从事教职的人——比如，我的父亲、莱特福特主教、威斯科特主教——他们从事这些工作，是因为他们内心怀着巨大的热情，衷心地喜欢自己的工作。因为在他们眼中，自己的工作就是天底下最有趣与最开心的工作了。所以，他们在圆满完成工作的时候，内心获得一种至为纯美与简朴的乐趣。还有，我想起了查尔斯·金斯莱，主教威尔金森——这些深为忧郁与备受烦忧侵袭的人——他们的作品更多的是描述个人与田园宁静的生活。这些人并没有出于某种责任感去从事工作，而是因为他们对于他人的所面临的问题深感兴趣，希望能与他人分享自己感受到的这种平和乐趣。所以，我又回到了一开始所讲的，就是于世最为有用的人，对他人产生深刻影响的人，都并非从某个理论或是冠冕堂皇的理由出发的，而是追随内心强大的直觉，从工作中感受自身的力量、能力与乐趣，或是从最美好与真实的意义上来说，就是妙不可言的快乐！

当然，我们也会见到有些人虽然不情愿地承担某项工作，但还是忠实地完成了，这是很了不起的。"不愿去做某事，但还是去做了，这能成就最美好的人。"一如阿兰·布雷克对大卫·巴尔福尔所说的。但是，阿兰却完全沉浸在精神生活之中，他喜欢危险，因为这能激起他的兴奋感，启发他的创造力。我想真正呼唤的，是人们不应该让自己的生活变得沉闷。正是沉闷让许多事情失去了乐趣，让年轻的弄潮儿垂头丧气。我们不能一味地让自己的原始精神抬头，也不能总是制造一些蹩脚的笑话来欺瞒别人，但是，我们可以去了解别人是如何思考与感受的。要是我们不能亲自表演，最好还是给表演者掌声；要是我们不能放声大笑，那至少也可以微笑一下。我在剑桥大学有一位很有趣的朋友，虽然已经银发苍苍，但他对生活的兴趣仍然十分高涨。不久前，在他所在的学院礼堂里，我坐在他旁边，我提出了一个当晚会议上将要讨论的话题。"啊！"他说，"这是一个很有趣的话题，我想说说自己的想法！"接着，他开始谈论自己的一两个想法。"哈！"他突然大声喊道，"这个观点真的不错啊！很切题。我必须记录下来！"于是，他拿出一张卡片，一支笔，然后不断地将自己所说的话记录下来。最后，他微笑着对我说："我想，我说得太多了，我经常这样做，我只带走这张卡片。"他一边说话，一边将卡片塞入口袋里，接着说，"我敢说这些观点会被证明是很有见地的，你也知道了，我对大多数事物都有兴趣。"

骄傲的罪与罚

　　一天，我聆听了一个语言优美、充满气势的布道演说，主题是"骄傲"。牧师说，骄傲是对上帝的一种不忠。牧师所定义的"骄傲"，就是指不愿意与普通人一道，孤芳自赏，默默地走在孤独自满的道路上；正是在自我珍视与志得意满的孤寂中，骄傲的情绪得以维持。他说，骄傲就像水车的引水渠过于自大，不愿流经磨坊，但我们每个人都必须经过磨坊的碾磨，去做一些有益实用的工作。我觉得他所说的话很有道理，滋生某种孤独感，希望以自己的方式去做事情，无法与别人一道合作，这些都是骄傲的部分体现。我还记得本笃会一位新教徒告诉我不再继续的原因，他面带微笑说："我很快就发现，要想让我成为会员，必须让我当上修道院院长！"这是骄傲赤裸裸的体现。但我想，骄傲的表现远不只这些。要是骄傲只包含着任性、违抗或是自以为是的话，那么它就算不上致命的"罪恶"。要是我们审视这个问题的另一面，就会发现上帝绝不希望人们以羞怯、三心二意或疑惑的态度去做事情，抑或在面对困难或逆境时不堪一击。我们不能因为惧怕坚守自己的原则或是被他人觉得高高在上，而让邪恶、卑鄙与自私等情感肆无忌惮地闯入心灵。

　　骄傲不等同于自满，我认识一些人，他们性情谦卑，清楚自己的缺点，却从坚持自己的理想与鄙视他人的志向中获得骄傲的心理。让人难以分辨的是，骄傲这种"罪恶"与赞美之语几乎是连在一起的。我们会说适当的骄傲与高尚的骄傲，而不会说恰当的嫉妒与高尚的觊觎。当然，骄傲之所以致命，是因为它是一种极为微妙的情感，难以捕捉，如此自然，当事者不仅会将之忽略，甚至会加以赞美。要是某人谈到别人时，说此人高傲，不屑去做一些卑鄙与肮脏的勾当，他的本意是要表扬此人。人可能会因自身的高傲而倍感骄傲，不屑参与一些卑微与蒙骗的事情，这种骄傲也是许多肩负重任之人的基本底线。若是某人内心高傲，不愿坦承贫穷的事实，不想为自己的失败而感到悲哀，此人则不一定是"罪者"。

我们都认可一点，对出身、财富展现出明显骄傲的行为是错误的。但是，人们可以为自己就读的学校、组织、职业或孩子感到骄傲，让自己变得越来越好。很难抽丝剥茧地解析各种形式的骄傲所蕴含的东西，评判哪些是对的，哪些是错的。我想，这在很大程度上取决于个人所持的态度。我的意思是，若某人意识到自己所在部队是优秀的，战友们的声音很嘹亮、圆厚，彼此友好相处，作战勇敢且忠于职守。所以，他很荣幸成为其中一员，并且努力为更好地建设它做出自己的贡献，这是一种有益的骄傲。要是他只是为这是一支聪明、富有、高素质或勇猛的军队而感到骄傲，觉得庸俗之人对此羡慕不已，因为所在部队的这些优点似乎增添了个人的声望，并将一些运气视为自己的功劳，这是一种无益的骄傲。事实上，高傲是对自身一种坚强而又自满的信念，容易让人觉得自己有做某事的天然权利，鄙视别人的表现，贬低他人的理想。

因此，骄傲是一种阻挡人们取得进步与获得平和心境的障碍，因为这让人们不愿意做出妥协，不愿替别人考虑，凡事都只按自己的想法去做。

正如我之前所说的，骄傲之所以危险，在于很难为当事人所察觉，因为骄傲伪装成一种"天使之光"。骄傲之人可能学会为了责任与荣耀去放弃很多东西，为他人谋福祉，并且尽可能地去帮助别人，幽默地承认他人的优点。

即便如此,在他的内心深处,仍会觉得自己的做事方式是最好的,别人之所以不同意自己,只是因为他们缺乏洞察力、理智以及常识罢了。我认识一些坦率、友善、善良、高效之人,与他们在一起始终感觉不到他们以平等的眼光来对待自己。这些人都十分有耐心、善良与讲道理,但别人还是时刻能感觉到,这些人虽然表现得很有善意,内心其实很顽固,还是会深思熟虑地批评别人的鲁莽、意志不坚、为人软弱或多愁善感等缺点。解决的难点在于:假设甲君意识到乙君是一个卑鄙、庸俗、缺乏正义感乃至无法无天的人,难道甲君会努力说服自己,觉得乙君可能是一个高尚、正义与守法之人,然后赞美一番吗?在我看来,要是将丑陋说成美丽,或是肥胖说成苗条,是很荒唐的。要是认识到自身的某些优点,这算是一种骄傲吗?当事人是否应该为此感到高兴呢?问题的答案是,倘若某人意识到这一切,就不能对他人的缺点视而不见。假装一切都很好,这显然是虚伪的做法。当我们与他人进行比较的时候,认为别人的错误只能凸显自身所持美德的优越感,真正的伤害才慢慢显露出来。因为,接下来自然的结果是,当事人会对自身的缺点视而不见。无论如何,我们都没有必要沉湎于夸大自身的缺点,虽然这通常只会让人停留在自满的谦卑之中,但这是骄傲最危险的伪装了。我们必须清楚地认识到,自己的做事方式并不一定是最好的。在一定的环境下,每个人都完全有权利或义务找寻最佳的办事方式。要是他人的办事方式更有效率,能更好地完成工作,或是能以自身不喜欢或不赞赏的方式获得圆满的结果,我们一定不要试着去干涉、嫉妒或瞧不起他们。相反,我们要怀着一颗真诚的心去感谢:无论怎样,事情都圆满结束了。就以作家为例吧,假设某位作家看到一位被自己视为愚蠢、庸俗、廉价乃至感情夸张的作家,竟然更受大众欢迎,读者群更广,比自己受到更多的关注,他必须高兴地接受这个事实。他绝不能给这位作家泼冷水,称那些作品纯属粗制滥造。他不需要放弃自己的写作,而应心满意足地认识到,别人也是以其最好的方式去写作,拥有众多的追随者是理所当然的。假如他是一位牧师或老师,当看到其他人在所属的行业中更加优秀时,一定不能嗤之以鼻或无奈地耸耸肩,声称他们为博得众人眼球而牺牲教义,或是放弃了严谨的标准而迎合大众。他一定不能含沙射影,而是要为别人以他们的方式产生的正面效应感到高兴。当我们觉得自己的方式是唯一、最好的时,骄傲就潜入心灵了。因为,一旦我们感觉到这点,就开始以自己的标准去衡量他人,觉得人类不是按照上帝的影像制造的,反而认为上帝的影像必然与自身有几分相像,指引世界前进的方向也必然是自己所默许的。

骄傲之所以如此致命,是因为它让人无法认清或察觉自身的缺点,骄傲之人会将自己的失败归结为某些人的愚蠢与固执,而无法在不幸与灾难中看清楚,原来自己是那么愚蠢、懒惰与粗心。相反,骄傲之人会以极富耐心的庄严感去面对,以此彰显自身妙不可言的重要性。他们会认为这些缺陷只是白璧微瑕,实际上这些错误就如本应扔到垃圾堆里的陶瓷碎片。

对很多人而言,人生阅历就是一个不断自我掏空的过程,让我们不断回归常识,让我们慢慢知道,原来自己能做的事情那么少。我们开始变得愉悦,更为自信,深信自身良好的出发点,觉得自己的修养、洞察力都有某种非凡之处。大多数人则会渐渐意识到,其实很多事情并非想象中那么重要,我们也不能妄想去改变这个世界,而应对自己所处的位置抱着一颗感恩的心,为自己还能有所作为而心存敬畏。我们不必感到忧郁乃至绝望,让脆弱的自己在别人面前可怜地低头,沉沦在消极之中,不能自拔。我们要知道,即便此时深知自己处在闸门之内,离天国的诚实还有一段遥远的距离。我们还要注意眼前的道路,无惧面对一些恶魔,不要在脑海中臆测自己升华到天国宫殿的情景,惦记着谁能进入天堂以及为什么能进去,抑或期望着自己能取得胜利,然后奏响天国的号角。实际上,当人对此不再有所期待,反而会发现自己的双脚踏在风信子的阶梯上,当他意识到自己所做之事失败了,被遗憾、失望的汹涌浪潮所压倒时,天国悠扬的乐音就会在迷雾的空气中响起。

寓言的泪水

　　普通人一般都能从《圣经》的寓言故事或讽喻中获得一些乐趣，这是毋庸置疑的。也许，这深藏于人性深处吧。他们获得乐趣最简单的方式，就如小孩从一个木制的绵羊或马匹中获得的乐趣一样。这可能是一个玩具，也可能是一个箱子，能够打开并放进一些东西，寓言也是如此：它本身是一个很美好的东西，除此之外，还散发出真正的内涵，这是一种获得愉悦的简单方式。首先，人们听到某个故事，然后再将其与事实联系起来，观察它们是如何衔接起来，这颇为有趣。这种乐趣会让原始野蛮人讲一个关于太阳、月亮与星星的故事，讲关于丈夫、妻子以及他们臃肿庞大家庭的故事。人们可能会注意到，孩子通常会在描绘一幅景物图画的时候，将人类的脸孔放到太阳之上，仿佛探视着世界的边缘。正如野兽的形象、人类家具、装饰的曲线以及线条，都与星座分布的形状有所关联。这种乐趣源于察觉到两者的相似之处。人们乐见修剪整齐的山毛榉，因为这就如一个人头上顶着一些奇形怪状的牛角，眼睛一眨不眨，一张咧开的大嘴似要咆哮，甚是可怖。多少年过去了，现在我也年纪不小了，终于明白对一个色盲的人来说，在一些有两层窗帘重叠影子的房间里，因为窗帘环连在一起的缘故，让我感觉似乎有一把红色的剑存在，剑柄是扭曲的，煞是有趣。另一件很奇怪的事情，隐藏在我的记忆深处，这不仅像一把剑，简直就是一把剑，而且极为真实。

经历了事物间相似带来的第一快感后，人们会更近一步，探究更深层次的内涵。对事物的印象始于相似，然后慢慢形成心理的印象。常青藤长势迅猛，青绿柔软的根须沿着窗格方向蔓延，就像一个错误轻轻落在心间，却以自身的方式遮蔽着人生的景观。

之后，要是我们能认真观察自己可能的失败，体味原先粗心的举止，从发生的事情中感知失望与厌烦，那就会发现周围的多数事物，都将以一种深沉与美妙的方式呈现出来，自己的所为或将要成为的人变成一种象征与符号。几乎所有寓言故事的内涵都在宣扬某种高贵的耐心，某种在时空法则下存在的东西，但仍有其自身的生命力。至于起促进或阻滞的作用，视乎我们采取何种视角或如何对待。也许，直到人生暮年，我们才真正分辨出哪些东西是值得保存的：美好的回忆、忠实的情感以及未能实现的善意希望。而有些东西是我们应立即丢弃的，诸如沉淀已久的怨恨与毒害身心的回忆，以及出于谨慎的恐惧而自添的重担，这些都让我们步履蹒跚。

我觉得，最美好与让人快乐的一种天赋，就是能透过昔日纷扰的表象，去接近更为内在的事实。当然，我们不能为了他人而提取所谓的教义，因为这会让我们变得无聊，就像清风翻着手中的书卷，似乎要帮人读完一样。《天路历程》[①]中那位解析者总有那么多的教义与道德说教，一位威望如此高的人必然是很难相处的。当人们走在朝圣的路上，备着药片与甘露酒，全家人坐在一起共进午餐的时候，也许，这位解析者会对妻子说："亲爱的，这个房间到处都是蜘蛛，一大清早就很容易从中总结出一些道理，但这真的表明你雇用的管家有多么失职！"我时常在想，那两人私下到底是什么意图，其中一人想用水灭火；另一人则暗中火上加油，助长火势。我能想象他们在交流的时

[①]《天路历程》，英国著名散文家约翰·班扬所著，该书在西方国家中通常被看作是仅次于《圣经》的基督教重要经典。——译者注

候都会认可一点,即他们对自己所处的位置相当不满,觉得难有作为。

　　寓言故事还有一点也时常让我震撼:那就是它们都显得很让人沮丧。真正成功获得天国荣耀的人是极少的。一个人凭借自身超乎常人的能力不断去探索,却犯下了愚蠢的错误,发现自己的一生尽是失败的记录。青草间的累累白骨,鲁莽的先辈都已转世成了肥猪或孔雀,愚蠢的旅者被遗留在山丘一边的山洞里。而让人惊奇的是,所有人都能顺利通过!人们希望见到一种不同类型的寓言,就像《爱丽丝漫游仙境》中那场"会议式赛跑",每个人都是胜者,都能有所收获。

　　某天,一位睿智的朋友对我说,要是人们考虑到整个比例的话,就会发现事实并非如此。那些固执与贪婪之人都会深受诱惑,成为猎物,但他们只是未能通过的极少部分人而已。与此同时,朝圣的人群已经如流水一样经过了。天国城市的宫墙与栏杆上挤满了向外张望微笑的人,怀着喜乐与愉悦的心情,欢迎那些为此而不断奋斗的疲倦灵魂。当银器的鼓乐声在耳边弥漫的时候,很难相信自己真的到了这里。

　　我深信,真正给多数人带来伤害、让我们踟蹰不前的,就是我们认为那些考验、悲伤或不幸是真实存在的,它们时刻恐吓着我们,伤害着我们。实际上,它们如"绝望巨人"早已死去了。诚然,邪恶是一股可怖的力量,但让人奇怪的是,它又显得那么不真实。所犯的错误带来折磨心灵的痛苦,就是因为觉得别人也是持这样的想法,似乎别人的想法真的会改变些什么!我们常常认为,犯错之后,我们会比之前更聪明,然后不会再犯了。真正该让我们感到烦恼的,是我们自身的脆弱与愚蠢,无法去坦承错误,而不是害怕别人会去责骂我们。一个愤世嫉俗的人曾说,十诫中的"第一诫"就是"汝不会被发现"。对于自己所做或所想之事不为别人所知,我们应深为感激,因为别人否定的表情将是对自我快乐的一个悲伤与痛心的反思。若我们想拥有一颗更为美好的心灵,最好还是忘掉自身的错误,不要让错误如有害的苍蝇在耳边嗡嗡作响。关键是,我们要了解自己,不要有任何沉闷的借口。我曾读到一个让人沉思的小故事——出处我忘了——是讲某人愉悦自己"良心"的故事，此人也就是他那保守且骄傲的自我。"自我"准备好了一桌美食，但他的良心却满脸愁容地进来，双手掩面，无心品尝美食。那人说，如此衣装不整地进来，不讲社交礼仪，真是很没礼貌。良心说："我真的无法去掩饰，我真的感到很疲倦。要是你知道我所知道的事情，你脸上的笑容就将马上消失，没有心情吃下去了。"那人老气横秋地说："哼，我敢说还有很多人做了更多的坏事。去想这些事是没有好处的。不去想，自然就没事。"然后，良心抬起头说："嗯，你让我想起了一些事情。""良心"说了一个关于忘恩负义与邪恶的古老故事，让那人倒了胃口，最后那人拂袖离去。我忘了故事后来的情节发展了，但他们最后还是商定，日后努力做得更好。

倘若只是一味向前，然后麻木地面对事情，不思前想后，就会过分地注重事物的寓意，将自己微不足道的朝圣之旅视为这个世界上最重要的事情。我们必须记住，自己有机会走在朝圣之旅的路上，已经是很美好的事情了。盖尤斯虽然好客，但除了我们之外，还必须招待其他人。我们不可在"美丽之屋"里随便挑选房间，或将之视为我们舒适的住宅。很多强大的力量可能在促进或阻碍着我们，要是我们在迈过去的时候，能不受伤，已经算是万幸了。

最可怕的事情是，当我们将自私与浪漫结合起来，就很容易将自己想象成一名合格的基督徒与笃信者，而实际上我们只是"无知之人"，闲荡在岔路上，或如那位名叫杜尔的妇人，可能会背负更多骂名。我们要确定自己真实地走在朝圣之路上，而不只是身处一列舒适的火车上，只是为了到达让人兴奋与有趣的地方。朝圣的旅程不是我们手上拿着旅行指南就可以了，也不能期望在赏心悦目的景色中完成全部旅程。在面对大路沉闷的延伸，我们要靠欺骗自身美好的记忆与希望来度过这段旅程。在黑暗的深谷里，妖魔在烟雾中号叫，我们尽量不去想这些，就能记得从牧羊人那面透视镜所见到的城市景象，这对我们以及一道前行的旅伴都是一件好事。

公开与隐私

某天，一位朋友来到我位于剑桥大学的住址，我俩正要坐下聊天，突然来了一封电报。我边阅读边向朋友致歉，然后就让他看了一下。我说："我真想这样做能够起到一点作用！"这是一份时事报纸发来的电报，希望我对时事发表一些看法，电报里还有一式两份的预备回答模板。

首先必须要说的是，我的这位朋友年龄虽大，却是一位具有学术修养、难以取悦，而举止又极为优雅、思虑周到的人。虽然他天性不爱社交，但良好的自然礼节让他在某些极为罕有的情形下，成为一位极具魅力的朋友。要是他看到这样的文字描述（虽然这不大可能）也不会感到不快，因为这些几乎都是准确的说法。

他阅读着这份电报，而我则拿出一支尖头自来水笔，向他道一声抱歉，然后开始回复了。他的双眼越过粉色的报纸，盯着我。

然后，他以一种极为惊讶的语调说："你不会真的回复吧？"

"是的。"我说，"为什么不呢？"

"你的意思是，"他说，"你允许自己的名字出现在报纸上，让数以百计的读者从报纸中知道你对此事的看法？只是因为编辑要你这样做，就去做了，在我看来,这是不可想象的。"

"是的。"我说,"我肯定要回复的,对于这个问题,我自己有着明确的观点。有这样的机会去阐述观点,我并不感到抱歉。我必须要坦承一点,即为什么人们希望知道我的观点,也不知道我的观点为什么会吸引他们的兴趣。但如果真的有人想知道,我也准备好去告诉他自己的观点,正如要是你问我的话,我也会照样说的。"

"嗯,"他说,"我必须要说,你这样说让我感到惊讶,我真的非常惊讶。即使给我一百大洋,我也不会去做的。"

"我真希望有那么多报酬呢!"我说,"你能坦诚地说一下自己反对的理由吗?要是你对某件事有自己的观点,而且又不觉得有什么羞耻,为什么不说出来呢?"

"我真的不知道为什么。"他说,"我也说不上什么符合逻辑的理由,这更多的是一种个人的情感。要是你不介意我的用词,我想这算是一种很庸俗的表现。在我眼中,这样做似乎背离了自己所有关于隐私与分寸感的直觉。我敢说自己算是一位很老式的人。但我真的觉得,别人让你发表意见,这本身是很无礼的;而你答应就一些琐屑而吸引眼球的事情公开自己的观点,这让我感到恐惧。"

"嗯,"我说,"我完全明白,你的情感要比我的更为细腻与高贵,我只是抱着平常心去看待这个问题。我希望别人在这个问题上也能和我一样持相同的看法。但我并不期望改变多少人的看法,让他们趋同于我的观点。要是有人尊敬我的观点,在获悉我的观点后能够有所启发,我就会感到非常高兴,就像自己送了一份礼物给自己。我觉得,这跟在某个主题或一本书上签上自己的名字,没什么区别。我觉得这还不至于上升到反对的层面。因为当我写一篇文章或一本书,我是在传播自己的观点,或至少是在推销自己的想法,而且这些都是免费的。"

"是的。"他说,"我能感觉到你的观点是十分一致的,可能也是很合理的。但是，那些编辑就如刚才那样发来一封电报，向你提出一些问题，而你则觉得让自己的观点为公众所知是没关系的，但在我看来完全是不恰当与没有尊严的做法。"

"不会吧？"我说，"我只是觉得这是谈话的合理延伸而已！在谈话过程中，人们的观点让数十人知道；而刊登在报纸上，则会有数以百计的人看到，知道的人越多，显然让人更加快乐。"

我的朋友不禁叹了一口气，然后以一种忧郁的语调说："也许，你是对的。"但我能看出他既不解又不安。

当他离开后，我又把这个问题想了一遍，仔细拷问自己的心灵，看看是否能在心灵的某个角落里找到一丝不得体的动机，但我没有。

对于个人隐私的权利，我是强烈拥护的。我觉得每个人都有拒绝这些要求的权利。人们可能对一些事情没什么自己的观点，或是不愿说出自己的观点。我觉得，别人肯定没有权利冒失地拜访某人，然后要求别人说出自己的观点。我讨厌收到这样的信件，一般都是这样写的："你写的一些书让我非常感兴趣，我明天就要路过剑桥了，希望可以去拜访一下你，当面向你请教。"我觉得这就带有无礼的味道了。因为我可能没有时间或是不方便去接待一位陌生者。在这样的情形下，拜访者最好能在双方共同朋友适当的引荐下见面。但另一方面，我总是乐于收到一些关于探讨某本书或书中某些内容的友好信件。这是很合理的，虽然我也有权利选择不去回复这些信件。但是这与占据别人的时间、精力，让人难以分身相比，则是另外一码事，特别是拜访者想当然地以为别人会对此表示欢迎。

当然，作家在写作的时候必然会掺有一些自传的成分。我经常因此被许多人批评，说是对隐私与个人亲密的事情上缺乏应有的权衡感。批判者说，这就好比用平板玻璃替换原来的砖石，似在读者眼前吃饭或睡觉一样。我无意去回应这些批评声音。要是一些读者认为一本讲述个人故事的书就是下流的，他也完全有权利这样去想，我也很难想出一个反对的理由。就一本书而言，我本人视书中的亲密度以及个性为最重要的因素。所有诗人、戏剧作家及论文家之所以吸引读者，完全是因为他们敞开心扉，诉说自己心中的故事。

在我看来，告诉读者你选择要说的事情，与让他们自己去观察或研究，是两码事。我对自传类书籍提出的一个反对意见，就是这些书籍有时候写得太沉闷了，显得傲慢、自满与沾沾自喜。一个作家要是能像罗斯金那样屈尊俯就，告诉读者一个真正的自我，这样的书籍是我乐见的。我要坦承一点，有时真的对一些诸如虔诚的爱涅阿斯以及其冒险故事感到无聊。这取决于所阐述的故事是否过分自大，作者是否过分地看待自己。另一方面，若是对自己的一些经历甚感兴趣的话，不仅是因为这是属于他自己的经历，更因为这些阅历碰巧落在他身上，这是他所知道并关心的东西，那么这种印象是让人愉悦的。我宁愿看到作者描述内心真实的想法与经历，而不愿见那些过分渲染与臆想的东西。我想知道，在其他人眼中生活究竟是怎样的一个景象，他们有何感想，而不是聆听他们说的一些老生常谈与敷衍话语。

我觉得，书籍与报纸大量发行的一个好处，在于作者可以面向更广的读者。我喜欢与人交谈，倾听他们的话语，只要他们坦诚自己的想法。我不希望他们以一些寻常的话语将我打发，因为这只会让彼此都感到无趣。沉闷的八卦，老掉牙的故事，关于天气的话题，或是最近又发生了哪起铁路事故，对政治谨慎又片面的观点，这些都是让人内心倍感沉重的话题，却一成不变地为人们所利用，让对话难以持续。若是一个朋友有属于自己的兴趣、观点、成见或偏好，要是他愿意去讨论这些，而不只是泛泛而谈，并对自己的观点抱有兴趣，那么与他进行任何对话都是很有趣的。我想，现在很多关注当前话题的作家，在写作的时候应该尽量坦诚与开放一些，就像与自己可信赖的朋友交谈一样。

我们对别人信任，怀着尊敬与平等的态度去聆听别人的观点，这对我们会更好一些。任何人都不可能对生命以及这个话题形成一个完整与全面的判定。唯一解决的途径，就是权衡与综合别人的观点。知道那些自己尊敬的人，即便是不尊敬的人在所有重要的话题上，都持完全相反的意见，这对我们也是有益的，可以让我们的精神为之一振。某天，我经历了一件有趣的事情，我回到伦敦，与一群读者进行交流。后来我得知，他们都读过我写的一些书。我只能说，这是我的一次最为自在与鼓舞人心的体验了，不仅因为我对自己的演说感到满意，而是因为自始至终，我都觉得自己身处朋友中间，大家都以简朴的善意与笑脸相对，我没有见到任何人脸上挂着不悦的神色。这样的场景并没有让我觉得自己成为一位先知或老师，而只是让我感觉到，大家是在极为自然与简朴的友情这一基础上展开交流的。我的朋友们都准备着聆听我所说的话，而我也尽力去满足他们的要求。我所收获的，远比自己付出的更多，因为我们在一种被古老的祈祷称之为和平的纽带中相遇，在极为朴素的人性下相遇。

我深信，人与人彼此间的猜疑与不信任真的是一种古老且野蛮的情感，一种原始天性的遗传，可追溯到那个人人赤手肉搏的年代。但是，我们现在迈进了一个全新的时代，必须准备着付出自己的所有，而不是单纯地索取自己所需。时间与空间的法则不允许我们去与所有人打交道，但我们可以试着相信，自己在有限的范围里所遇到的情感与善意，正在四面八方等待着我们。当我们走出了自身的局限，向陌生的朋友伸出双手，会让自己变得更加美好。

人生的体验

我时常觉得，物质世界的有趣一面显得如此美好，却又搭配得如此不恰当。忙碌实干之人与慵懒、低效之人从生活中获得的体验是不同的。很多实干之人通常会按自己的想法对接触自己的人的思想或性格进行更改，别人就变成了他们心中所期望的模样，他们感觉或许别人也有这样的期望。我时常见到这种情景，一位有主子派头的人在与性情谦和的人打交道时，感觉见到的一切都逃不出自己的思想，就如太阳去对月亮的亮度指手画脚，然后鄙视一番一样。一个骨子里专横的人，即使表面上展现出亲切和蔼的样子，在我看来他们也缺乏对人性的了解。举个例子吧，我认识一位老师，他是古典文学热心的拥护者，他兴高采烈地给我举了一个例子，说明自己的学生都对古典文学产生了浓厚的兴趣，证明古典文学是唯一真正能打动人类心灵的文学。他不知道，其实他所察觉到的兴趣，或许学生们只是想让他获得满足感，为赢得他的认可而顺从他的意愿，但是我不能告诉他这些。我还记得一位性情果断的学界名人，他能从一些思想迷糊的谄媚者身上发现一些商业能力，然后语气坚定地说："可怜的某某人！显然，他没有生意头脑，但是他却能抓住问题的脉络，知道如何走上正确的道路。"

实干之人总是专注于处理事情，将原先闪过脑海的念头转化为现实，就好比驾车者大脚一踩油门，车子就迅速飞离了，难以留意刷刷而过的路边景色与山川原貌。他们过分专心于驾驶大企业这辆"汽车"，一会儿减速，一会儿加速，努力避开其他车辆，所以，他无法知道车窗外他人的脸孔，也无从知道路旁或街道上人们的生活。他只需要知道阻碍自己前进的东西，但这些东西本身并没有任何阻滞或怜悯的成分。结果，他过分低估甚至忽视了所有模糊而美好的影响，虽然这些影响独立地流动。也许在许多年前，正是这些影响让他大脑一时冲动，投入现在所从事的工作。

另一方面，那些低效、急躁不安或旁观的人则能有更多的人生观感，这点我之前已经说过。这些人的时间与精力没有消耗在执行各种明确的计划与职责上。他们感受了太多迷糊的冲动，清醒地看到停滞的惰性倘若扩展，就会让人像患了疟疾一样死气沉沉。他们为自己的所见感到迷茫，一如实干之人不会有那么多困惑一样。低效之人缓慢的行动更印证了这些想法，他们认为所谓的活力只不过是河水表面泛起的涟漪，未能让水真正流动起来。他们不愿见别人走向失败，觉得尝试定义自身的不严谨是没有意义的。

随着岁月的流逝，有时双方的位置可能会发生改变，忙碌之人可能变成了一座"死火山"，喷发完的"火山口"让人觉得没有半点危险，只是有点难以接近，也许还可能出现一些奇妙的景象。忙碌之人可能坐在那里，因为一些无关痛痒的小事去批评属下，这些事情他自己也是有份参与的。但是，低效之人有时则会蜕变成一个友善大度的人。最后，事情终于变得清晰了：他至少知道如何怜悯别人，不再期望迅速地解决所有矛盾的冲突，而是微茫地了解自己心中所需，让自己身处有序与平和的心态，而不会过分看重事情的发展，也不会因为延迟而变得不耐烦。

有时，我们可从人们的脸孔感受到这些变化。我觉得，没有什么比某些人表面上展现出破坏的气势，颐指气使，一副凶神恶煞的表情，而背后却没有任何权威更让人厌恶了。粗暴只能显得古怪鲁莽，从别人身上榨取短暂且毫无意义的顺服，之后就只能被人礼貌地漠视。而另一方面，那些没有什么声望的人，却总能亲切待人，为人谦卑，富有耐心，怀着平常心，默默地去等待，从内心开始改变自身粗野的外在气质。人们可在一位乡村老人那张饱经风霜而又疲倦的脸上看到这些，他们所做的工作正是自己希望去做的，顺其自然地生活着，微笑中透露出尊严。

很难见到两者结合起来，即一个实干积极的人同时也清楚实干的不足与缺陷。假如有的话，那么照在他脸上的，不是夕阳那一抹让人感到疲惫的霞光，而是昊昊旭日所升腾的希望。

相比于男人，女人要忍受精力逐渐消磨带来的压力。她们从一个充满活力的少女走进了婚姻的围城，到日后已为人母的欢喜与专注，处理各种烦琐的事情，以一颗怜悯之心照顾一个逐渐庞大的家庭，然后她们眼中曾经的孩子如一只只小船驶离港湾。男孩要外出闯荡，女孩要结婚嫁人。有时，突然间，她们过往忙碌的生活车轮似乎停止了转动，母亲们心中总是惦记着他人，发现自己除了照料一个家庭，专心照顾丈夫，就没有其他事情可做了。在很多时候，她们的兴趣都因为孩子们生活上所遇到的问题而有所抑制，或者她们突然丧偶，不再需要像过往那样履行妻子的责任了，必须努力过属于自己的生活，而之前的人生似乎都是别人在主宰。

跟善男信女们说，你们一定要考虑到人生的暮年，提前为此做一番规划，这样的话语是没用的，人们通常没有时间或兴味这样做。个人爱好、阅读以及疏远的友情都被世间的俗流一扫而空。面对这些情形，最难做到的一点，是当人生充斥着太多烦琐的事情，根本无暇去做自己喜欢的事情时，我们要从这些琐事中培养一种兴趣。当然，一些重要时刻的打断除外。

要是所有人都能将人生填满，晚年也只是一段有益身心且舒适的倦乏时光而已，那就相对容易一些。但这种自然正常的发展总是不断被一些不幸的事情打断。身患疾病、丧亲之痛与灾难纷至沓来。人到中年，突然发现自己停滞不前。当人生遭遇一些重大打击的时候，不是每个人都有闲心去捡拾贝壳或研究政治经济的。

何去何从，是应该说清楚的。事实上，这是一个充满困难与极为微妙的问题。要是某人能悄悄地以幻想或希望作为投资，存放于一个安全稳妥的地方，以防突然间我们陷入贫瘠的境地，这是很不错的做法。《西去！》[①]一书中里格的骑士形象，显得恬静而大度，全然沉浸在自己的宗教冥想与对父辈的崇拜之中，乍看显得颇具魅力，但要深入观察，就会发现人物显得怪异且不真实。

我想，那些忙碌的人应该试着在生活中腾出一些空间，让"上帝之箭"真的射入他们的心扉。因为热望、匆忙以及躁动的生活通常只是抵御现实的一面盾牌而已。生活似乎堆满了许多需要立即去做的事情，很难从日理万机的日程中抽出一个小时去做工作之外的事情，让自己沉湎于天马行空的想象之中，因为这在他们眼中只是浪费时间，他们这样说似乎很有道理。对于那些相对充裕且深受毫无意义沉思之苦的人而言，情况会简单一些。某天，我收到来自一位非常聪明、但生活并不快乐的女士的来信。她很富有、膝下无儿女，老伴也不在了，身体不大好。她在信中说，自己没有了什么必须承担的责任之后，发现这个世界如谜一样重重地压在她的心上。我想，不论要忍受多大的无趣或是沉闷，最好还是去做一些实用的工作。无薪的义务工作不难去找，有事可做真的可以大大地减轻心理的负担，让心灵安定下来。

一方面，人们不希望那些真实与重要的心灵体验不可捉摸，时来时走，如小鸟一样，蹦跳几下，然后到草地上觅食，但事实似乎又并非总是如此。另一方面，人们也不愿意看到这些体验成为生活的累赘或去炫耀一番，就像石头压在草坪上，压得青草变白了，耷拉着，显得无精打采，只能为讨厌的阴生昆虫提供庇护所。但是，真的很难找到足够的理由去改正性情上的缺点。人都是喜欢走那条阻碍最少的道路，要么忙，要么百无聊赖，这一切都

---

① 《西去！》，英国作家查尔斯·金斯莱著的一本小说。——译者注

视环境所定。

最为幸福的人生，就是能有很多目标明确的责任去履行，让心灵褪去一些不羁的因素，让自己有足够的休闲时间去感受人生。有些人能够像玛莎那样，决心静静地坐在那里，聆听有教益的谈话；有些人如玛丽那样，总是愿意帮忙去洗洗碗碟。罗斯金曾从容地将一些宏大且真实的原则浓缩起来，他说："不勤奋的人生是罪恶的，而缺乏艺术的勤奋人生（在这里，他指对美好与高尚事物无私的爱）则是野蛮的。"

心碎的解析

不久前,我与一位朋友进行了一次交谈,话题不觉间转移到了他的另一位朋友安森,我之前也见过安森。安森是一位年龄不超过三十岁的年轻人,他的妻子与他结婚两年后去世了,留下他与尚在襁褓中的孩子。他的妻子我也认识,是一位很招人喜欢的人,心地善良、充满活力,对许多事情都有浓厚的兴趣,而且长得也很标致,很有魅力。

一个男人如何能承受如此重大的打击,在失去爱妻后,每时每刻都在想念的情形下,是什么让他有继续生活下去的勇气呢?"这真的不是一般的打击,"我说,"在如此美满的婚姻生活中,失去了另一半,仿佛整个人的生命都逝去了。我觉得,安森是无时无刻不在想念着自己的妻子,在每一个清醒时分,脑海里都是爱妻的影子。"

"的确如此,"我的朋友说,"他们的婚姻确实非常美满幸福,但是安森却以惊人的耐心与节哀的态度去面对,他真的是太了不起了。"

"啊!"我说,"我真不大喜欢在此处用'了不起'一词,我不知可怜的安森会说些什么,但使用'了不起'一词,在我看来似乎暗示着精神上自满所带来的危险,通常都会紧随着一些可怕的反应。我不愿意这样说,因为这似乎有点犬儒了，事实上又不是如此。这给人感觉是，他似乎没有想象中那么关爱自己的妻子，只是想为了获得安慰而已。我认识一位年老的女士，她的丈夫在疾病缠身几个月后去世了。我之前一直觉得，他们是很恩爱的一对夫妻。她是一个凡事都顺从自己丈夫的女人，而她的丈夫虽然也是一个亲切的人，对她却很严苛。但是，她很'了不起'地忍受着。最后当丈夫病入膏肓之时，她显得很平静，没有说什么话，只是在佛罗伦萨买了一幢房子，丈夫死后，她就搬到那里居住。我不是说，这位女士没有为自己逝去的丈夫感到哀伤，要是有可能的话，她愿意做任何事情挽救他的生命，让他重回自己身边。但这一过程完全是无意识的。我深信一点，她这样过了一辈子，没有意识到自己被压抑的个性，从未过上自己向往的生活。我想，她丈夫的逝去有助她慢慢了解这一点，让她重拾自己对人生的兴趣，让她得以从悲伤中挣脱出来，燃起对生活的信心。当然，在这个过程中，她深受想念丈夫的痛苦，只是没有表现出来而已。"

"我想那也是有可能的。"我的朋友说，"有时，突然间遭受重大的打击，会让人想着要振作起来，毋庸置疑，这种振作肯定是人们乐见的。但我想让你看一下安森回复我的信件，然后再做出评价吧。"

他从抽屉里拿出一封信，然后递给我。某种意义上，这当然是一封极富情感的回信。回信者称自己的生活之光已经熄灭了，但是他将继续生活下去，就像"她仍在那里守候着我"一样。他为自己得到妻子无价的爱意以及陪伴而深为感激，并期望有朝一日能再次重逢。他知道，要是她失去了自己的话，也会坚强地活下去。他将如她所希望的那样继续活下去，这是一封很长的回信，整封信充满着一致的希望与平静的心情。我读了两次，然后缄默地坐着。

"嗯，"我的朋友终于打破沉默了，"你有何感想？""我不知道自己有何感想，"我说，"但我想说出自己的想法，我不是很了解安森，所以我说的这些都是自己的猜想。我想，这封信可能是他处于一种专注却不自觉的兴奋状态时写的。一个男人可能会对自己说'我就应该这样想，这就是我应该努力去想的'，若事实真是这样，我很担心他之后真的会垮掉。当然，他也没有必要去假装什么。我的意思并非如此，但这源于某种痛苦的痴迷，一种很危险的痴迷，我的猜测到此为止了。我觉得，这封信真正缺失的，是发自内心的感觉。回信者在信中展现了自己的智慧，不知是什么原因，他似乎没有处于一种痛苦的状态。我觉得人类的情感在那个悲伤时刻无法看得那么远。我有一位朋友，失去了自己的儿子——一个很有前途的儿子，他的掌上明珠。但是，他却表现得很勇敢，继续自己的工作，对人也甚有礼貌与周到，但他却无法讲述自己的悲伤。他吃不下，睡不着，脸上挂着让人心碎的笑容，给我的感觉就像一根紧绷到将要折断的弦，似乎一碰就会断。我并不觉得回信者是出于这种心绪写的。虽然，我们经常会见到一些人在面对让人绝望的事情时，展现出让我们想象不到的勇气，但我却无法与这种高尚的观点产生共鸣。在我看来，这似乎是在刻意逃避与掩盖悲伤的存在。我更愿见他一时难以自持，抱头痛哭，或大病一场，头发蓬乱，抑或做一些在此时符合自然人性的事情。我觉得，他所展现出来的方式就像戏剧或书籍里的人物，仿佛悲伤不是真正存在的，而是臆想出来的。我想，人们可以凭借这种方式来获取神圣的耐心与顺从，但他竟然一下子就达到了这样的境界，实在让人觉得可怕。当人生的整个基础及爱意瞬间倒塌，试问谁能以安静沉默的方式去面对呢？我觉得，无论出于多么高尚的动机，当事人都不应该这样做。在我眼中，他似乎更在意自己的表现给别人的印象，而不是失去亲人所感到的悲恸。我认为，要是某人失去了财富或地位，甚至是健康的话，我都不会有这样的想法。因为这些损失还是在我们思想可接受的范围之内，人们也尊敬或赞美那些处于逆境仍能微笑并重新站起来的人。在沃尔特·斯科特爵士的日记里，最让人觉得有趣的，就是有一段记载，讲述他失去财富的时候并没有让他如想象中那样影响到他，而当每个人都知道这个事实之后，他感到如释重负。在谈到失去最为亲近、美好的人与人之间的纽带，其中牵涉的所有言语、目光交汇以及拥抱,都显得那么重要,所有相互交流的思想、希望、恐惧与惊喜——当这些在瞬间陷入静默与黑暗之时,那般痛苦、那股伤怀、那种叹息以及空虚的恐怖,是让人那么难以忍受。信念本身是一种必然会胜利的东西,但是人不能将它视为万能药来麻醉自己。人们所需的并不是将逝去的人忘怀,而要在纪念中不断去完成未竟的事业。

"是的。"我的朋友神色凝重地说,"我想,你说得是对的,但安森绝对不是那种人,他是一位坦诚与简朴的人,他在回信中所写的并非一些陈词滥调,而是自己的人生阅历,这点我可以肯定。有些东西,诸如一抹希望的曙光,某些确信的念头闪过他的脑海,介于他与自己的悲伤之间,他根本没有想过自己。我不是瞎猜或先验主义地说,你是否觉得他可能让自己用对逝去妻子的意识来支撑着自己呢?倘若这是事实,那么脱离了肉身的'她'能够领悟到逝去的真谛与意义,然后让'她'自己的精神与丈夫相通,让他感觉到爱意并没有割断,眼前暂别并非永久地分离,这是否算是合理的解释呢?我知道这一切都是未知的,但我们肯定时常会被一些身外的思想或希望困扰过。若是可以的话,我不相信眼前这个世界就那么鲜明地与未来的世界完全隔绝,或是与茫茫的过去和滚滚的未来没有半点牵扯。我深信,安森将会挺过这段黑暗的时光,透过一些我自己不能理解的原因,明白我们不能完全按照自己的意愿去生活,而是必须放弃一些东西,不仅要放弃那些我们觊觎的卑鄙与邪恶的东西,也可能是我们所想的纯美、甜蜜与美好的东西。我无法就这些道理进行辩解,我也无法去加以证实。但是我刚才所说的那个希望,在我看来并没有什么悖于常理或显得牵强。我无法去分析、阐述或证明爱的价值与能量。我只知道,爱是一种全然难以解释的力量,让人从逆境中跃起,去创造奇迹。我始终无法相信,爱的存在是依赖于人类所展现出的某种形式,也不会因死亡而终结。"

"是的,"我说,"你说得对,我说得有失偏颇。我之前说得有点盲目,有点愤怒,所持的立场就像一个傻乎乎的小孩因为一个玩具被打碎了,或假期因为下雨而搞砸了。当我们见到更为宏大的力量，不应该去怀疑，因为我们自己并没有亲身去经历过，而是应该去等待，内心充满惊奇与希望。我将试着以不同的方式来看待这个问题。我刚才所说的只能说明'眼不见，怎知是真的呢'。而我们所处的这个世界有某些超乎于这个世界的现实，每时每刻都在告诉我们一个道理'要是我们不去相信，那将一无所见'。"

像风一样自由

最近，我住在一间古老的房子里，透过窗户，可见过往的梯田已经变成了一个球场。球场的一边，就是一条林荫大道。夏日的晚上，微风从西边拂来，大道两旁的冷杉发出隆隆声响，仿佛将要决堤的拦河坝。某个夜晚，不知从哪里刮来一阵大风，我在拂晓时分起来，周围依然一片黑暗。风势就如汹涌的海浪，突然又跑到山形墙与烟囱上打转了。屋前橡木制造的大门被风吹得嘎吱作响，似乎要变形了。我承认，断断续续的风，在屋顶间盘旋低吟，给人一种无家可归的旅人感觉，似很不情愿地继续赶路。一想到那些此时正在屋檐下安然睡觉的人，一觉醒来就有归宿感，有人爱护，我就想放声大哭。昨夜，呼呼的风声没有消停片刻，甚是喧嚣，有种横扫一切的味道，似乎有很紧急的事情。风喜欢刮过林地与山顶，沿途压弯了莎草的脊背，然后瞬间沉降在深谷里，在寂静湖水里荡起一圈涟漪。这一切让人觉得，原来风也是有生命与意识的，仿佛某种来去无形的存在，享受着法力无边带来的喜悦。

记得在复活节的假期，当时我待在坎伯兰艾斯克代尔山谷一个名叫布特的荒凉小村庄。村庄坐落于斯科菲峰与大海之间，就是从这里开始，我对风的秘密有了了解。一天，我们穿越空旷的荒野，往北前进，直抵瓦斯特湖。沿途，风紧紧地吹着。最后，我们貌似达到了峰顶，放眼眺望，远处是一片茫茫的荒野与低矮的树林，后面还有一片寂寥的小山。毫无征兆地，风戛然而止，至少，我们觉得空气仿佛瞬间静止了一般。要说有风的话，只是一阵很温柔的微风从北面吹来，而不是扑面而来。前方堆着一些褶皱模样的岩石，岩石间传来了一阵我从未听过的声音，那是一种尖锐的声响。我们一伙人都为风声突然停止而疑惑不解，也没怎么想，就继续沿着山脊往上爬。

我们登上了瓦斯特山的最高处，双脚踩在碎石堆上。布满沟痕的峭壁岩石显得黑乎乎的，倒影在底下的湖水上。刚才风之所以往下吹，可能是因为在悬崖边上，气流被抬高，从我们头顶呼呼而过，在风吹过后突然安静的地方，就会形成一股回旋的气流，就好像站在瀑布前，看着水往下流一样，但最奇怪的还在后面。我们来到悬崖边，往下看到沟痕深深的岩壁，下面是黝黑的湖面，风在那里以惊人的速度往上吹，让人难以抵挡，感觉无法直面。我们手中拿的一些纸都被风吹得好高好高。

我真希望在读书的时候，老师能把空气、光线、冷热等关系解释得更清楚一点。我们的自然课堂通常都非常沉闷，当我们去做流体静力实验时，往往只是利用圆柱里水的重量去做，没有涉及日常生活所见的一切。我之前从未意识到，原来产生风的原因只是由于某个地方的空气转移之后，气流从四面八方涌过来，填补气压。我觉得风就是一股难以阻挡的气流，而在拉丁文中，也只有对北风与西风的解释最为靠谱了，其余的都带有一种古怪与虚幻的色彩，虽然那样的理解也具有足够的美感。关于风的记忆，还让人想起一些古老的画面，一张张愤怒的圆脸，就像中年天使的头颅。猎猎的风在汹涌的海洋上肆虐，将船吹到一边。现在，我不禁会想，地球上存在的事物，都是由阳光的普照才感受到热力的温暖，浩浩海洋，连绵陆地，概莫能外，还形成了风霜雨露等天气现象。人类要开始反思一点，不可将自己视为万物的主宰，而应将自身看成是万物链条中的一环。虽然，人类这种生物有着无与伦比的生理结构，能更好地与自然做斗争，也能比其他生物从大自然索取更多，但人类不能产生错觉，认为这个世界就是为我们的存在而存在的，然后骄傲莽撞地闯入地球的历史画面。我们要认识到，人类存在于这个地球上，是多么让人感到不可思议与难以置信的。我们生存的环境饱含巨大的力量与神秘的能量，这些似乎并非在造物主的控制范围之内，但世间万物都在它的掌控之中。我想，这些都可能是错误的想法。因为，倘若我们在人生与前途这些重大问题上退缩，就会完全颠覆过往所学的知识。多数人之所以不满或懦怯，都是源于错误的思想，认为为了自身的舒适可以牺牲其他。我们有权利让万物为自身的舒适与愉悦服务，而不觉得自身的存在本身也是一场物竞天择的结果，我们只能以平和的方式来获得所需的物质。

  大风在窗外呼呼地吹着松枝，屋内燃着蜡烛，我安然静坐，双膝枕着书，手握着笔，思绪已经神游了好远。乔治·麦当劳[①]写过一个有趣的故事，名字好像叫《北风之背》吧。我也有好几年没有重温这个曾让我内心为之一颤的故事了。我记得，故事的梗概是这样的，一个小男孩寄宿在一间阁楼里，晚上睡觉时，风总是从阁楼上的一个孔吹进来，这让他感到烦恼。我还记得，小男孩用一块软木塞塞住这个孔，但当他回到床上的时候，软木塞嘭的一声被吹走了。过了一会儿，他的身边突然站着一个极为美丽的人，原来是一位披着银光闪闪的长发的小仙子。她带着小男孩翻山越岭，自如自在，让小男孩感觉很温暖。他们每个夜晚都进行这种旅行，小仙子对小男孩说，世间万物都因爱与关怀而聚拢在一起。当然，撇去气压的因素，这不失为解读风之秘密的另一种途径，而且还有它的价值呢。毕竟，重要的是我们要感受其中的惊喜与宏大，体会更为强大与善意的力量，这远远超出我们渺小与不安的生活。人们不想埋没这些感觉，而想从中汲取养分。一方面，人要意识到自己只是巨大谜团中极为渺小的部分；另一方面，要因为自己成为谜团的

[①] 乔治·麦当劳（George Macdonald，1824—1905），苏格兰作家、诗人、牧师。——译者注

一部分而感到荣耀与惊喜。所以，当我们前行的时候，不要趾高气扬或执守愚昧，似乎自己已经懂得了所有，除了让自己生活得更加舒适之外，别无所求。相反，我们要在如此厚重的谜团中成为谦卑的学习者，其中的美感超乎了爱意与希望。我们目前所知的，只不过是沧海一粟。这个秘密就是，世间万物都有属于其自身的位置，从茫茫大地的一端到另一端，乃至空气中肉眼看不到的最微小的原子都在运动。这一切都是无法毁灭的，而人类的精神则是最为永恒的。

这就是风今晚对我所说的话语，当它从一座山丘漫游到另一座山丘，履行着自己本应的职责之时，我愿随风眷顾安静的小村舍与绿色的丘陵，拂过大城市的屋顶，看一眼闪烁的灯光与徐徐冒出的烟气，刮过荒野与高山，最后又来到了大海，重回北部布满冰川的原野，最后踪迹杳然，不为人知。

诗意的栖息

丁尼生爵士曾在布莱德利那里待过一段时间,那时布莱德利担任马尔伯勒学校校长。一天晚上,丁尼生叼着烟,对布莱德利说,自己很羡慕他能够将一生的精力勤勉地投入如此实用与让人尊敬的工作之中。文献没有记载,布莱德利对烟草发自内心地厌恶,他回答说,自己肯定还没达到人们时常所说的那些简洁有力的警句所处的高度,这是毋庸置疑的。有趣的是,一个像丁尼生这样有如此成就与盛名的人,都会怀疑诗歌的功用。丁尼生并没有坐等灵感的突然来袭,也没有在无聊中虚度光阴。他对待诗歌的态度,正如他人可能勤奋与忠实地做着会计的工作。当然,他是一个极富创造力的天才,手中的笔时常能创造出精妙的艺术作品,但他不大可能日复一日地从事诗歌的创作,其间必然需要长时间地反思与心灵愉悦。诗歌创作是一种极其损耗脑细胞的行为,是不可能在心灵沉闷与疲乏的状态下进行的。弥尔顿在创作《失落园》的时候,每天也只能写四十行。他每天早上躺在床上开始构思,然后口述,余下的时间就用来精简诗句。很少有诗人能像威廉·莫里斯那样对诗歌创作抱着轻松的心态。他曾说:"那些所谓的灵感说法都是扯淡,要是一个诗人不能在编织挂毯的时候创作史诗,那他就是能力不行,最好还是闭嘴。"虽然威廉·莫里斯的《世俗乐园》是他在编织挂毯时的产物，但是与《失乐园》《回忆录》还有很大的不同。某次，莫里斯曾在一天之内写下了八百行诗歌，很多人说，这可能也就算是一个记录吧。

无疑，丁尼生是一个极具忧郁气质的人，因此，他见到马尔伯勒学校里忙碌而又快乐的场景，就像嗡嗡的蜜蜂在耳边萦绕。而布莱德利却能管理得有条不紊，张弛有度，让他不禁怀疑文学创作的价值，觉得任何文学作品都不可能比这位校长更能产生让人确信与全然有益的影响。因为，布莱德利与人建立起亲密的关系，给学生的品格带来重要的提升，这些都是具有深远意义的影响。

诗歌创作所属的类型终究是私密的，任何热心读者的恭维、评论者的赞美以及世人给那位神性诗人戴上的高帽，都无法让数以千计的热切读者与追随者的灵魂领悟给诗人带来安静沉思的欢乐与希望。诗人就是一个无法见到羊群咩咩叫声与身影的"牧羊人"。丁尼生深深感觉到自己的责任，觉得自己的作品具有某种高尚的目的，能够澄清人类的视野，使他们培养更为高尚的希望与纯真的理想。所以，他必然要花很多时间去扪心自问，自己创作的诗歌是否真的有价值。他一直努力让诗歌呈现出某种再生力量，却始终看不到。正如罗斯金因深切意识到自己的失败而倍感沮丧。他觉得世人喜欢他华丽的诗句，但对于其中所描绘的如何促进人类改良等方面的内容，却提不起半点兴趣。所以，丁尼生晚年的诗作就彰显出一点，认为世风日下，人们只贪图享乐，随心所欲，品位低俗。当时的他内心肯定充斥着痛苦，觉得自己只不过是创造了一些言语上的旋律或和谐的音调而已，只是让人们饱了耳福，却不能直抵他们的心灵。

有一个家喻户晓的希腊传说，是讲一些斯巴达公民在历经重重灾难之后，想到雅典自荐为首领的故事。雅典人甚为反感，就将他们送到提尔泰奥斯①那里，他是一位性情温和的老师。这群斯巴达人要是有足够的智慧，就不

---

① 提尔泰奥斯（Tyrtaeus），希腊赞歌诗人。——译者注

会去反对让自己反感的建议。最后，斯巴达人发现，原先那位让人可鄙的老师竟然是一位伟大的哀歌诗人，他创作的军事赞歌与战争歌曲直抵士兵的心怀，振奋人心，让他们无往不胜。人们怀疑这个故事出自一位文人之手，而不是某位军队将领的真心话语！提尔泰奥斯流传下来的诗篇却没有任何激动人心的内容。这个故事的本意是真实的，即充满活力与爱国的人生终究是某首抒情赞歌的主题。一个国家要是没有了想象力，就有活在低级趣味中的危险，人们只是顾着赚钱，让自己过得舒适，而不想着去丰富这个世界，催生更多的希望。

因此，诗人心中必须安于去创造甜美与高尚的诗篇，既不能期望物质上的回报，也不能像银行家或战功显赫的将军那样获得世人的认可。从战争的角度来看，诸如《快乐的武士》①这首诗歌在历经数代之后，仍能给人们内心带来无以名状的震撼，至少给这个国家增添了一层浪漫气质，即使在这个商业竞争激烈的年代，这首诗歌也有其存在的价值。即便丁尼生与布莱德利真心认为，在这个有序的国家里，平民百姓会将阅读被视为古罗马的"福音书"的作者维吉尔的作品，视为自己日常生活的一种职责。至少，这显示了美感的巨大活力与高尚思想的神奇之处。倘若真的还需要什么证据，那就说明了人不纯粹是为了面包而活，还必须遵照上帝的旨意。在这个我们越来越恐惧德国传播过来的影响的时代，要说真有什么危险，那就是德国人没有过分专注于商业的发展，而是对诸如诗歌与音乐等艺术方面仍抱着浪漫的激情。他们富于想象力与冒险精神的彰显，让日耳曼民族变得更具爱国热情与野心。

斯温伯恩②在其最著名的一首抒情诗《阿塔兰塔在卡吕冬》里，谈到了夜莺，讲述了夜莺如何"以火一般的热情滋养午夜的心"。这才是诗人真正应该具备与希望获得的。在某位严谨的政治经济学家看来，要是夜莺真的具有我

---

① 《快乐的武士》，英国诗人华兹华斯写的一首诗歌。——译者注
② 斯温伯恩（Algernon Charles Swinburne，1837—1909），英国诗人、戏剧家、小说家、文艺评论家，代表作有《莎士比亚时代》《雨果评传》《诗歌研究》等。——译者注

们这个时代所珍视的常识，也许会深信自己是愚蠢的。荒唐的是，它竟然在那么晚的时候还不睡，花那么多无谓的精力去唱出悦耳的歌声，而一个廉价的口哨就可以发出与它们类似的声音。若一个人或一个国家陷入了这种追求物质的心态，那么离灾难也就不远了。个人与国家可能享受一段时间的舒适与有序的生活，能取得极为优秀的成果，在傍晚时分能够去享受一顿理所应当的晚餐。但这种精神并不能让一个国家保持强大，一个民族真正具有希望的标志，是国民热衷于去做一些优秀、创新或英勇的事情，不惧冒险与艰难。因为在这个有趣的过程中，的确饱含着许多因素。倘若教师与诗人能激发起人们这种精神，那他们就算是做到了最好。倘若他们同时能向世人表明，我们最好能享受去做的这个过程，最好能有骑士的风范与怀着温柔的心去做，那就更好了。要是在这个喧闹的过程中获得利己的乐趣，以牺牲弱小者的利益满足自己，那就是错误的。这个时代存在的"异质思想"，就是一个希望的信号，因为这意味着某种高涨情绪的漫溢。我们所要做的，只是将这种高涨的情绪引导至正确的渠道，而不是去压制或消灭它。丁尼生最受欢迎的作品所具有的价值，在于它们宣扬的是一种骑士般的理想，无论面对诸多重大打击还是沿途布满荆棘，他们总是以慷慨大度与怜悯的精神去面对。我想，这是我们国民性情逐渐发生转变的一个信号，时代精神与诗歌精神有点脱节：伟大的诗人似乎已死，公众的阅读口味也逐渐远离诗歌了。但我认为，这个时代富有想象力的性情被一些浪漫小说所填补。这些小说如瀑布一般涌入出版界，这不仅不是道德堕落与心灵颓丧的标志，反而证明了某种清新与孩童般的精神，某种渴求聆听别人讲故事的欲望，希冀沉浸在别人的生活与激动人心的冒险之中。我想，这表明了我们这个民族还是充满热情与活力的。要是大众对小说的热情被政治经济学手册或银行记账本取代的话，这至少不是让人值得欣慰的信号。诚然，我希望国民也能以更为认真的态度与符合常理的方式去生活，但我不希望他们过着沉闷与过分守礼的生活。我相信，从很多方面来看，我们所处的这个时代与伊丽莎白时代很相似，流传着一种冒险精神。我不愿看见英国人每天工作十二个小时，获得微薄的薪水，没有任何娱乐活动。虽然这个时代也有其不良的一面，但是当一个国家拥有难以抑制的高涨精神之时，要比充斥着一群只会漠然埋头工作的人更加有希望。诗歌的功用，就其最为美好与广义的意义而言，就是永葆这种热烈与慷慨大度的性情，让一个国家的国民保持着君王般的气质，而不是如奴隶那般任人摆布。

论战争

某天，我看到一篇评论引用了纽波特[①]的诗歌片段，书页间仿佛顿时弥漫着悠悠花香，闪耀着水晶的光芒。纽波特是一位真正意义上的抒情诗人，他的诗作总是那么具有美感，富有价值，韵律又是那么优美，但他的成就远不止于此。他曾创作过一首关于小溪的抒情诗，那是我读过的最为甜蜜与纯美的诗化语言了，朗朗上口，富于旋律，如长笛吹奏出袅娜的声音，回旋百转，绕梁三日。此外，他也熟悉不同类型的音乐，创作的乐章激荡心灵，就像吹奏嘹亮的号角。在我看来，真正优秀的抒情诗能传递一股"电流"，让你为之一颤，眼中不经意间含着泪水。《德雷克的鼓》正是这样的诗歌，那句"船长可安躺于下面"的叠句可谓是神来之笔。纽波特与吉卜林[②]这两位诗人在当今诗坛可谓翘楚，他们的诗作在音调方面做得真是完美无缺，每一个音节都有属于其存在的价值，给人留下深刻的印象。创作者能以文字精确地表达心中所想，这就是完

[①] 纽波特（Henry John Newbolt，1862—1938），英国诗人、小说家、历史学家，代表作有《崭新的六月》《古老的国家》《我的年代我的世界》等。——译者注
[②] 吉卜林（Rudyard Kipling，1865—1936），英国作家。代表作有《丛林故事》《吉姆》《如果》等。——译者注

美艺术的一种证明。我阅读这些诗歌时，正坐在火车上，真希望手中有一卷纽波特的诗歌。当人快乐的时候，阅读这些优秀诗歌的确让人雀跃。

后来，我读到了《克里夫顿的小教堂》这首沉重的诗歌，这首诗是诗人献给儿子的，让他记住父亲对母校的看法与寄望，希望他将来也能有这样的思考。读着读着，我看到了这一句——

当你将他击倒，
敬畏那个无所畏惧的敌人。

我放下手中的书，陷入了沉思。活于世上，谁都不想让自己变得软弱，也不想被视为多愁善感。但不知为何，这一诗句让我觳觫。难道人们真的应该这样想吗？倘若真的如此，难道人们就不应该从相反的角度去想吗？

当他将你击倒，
敬畏那个无所畏惧的敌人。

难道在诗人心中，让自己取得胜利不是这种志得意满思想的核心与本质吗？要是我们确信自己能够杀死敌人，那么尊重一下敌人似乎也问题不大。为什么这句诗还是给人心灵以震撼呢？难道我们真的要接受战争本身是高尚的事情这种想法吗？难道我们真的认为好战是人类与生俱来不可分割的天性吗？在我看来，这一切都取决于战争背后的动机。我刚才引用的诗句，理所当然地将敌人视为具有武士风度、富于尊严且有勇气的士兵，抑或是一位高尚、柔情的骑士。若是战争能纠正极为严重的错误，或将人民从暴君残忍专制的统治下解放出来，最终能带来长久的和平，这样的战争才是值得骄傲的。诗句中所说的那场争斗又是出于什么动机呢？可能是别人的一些冒犯，自身强烈的控制欲，某种僭越，或是感觉尊严受到了伤害，难道这些都预示着一种错误的行为，那么让人难以忍受吗？难道我们真的要教育自己的孩子，让他们与那些同样富于勇气与尊严的人进行决斗，让对方所有的希望与力量化为泡影，最终只能躺在战场上，一动不动吗？难道我们该将此视为一种荣耀吗？难道我们应该在安静的沉思中自我陶醉，铭记敌人是在自己脚下血尽而亡的吗？难道我们要让我们的后代也去这样做吗？

在我看来，这真是一个悖论。一方面，我们如此珍视生命无可估量的价值，觉得杀人必须偿命，正义必须得到伸张，对此，我们觉得是不容争辩的。而另一方面，我们觉得，要是在不同的情形下——比如外敌侵略或是挑衅，我们又会觉得将同类置于死地是一件光荣的事情。

诗人很容易去赞美自己的故事，正如丁尼生在《莫德》一诗中所持的观点，认为原先深陷商业物质主义的国家，可以通过痛击敌人这一过程来提升民族精神。但在我看来，战争终究是一场野蛮、可怖的"集会"，不顾基督教义与文明的积累，恣意妄为。在我们这个越发理智与温和的社会里，战争难以掩饰其血淋淋与残忍的罪恶本质。我以为，美化战争的行为会让深藏于多数人心中凶恶的"猛兽"脱缰了，任其肆虐。宽恕战争就好比为奴隶制度辩护，理由是这么残忍的做法可能让卑贱的奴隶培养高尚的容忍精神，又或者学校纵容欺负学生的做法所持的理由，是这样做可以让受欺负的学生从中学会坚忍与克制。

我觉得，我们应该将战争视为极为可怕的行径，不到万不得已绝不参与。若是一个国家被贪欲与狂热冲昏了头脑，去侵略一片和平的土地，那么被侵略的一方有权力使用武力来驱赶侵略者。想想拿破仑式的战争吧！若是谋杀者理应接受死刑的惩罚，或是遗臭万年的话，那么拿破仑必然双手沾满鲜血，站在愤怒的上帝面前。拿破仑将自己国家最优秀的青年的生命视如草芥，让他们早早地钻进了坟墓。但他不仅没有受到冷眼与唾骂，甚至还获得当代国民与后世无尽的赞美，这到底是为什么呢？为了让他的家族登上帝王的宝座？为了让法国重回欧洲之巅？拿破仑式的战争根本没有一丝要去帮助任何人或让任何人获益的念头，他只是想着去追求自身的荣耀，让世界在自己脚下颤抖。诚然，世界人民都希望生活在一个和平、具有活力与安全的环境中。无论对体力劳动者还是道德高尚者而言，都是如此。让每个人都能获得机会，保护弱者，限制那些自私的残忍者，这才是我们真正的目标。倘若交战双方在约定俗成的战争原则下发生大规模的战争，那么，杀戮就会变成一件英勇的事情！一方面，人类努力与疾病及自然灾难做斗争，觉得生命是极为宝贵的，认同生命是一种极为珍贵的传承；另一方面，人类却让优秀的年轻人血洒战场，抹去一个民族的"春天"。战争让侵略者与抵抗者两败俱伤。还有，在生产军备武器的过程中，不知浪费了人类多少宝贵的精力。战争让世界的劳动力锐减，战争并非是让人类获得自律的唯一方式。与自然搏斗，顺从世界的力量，地球万物的新陈代谢，都能让人类变得强壮，生生不息。

在波尔战争那段让人悲伤的日子里，我与一位寡妇进行过交谈。她的两个儿子都为国捐躯了，他们是两个极有前途的年轻人——身体健壮，为人善良，待人公允，富有尊严。其中一个儿子在战争中身负重伤而死；另一个则在战地医院死于肠胃炎。这位母亲一副淡然的表情，流露出一股隐忍的顺从感。一想到这两个年轻人原本应该过着长寿与富有价值的生活，成为健康孩子的父亲，却以这样的方式长埋于大地，让我不寒而栗。

以前，人们对男子间决斗的行为表示赞同。若是某人的尊严受到了侮辱，除了以决斗为自己正名，别无他法。受辱者被杀死的概率与侮辱者是同等的。以现在的眼光来看，决斗这种行为真的很傻。但谁能赞同，我们废除了这种陋习之后，人类的勇气就因此消减半分呢？

以后，我们很有可能会觉得之前那个将战争视为可行的时代不可思议，难以理解。我们会扪心自问，人类怎么能将释放内心残暴的野性视为一件高尚的事情呢？这真是难以置信。我们会看到，上帝赐予的礼物应该是生命、健康、和睦与快乐地劳作。人类竟然为了虚幻的名声与贪念而让他人血溅大地，这不仅是不可想象的，更是难以容忍的。

我的意思不是说，人类应怯于为富有意义与英勇的事业而冒险。我绝没有对那些探险家、飞行家、登山者或海员有任何不满之处，他们愿意掌控自己的人生，这是一种极为高尚的精神。每个人的生命都掌握在自己手中，不能因为懦弱或恐惧而畏首畏尾。若是某人愿意，他可以为取得一些成就而去冒险。但是，将掠夺他人的性命视为荣耀的念头，在我看来是极度野蛮残忍的想法。更为卑劣的是，这样做背后的动机一般都与财产有着千丝万缕的关系。

设想一下，两个强大的国家同处一个海岛，都面临着人口过度膨胀带来的压力，又没有多余的土地资源可利用，双方在争论中都觉得相互移民是行不通的。让人困惑的是，按照我们现在对战争的理解，试想，要是两国政府达成协议，将身残者、弱者统统处死，那么人们会觉得这是一个极度残忍且必然会激起反抗的决定。两国人民都觉得，要通过战争来解决这个问题，牺牲优秀的年轻人，而老弱病残者则毫无损伤，这是一种让人迷惑不解的思维方式，我自己难以厘清思绪。

布尔战争①期间发生的很多事情，同样让人难以理解。在战争打响的前夜，敌对双方在各自的壕沟里友好相待，谈笑风生，唱着歌，无邪地开着玩笑，甚至在对方的枪口前送来点心。但是，双方都准备着在第二天尽可能多地杀一些敌人。

在这个问题上，难道我们不是深陷某种怪圈吗？很多人都试图创造性地去解决这些问题，试着去求同存异，去普及教育，开化心智，鼓励劳作、有秩序与和平。但在我们心灵的背面却深藏着一种顽固的决心：要是战争爆发了，我们将最大限度地摧毁敌人的房子或掠夺财物。我们面对着这样一个可怕的事实：一场战争将人类的精华都抹去了，所卷走的不是无能、软弱或残疾之人，而是那些充满活力、乐观与强壮的年轻人。

事实上，我们还没有活在理智之中，而是仍深受本能的控制。当本能袭

---

① 布尔战争，英国人与南非布尔人之间的战争。——译者注

来之时，身体就会飘飘然，站不住脚跟。但让人甚感悲痛的是，诸如诗人、牧师或预言者这些被冠以富有远见称号的人也会被战争激发的愤怒、兴奋以及沉醉感所迷惑。在谈到战争的时候，他们似乎觉得这种行为本身具有某种神性与高尚的特点，而没有觉得这其实是我们内在兽性蠢蠢欲动所发出的喧嚣之声。这种兽性是一种打倒对方、撕扯或肢解敌人的本能，让人在看到敌人鲜血直流，四肢残损，自己造成最大的破坏时，不仅没有半点愧疚之心，反而还在那里津津有味地目视着这一切，甚为享受。

总有你陪伴

  友情是世上最廉价而又最易获得的乐趣了，不需要任何费用，也不需耗费多少时间。只要愿意的话，我们很容易就可以交到朋友。正如诗人在编织挂毯时也可以创作诗歌一样，友情也能以类似的方式建立起来。最美好的友情通常是在自己专心做着其他事情的时候萌芽的。无论是工作、旅行、吃喝或走路，我们都可以交到朋友。我所谈论的，不是那些单纯地"混个脸熟"，而是彼此能够感受到对方需求的友情，能够交流彼此的观点与阅历。若是双方能有所共鸣，这就是一种极大的乐趣。因为发现朋友所想的与自己相近，是很难得的，要是彼此间有不同的看法，那就更有乐趣了。因为这些不同之处往往让我们增长见识，感受到乐趣。当然，因为时空的限制，人不能期望自己能交许许多多的朋友。倘若某人总是不断发展新的友情，就很难维持过往的友情。而且，在这个过程中，嫉妒感还会悄悄潜入心灵。当然，没有比感知自己受人欢迎、被人想念或爱慕更能带给人更多的乐趣了。若是觉得他人比自己更受人尊敬，就很难心平气和与大度地默认这个事实。幸运的是，当双方知道彼此不再存有任何猜疑、嫉妒或误解之后，还可以重新获得友情。即便我们没有见到朋友或收到朋友的来信，还是会好好对待他，重拾那段曾中断的友谊。

双方不知从何时起，或以怎样的方式，内心就莫名感觉到彼此有了共同的兴趣、自信与喜爱之情，这是世上最为美好与简朴的乐趣了。一个眼神、一个姿势或一句话，都可彰显友情。人们开始意识到彼此间有一种默契，这很难去界定或分析，因为这只存在于两个人之间。正如一位法国作家所说的："因为这是我，因为这是你。"此时，我并没有更进一步，谈到世人称之为"爱情"这一更为深入与神秘的境界。因为后者是一种完全不同的情感，而其热烈与煽动的冲动更是让人难以捉摸。我所指的，只是一种平静与心满意足的情感，建构在一定的互信基础之上。诚然，我们从旧石器时代的祖先那里继承了强烈的攻击意识，怀着对陌生者猜疑的倾向，就像狗会对陌生人狂吠一样。现代社会，这种本能体现在防备心理上，人们不愿卸下心防。但当朋友来到身边的时候，我们就会觉得："不论发生什么事情，他还是会站在我这边的。我可以将自己的心里话告诉他，不担心自己被误解。我们可能在见解上有分歧，但绝不怀任何恶意，我们所提出的批评不会让对方记恨在心。要是我被人误解，他肯定会站出来支持我。要是我需要帮助或是建议，他也会及时给予；要是我能帮他做点事情的话，那该有多大的乐趣啊！"

我说交友的过程容易的时候，我并没有忘记，对于某些人来说，交友的确是很困难。我认识两三个性情伤感的人，他们很渴望友情，希望能与别人交朋友，却发现很难获得友情。他们很难与人相处，缺乏交际的技巧。他们对错误的人说正确的话，或对正确的人说错误的话。当他们流露出简朴的性情时，显得很优秀。但原本应该缄默的时候，他们却滔滔不绝。他们总是小题大做，友情应该是一个渐进与不经意的过程，我们无法去压制或攻击他人。人可能凭借炫耀来获得别人的欣赏，但无法因此获得别人由衷的赞美。那些急于想结交朋友的人最为恶劣的一点，是他们往往倾向于炫耀自己，给人炫目的感觉，吸引别人的目光。盎格鲁-撒克逊是一个很有趣的民族，情感丰富，喜欢多愁善感。别人眼中的我们是淘气的，不带什么情感，有时如天空一样沉闷,有时如天气那样善变。摇摆不定的不列颠人[①],我们为之自豪的,就是自身的坦率与无与伦比的诚实。但在欧洲这么多国家里,我们又被视为最没有信仰的国度。我相信,我们彼此间的友情是忠诚的,不会随便怀恨在心,而是急于给别人腾出空间,随时准备宽恕别人,去忘怀一些不开心的事情。

虽然我肯定英国人在交友方面有着某种天赋,但是他们却又在人生早年就固定了自己的思想,这甚是有趣。在学校里得到的友情,有时能延续一辈子,通常都带有某种浪漫的色彩。随着岁月的流逝,很多人都会丧失这种能力。我们会逐渐墨守成规,固执己见,觉得再增添一些内涵是很麻烦的事情。我时常觉得,很多英国人在年老之后变得谨小慎微,其实是完全没有必要的。在晚餐桌上,我身边时常坐着一些人,我对他们说:"要是你能够说出心中所想,而不局限于一些保守的思想,我肯定会喜欢与你交谈并且信任你。为什么双方要去谈论一些彼此都不感兴趣的话题呢?我们都有自己的人生阅历、观点与思想,为什么不将这些感悟说出来呢?为什么要去玩这种让人觉得疲倦的'草地网球',你随便说一句,我敷衍一句呢?"有时,我觉得这显然是缺乏坦诚的结果,这种规避现实的做法让外国人觉得我们很圆滑,而实际上我们只是羞涩而已。但在英国的诗歌与散文里,人们可以找到许多关于朋友或友情的主题,内容之多超过其他方面。这表明了我们无论在情感上说些什么或假装想些什么,真正的情感就在那里,一颗心闪耀着炽热的光芒。

即使我们假设试探的过程结束了,人与人之间的"藩篱"被拆掉了,所有常规的圆滑都被剥去了,朋友之间能做到互信互爱,那我们到底又期望感觉到什么,索取或给予什么呢?

首先,让我谦卑地说,不要告诉朋友他们的缺点,也不要让别人告诉我们自己的缺点!可能在紧急的情况下,这个原则才不适用。我们这一辈子,

---

① 不列颠人,原文是拉丁文Perfidious albion,是古罗马人对时降时叛的不列颠人的称呼。——译者注

告诉朋友他自己没有意识到的缺点，哪怕只有一次，这可能算是一个让人感到悲伤与极不情愿的责任吧。一般而言，我们肯定比别人更加清楚自己的缺点，我们也不能期望时刻炫耀自己的情感，就像挥舞着旗帜，吹奏着情感的喇叭。也许，只有在快乐的时分，当我们想要表达自己的感激与欢乐的时候，才能偶尔放肆一下。我们所期望获得的，就是对友情关系的考验。我们能够不带抱歉或恐惧地裸露自己的心灵深处，不再觉得有必要去避谈某些话题，而是能够坦率、自然地说出那些让我们欢喜悲伤的事情，而根本没想过要去制造什么效果，或给人留下深刻印象，抑或去赢得什么。不管耐心与否，我们都要专心聆听。这不是一件多愁善感或充满思想的事情，而只需要认可一个事实，即两颗心灵竟然如此莫名地亲近，却又如此陌生，连在一起走在相同的朝圣路上，彼此间没有任何秘密，只有快乐的陪伴，相信友情不会就此终结，也不会在此时此地消失。

世上最为美好的事情，莫过于我们走过人生之路时，给予别人一种信念、信任以及陪伴，不是为了私欲，不是为了打发无聊的时间，而是全然出于内心的亲切、善意、友好以及信任。我有幸认识一些人，他们通常没有意识到自己的这方面天赋，他们相信别人也如自己一样诚实、坦诚与友善。就因为这样，他们的善意就如阳光照亮周围的事物，让最冰冷的心感受到温暖。当然，这不是所有人都能做到的，因为其中有一种神秘的力量，人们称之为"魅力"，能让人的言语、举止以及笑容都显得如此美丽。我们可以避免不去做伤人的事情，扬弃冷酷的话语、抛开专横的判断、收起卑鄙的嗤笑、卸下猜疑的防备。若我们无法做到满怀热心或为人慷慨，至少也不要吹毛求疵、恼怒成性、让人觉得了无趣味或为人严苛。"我不知道为什么别人不喜欢我。"一位脾气暴躁与愤世嫉俗的人对他的朋友说。这不是一个恭维的时刻，那位朋友微笑着说："你真的不知道吗？"接着就是一阵沉默，然后那人轻轻点头，微笑着说："不，我知道。"

年轻就是好

在我看来,过去半个世纪里,完全向着积极方向发展且获得最大变化的,莫过于改进教育孩子的方法了。毋庸置疑的是,父母们都深爱着自己的孩子,为他们感到自豪,这不需要什么特别的理由。而在半个世纪前,孩子们被管教得很严,经常处于压抑的状态,父母逼迫他们远离一些场合,而且孩子们还会被责骂。现在,情况则大不一样了。当然,过去孩子们出现在一些场合的时候,无论是午餐还是晚餐时间,都要求穿着整洁的衣服,举止端庄。没有人会在意他们的想法,若是他们执意表达的话,就会被大人们漠视,不予理睬。他们更多的时候只能自己在一旁独自玩耍,而且玩耍的时候,也要注意一些毫无必要的礼节。之前的教育模式导致了过去的一些书籍里,小孩就是"小屁孩"的代名词。要是不对他们严加管教,他们就会不时"犯错",而且还会越来越"野蛮"。现在孩子们无论在公共场合还是私人场合都与过去没有明显的区别,但他们与大人的交往更加频繁,越来越被视为社会上平等的一员了。他们现在也开始喜欢甚至依赖于这些大人朋友们,而不像以前那样把他们对大人的反感表露无遗。诚然,孩子们从小就知道,要是大人愿意与他们玩耍,就会成为最好的玩伴。大人们更为强壮、公平与具有创造力，但大人却不愿意与孩子玩耍。大人们总是"太忙了"，有时在玩耍的时候突然板起脸，也不知道是什么原因。

而现在的孩子几乎成了一家的"主人"，长辈围着他们团团转，他们要求长辈与自己玩耍，给予他们怜悯与关怀。现在，人们会给予孩子更人性化的关注，孩子也要扮演自己的社会角色。而在私立学校，情况也是如此。我本人以前就读的私立学校的管理是属于比较严厉的，当然，过去的基调也是比较健康与友善的。但我们很多时候都要自己找乐子，自己去安排一些事情。现在的助理教师会与孩子们玩耍，与他们交谈，帮他们换鞋，从早到晚照顾着他们的生活起居。

过去的教育理念是斯巴达式的，目的就是让学生摆脱娇生惯养的习性，以牺牲他们软弱、羞怯与敏感的性情作为代价，让他们自立起来，去履行自身的职责。要是他们不听话，就给予惩罚。在这样的教育模式下，孩子们当然会成长得更快，变得更坚强，但那些天性柔和的孩子似乎觉得很难熬。

接着，再比较一下管理方式的不同吧，故事里那种典型老套的管理模式显得谨小慎微，缺乏个性，过分呆板。要是学生难以管教，学校就必须像对付"以弗斯的坏人"那样整治学生。现在学校会雇用一位完全称职且性情温和的年轻女士，这位女士与雇主的社会地位是平等的，接受的教育程度也更高，她来负责学生的起居。她可以进行各种体育活动，可以开玩笑，要是她还能与小孩子打成一片，那么这个"家"就算是天下太平了。孩子们也赞美她，将她视为教母类型的人物，夹在他们与那些愤怒之人中间，保护着他们。

当然，激进地改变整个教育体系，是很冒险的试验。这种转变应该是自然而然的，而非故意引进的。最近，关于这个新的教育制度成功与否才有了定论。这种教育制度会让孩子们变得柔弱、自私、脾气暴躁、无助或自以为是吗？这是逐渐堕落或多愁善感的标志吗？

现在，我们可以大胆地对上面这些疑问给予响亮的否定回答。目前为止，人们所见到的结果完全是正面的。我做校长时，来伊顿公学就读的孩子们刚开始接受新的教育，相比于我们那一辈学生，这些学生更加活泼、善良，更有人文气质，更加体贴他人，更为通情达理，同时热衷于参加活动，精神饱满，态度认真，我个人对此没有丝毫疑问。当然，他们也不是完美的，处于成长阶段的学生还是残留着许多原始野蛮的因子，诸如自私、小题大做、贪婪、粗心大意、过分拘谨等。学生们来到公共学校的时候，希望发现其他学生都是那般友善与有趣，不再将学校视为自己的天敌。他们会发现自己的道路一开始就似乎很平顺，欺负学生的现象几乎不见了，而体罚更是绝迹了。学生们有什么不明白的，会有老师的帮助。学生们给出的理由不再一味地被视为借口，他们参加体育锻炼的权利也得到了有力的保障。总的来说，他们的生活更加健康、快乐与符合人性。他们不再有那么多的虚惊，也不会预感可怖的惩罚在等着自己了。

我不认同那些热衷于赞美往昔的人对此提出批评所持的理由，他们声称现在的教育是在走下坡路。诚然，有不少让人厌烦、愚蠢的悲观主义者，会对年轻一代的奢侈风气或柔弱气质提出荒唐的抱怨与抨击。虽然，我鼓励任何坦诚的批评与接受任何明确有理的证据，但我真的看不到任何堕落颓废的迹象。当我们培养出来的孩子勇敢奔赴波尔战场的时候，他们已经变得身手敏捷，脚步轻盈，胸中满怀冲天的豪气，这些都是显而易见，不容否认的。现在，我有机会在大学对年青一代继续进行观察，在我看来，这种教育制度带来的益处绝对是不容抹杀的。

不久前，一位老朋友到剑桥访问，他的大名记录在协会的名册里，因为他曾在这里工作过很长一段时间。他对我提出了两点"批评"，一是年轻人的穿着真的很不入流；二是他们极为有礼貌且友善。"原因是，"他说，"要是我想找一本书或一篇论文，抑或我想问路，我所询问的每一位年轻人都愿意去帮我找，或坚持要给我引路，这点我是可以肯定的。"他接着说，"在我当学生的时候，我们会认为一位总是打扰别人的年长牧师是让人厌烦的，会对他敬而远之。"

至于他对衣着不入流的批评，我是完全站在大学生这边的。我赞同那位立法反对奢华衣着的梭伦①，他声称不论穷人还是富人，他们的衣着都应该是相同的。现代着装的风尚是以简朴、舒适、美观与廉价为标准的。而大学生在一些正式的场合都能明智地选择适宜的服装。

我想，问题的关键，在于让孩子们能够在快乐的时光中健康成长。当然，他们必须听大人的话，而且要做事认真。孩子们所需要的，只是一个动机。要是他们学会以一颗热爱之心去履行自己的职责，这将是一种巨大的潜能。他们对某事单纯的兴趣与热爱，要胜于任何抽象或难以理解的行为准则。我们的目标就是让他们习惯于正确的行为，动机愈是简单与直接，效果愈好。再者，我们希望孩子们能感知到，这是一个友好与善意的世界，他们深受别人的欢迎。虽然日后还有很多艰难、悲伤或让人可怕的事情在等着他们，但这是每个人都不能逃脱的。孩子们不需要从一开始就去面对那些严苛或恶意的恐惧，我们不愿见孩子们因此变得坚忍或愤世嫉俗，而是希望他们能更加勇敢与富有爱心。发源于情感的英勇要远远强于愤世嫉俗所滋生的坚忍。当我还是学生的时候，最害怕的事情，莫过于因为自己的误解或是无心犯下的错误，要接受惩罚。这并非一种对正义的恐惧，而是对无缘无故降临于自身灾难的畏惧。我觉得这样做，其实对自己思想没有一点提升的作用。我们应该鼓励孩子们去做正确的事情，而不是以恐吓的方式逼迫他们。那种对做错事情就要承担后果的合理恐惧，与那种本不应承受的痛苦完全是两码事。

我还想更深入一步，宣称我的那些学生并没有辜负人们对他们的期待。他们很有男子汉气概，为人简朴，心地善良，是一些性情平和与健康的学生。这些学生一般都在家里受到"宠爱"。诚然，一味地"宠爱"孩子是不妥当的教育方式，因为人们不敢确定孩子的天性就是善良的。要是一个孩子思

---

① 梭伦（Solon，约前638—约前559），古雅典政治家、诗人，传为古希腊"七贤"之一。——译者注

想健康，具备常识，那么稍微"宠爱"一下是不会造成什么伤害的。在这里，"宠爱"一词实在不是最为合适的用词，但我找不到更为贴切的词语去形容了。这也是很多粗俗与严苛的批评家将之等同于"溺爱"的原因。我所要表达的意思，是让孩子们获得应有的简单乐趣，让他们以合理的方式沉浸其中。一般情况下，让他们选择去做自己感兴趣的事情，选择自己喜欢的食物和衣服，在潜移默化中感觉父母的爱意，渴望父母的陪伴，希望他们能够快乐。过去那种认为父母隐藏对孩子的爱意是正确做法的观念，现在被证明是错误的。我刚才谈到的那些学生，他们反过来会懂得尊敬自己的父母，希望陪伴他们，希望父母能够开心幸福。因此，这些学生懂得如何细心关怀别人，对自己的兄弟姐妹更为友善，并且觉得自己做得还不够，反而觉得这个世界还有更多充满友爱与通情达理的人。因此，这些学生就会变成这样：若是别人强制性地要求他们遵守一些规定，并能充分地给予解释，他们会心甘情愿与大度地接受这些规定；他们不愿让心中占据最重要位置的父母产生任何烦恼或悲伤的念头。我绝不是提倡那种浮华、安逸或享乐主义的教育，我觉得，一种教育制度的背后应该有一套严谨的行为准则，但又绝非是机械与不近人情的。因为，要是孩子们知道自己被爱，就会心甘情愿地遵守命令。而他们内心哪怕是一点点的愿意，都要比叛逆之后的顺服走得更远。

无论我们是否愿意，都已经没有回头路可走了，我本人也不想看到倒退的现象。正如在许多方面那样，我们所需的只是更多的坦诚与开诚布公而已。过往那种教育理念认为，孩子们应该接受一定的教育，实际上他们却没有获得任何知识。他们在父母心中始终占据着最为重要的位置，但他们却丝毫感觉不到，相反还认为父母觉得自己很淘气，对自己很冷漠。通常，只有日后他们做了让自己感到羞辱的事情，才会感知到自己身边多了一分未知的关怀。要是他们之前就有所感觉，那将是强大的动力，他们就不会去做任何可能给爱他们的人带来痛苦的事情了。

我还记得家父晚年的时候，曾为自己当年担任校长时过分严厉而感到自责。他说：“要是能够重来的话，我将更多地尝试一下引导的方法，尽量少使用驱赶的方式。”他接着说：“以驱赶的方式可让学生迅速地克服一个障碍，但这不是最为重要的，真正的目标应该是培养学生的品格，而这只有引导才能做到。”

论阅读

我想，可能是因为人们知道我的职业是写书的，所以当他们遇到我的时候，出于礼节或善意，就与我谈论起书的问题来了。我想，就是因为自己缺乏应有的礼节与善意，所以我时常发现很难去履行自己的职责，一时很难去对一些"友善"的问题做出适当的回应。大多数人都以为，只要你读过一本书，就可以谈论这本书。事实上，我认识的多数人虽然都会去阅读书籍，但真的只有很少人能够去谈论它们。诸如书籍、图画、音乐、风景以及人事都是很难去谈论的，因为它们并不是全然明确与有形的东西，而在很大程度上取决于读者、观者、听者以及研究者在心中对其价值的衡量与评价。

一本书必须能触动灵魂的某根弦，才能产生真正的动力或能量。至少，我们在阅读的时候要用某种批判性的眼光去看待，发掘书的价值，而不是盲目跟风，只是因为评论或朋友的推荐。就我而言，阅读一本书总有点像一场战斗，在这个过程中，我会自问，作者是否会战胜我，说服我，让我赞叹，或是让我感到疑惑。一本书真正重要的，并非它是否写得优秀、内容安排有序或文笔优美，而是书本身是否具有一种真实的生命力。书的内容没必要就是现实生活的模板，狄更斯的小说似乎与现实生活一点关系也没有，但却有属于其自身难以阻挡的魅力。书籍的不同之处——此处，我主要谈论的是小说——就是当你说："那是不可能的，因为不符合现实生活。"或者你说："那根本不像是我自己的人生经历，但这却是存在的，且富有生命力。"我想，很多人都对书籍抱着过分顺从的态度。要是一本书文笔优美或封面上印着著名作家的名字，很多读者就会觉得这是一本好书，未阅读前就心怀敬畏了。我认识一些作家，之前写过一些好书，但后来写的书却一文不值。有时，是内容完全相同的一本书，只是换了一个名字或出版社，又重新面世了。有时，这沦落为单纯机械式的工作，作者也不再花心思在写作上了。我个人觉得，怀着一种顺从敬畏的态度去阅读书籍是毫无裨益的，作者的任务就是让你看得津津有味，心中感怀，让你强烈感受到力量与影响，唤醒内心深处的灵魂，时而发笑，时而沉思，时而心满知足。

我可以肯定一点，阅读的好处被过分夸大了，阅读充其量也只是一种消磨时间的方式而已，当然，我们所消磨的时间的价值比不上充分利用的时间的价值。我也不敢确定，纯粹浪费时间就一定逊于消磨时间，因为前者还存在着某种精神。诚然，阅读被一些勤奋之人视为缓解紧绷神经的"灵丹妙药"。我有一个很努力的朋友，要是辛苦了一天之后还不能入睡的话，就会起身阅读被他称之为"垃圾"的书籍，一个晚上读一本小说，并且用一个小时看完。他的这种行为是一种倔强精神在作祟，是在与自己的耐心做斗争。

真正的阅读就是有意识地让自己与另一个心灵进行交流，就像开展一场聚精会神的谈话。作者仿佛在与人交谈，忽视所有不成熟或马虎拗口的句子，似乎一本书就是由很多普通的对话组成的。作者一定要做到问心无愧，真正的阅读不可能纯粹是一种享受，必须要包含某种观察与评判的成分。我们的祖先曾以为，一个人若想成为举止正派的人，就应该认真地阅读一些书籍。现在，还有许多尊重传统的家庭在认真地延续着这样的传统，他们觉得将早上的时光用于阅读小说是极为浪费的。我以为，这种想法是过时的，我对这种传统的逐渐淡化也没什么遗憾之情。如果人们没有真正用心关注，阅读本身也是毫无意义的。值得认真去阅读的书籍类型，包括历史、自传、科学、神学以及古典文学等。有趣的是，莎士比亚的书籍值得认真去研读，而沃尔特·斯科特的书籍则不是。为了解一般知识而进行的阅读，在很大程度上取决于个人如何利用。若你阅读只是为了让自己更好地了解一些当代问题的发展，或怀着更高尚的动机，因为你想知道过往的人们是怎样生活的，他们从事什么工作，忍受着什么，以及为什么要去做，为什么要去忍受，那么此时，阅读就成了一件极为有趣的事情了。若你阅读只是希望让脑海如货仓那样堆积知识，或想让自己感觉更为优越，抑或被他人觉得更有知识，那么就是毫无意义的，甚至是有害的。

  在所有毫无意义的阅读里，最有害的，当数在没有阅读原著之前，就去阅读对原著进行评价的书籍。这就好比你没有钱，却去阅读关于股票交易的事宜；或是你总是躺在床上一动不动，却时刻惦记着火车发车的时刻表。我的意思并不是说，倘若人们不是出于正确的动机去阅读，就应该不进行任何阅读活动，因为别人没有任何权力去干涉他人喜欢的生活方式以及愿望。我认为，人们模糊地认为单纯的阅读就是具有品格或富有意义的，或是觉得应该以此为傲的想法是不对的。其实，阅读这种行为本身与吃饭睡觉的区别不大，没什么值得骄傲的。

  现在这个趋势难以改变，因为充斥着很多关于阅读的愚蠢格言。培根曾说，阅读让人饱满。从某种意义来看，的确如此。我认识一些人却是"饱满"得让人很不满，囫囵吞枣地吞食着知识，未加消化，自我感觉膨胀得不行，还扭曲了自己的人生观。培根所言的，其实是一种"重剑无锋，大巧不工"的境界，随时能从正确的"书架"上找到相应的知识。很多人时常会说，作家除了作品之外，就没有属于自己的人生传记，这纯属扯淡。政治家、将军以及科学家通常都没有属于自己的传记，因为他们留在这个世上的功绩就是证明，并流芳百世。我经常听到一些严厉的人，特别是一些老师，声称阅读杂志是不对的，因为读者只能获得一些片面的知识。事实上，这不仅说明杂志正是大多数人所需要的，还恰好说明了他们对阅读那些"大部头"感到有困难。我想，当代的杂志涉及各种题材，内容也通常是很有趣与吸引眼球的，这有助于拓展读者视野，触发他们的想象力。

我无意去指摘真正的志趣人生，那是一件很高尚的事情。生活在曲高和寡的维度，空气必然甚是稀薄，这群人身上流传着许多让后代人觉得很有价值的思想。但就一般人而言，只能思考一些很简单与明确的事情，强烈与迫切地感受生活的脉搏。这个世界上很多的麻烦是由那些本意善良而又思想混沌的人制造的，或是一些人温顺地接受某些观点，宣扬愚蠢的传统与常规法则；还有一些更为愚蠢且专制的人，他们显得那么冷漠且缺乏想象，压迫那些持反对意见的人。我们希望人们能够热烈地感受并满怀希望地憧憬那些天才们的高尚情怀，诸如丁尼生、布朗宁、卡莱尔以及罗斯金等。这些过着勇敢与热烈生活的人，要比那些心智混沌之人更早地看到太阳初生的曙光。若因为这是正确的事情，或因自己不知道拉比·本·以斯拉或维纳斯之石而感到羞辱，跑去学习的话，是毫无意义的。诚然，我们都愿意看到大众关注这些方面，却不愿看到他们这样做是出于一个丑陋的原因。

这就好比去践行一种宗教信仰，只是因为别人认为这样做会更好一些。譬如长时间地吸食吗啡，或是为了精神之火而捐献金钱，这样做不仅不能使人变得睿智、宽容以及慷慨，反而让人鄙视真实的情感与美好的思想。因为生活的目的就是能够以高尚的奇趣与勇敢的坦诚来面对。不是只有智慧之人才能做到这点，普通人也能做到。我认识一些性情简朴的人，他们从来不看书，却能极为坦诚地面对人生，能尽力去修正错误，帮助别人继续前进，以最大的努力来摆脱朝圣路上的丑恶巨人与野兽。

因此，我想说，要是能以简单之心或受直觉的驱使进行阅读，是一件无伤大雅的事情。若是能够满怀热情或抱着急切的心去做，这也是一件很不错的事情。就如聆听杰出人物的演说，不要断章取义，而要让自己深刻地加以领会；若出于狭隘与不可告人的动机，阅读就会让我们变得脆弱与危险。生活中那些危险的事情，就是那些让我们感到自满或扬扬得意的东西，让我们内心泛起邪恶之心，将轻蔑别人视为自然而然。诚然，我们必须要知道周遭的荣光与美丽的事物，而不要为自己狭小圈子里的一些琐碎事情沾沾自喜。有一个感人的故事，讲述了一位到南美洲旅行的人的见闻，此人在一个偏远的地方遇到一位年长的罗马天主教牧师，他与这位牧师进行交谈，因为牧师的身体看起来似乎不大适合长途旅行。他于是就问牧师要做什么。"噢，我只想看看这个世界而已。"牧师一脸疲倦，微笑着说。旅者说："现在才开始是不是有点晚了？""是的，我将告诉你这样做的原因。"这位牧师说，"我在一个安静的小地方生活与工作了大半辈子，一年前，我身患疾病，知道自己命不久矣，我感到身体很虚弱，但还能微笑着离开这个世界。我为自己大半辈子为大家所提供的平凡服务感到自豪，当我在思考这些问题的时候，我看到身旁站着一个人，一个脸上闪着怪异光亮的年轻人走到我身边。之后，我发现他是一位天使，他对我说：'你有什么期望呢？'我说：'我在等待上帝的降临，我想因为自己已经为他服务了这么长的时间，他应该会让我看到天堂的荣光吧。'天使并没有微笑，而是一脸严肃地看着我，然后说：'不，你并没有努力去看到他创造的这个世界的美丽，所以，你也不能期望在另外一个地方看到。'说完，天使就走了。我所有的骄傲瞬间不见了踪影，从那时起，我就开始振作起来，放弃自己原先的工作，决心将之前的积蓄拿出来，去欣赏这个世界的美丽。现在，我正走在欣赏美景的旅途中，发现这个世界真是美得让人无法用言语形容。"